普通高等教育计算机系列教材

U0872551

汇编语言与接口技术

第2版

叶继华　主编

甘登文　罗贤海　周琪云　杨志文　胡全连

郑　燚　王仕民　江爱文　刘晓东　编著

王懿华　高明华　刘长江　张光河

机 械 工 业 出 版 社

本书兼顾汇编语言与接口技术两方面知识，阐述了8086微型机和ARM嵌入式微处理器PXA270的结构、工作原理等。在讲解有关硬件和必备知识的基础上，兼顾16位和32位汇编语言的知识，以MASM和ADS等工具为主讲解汇编语言的概念和设计知识，然后以典型的可编程接口芯片为载体，讲解汇编语言在接口技术方面的应用，既使学生掌握一般的汇编语言编程方法，又使学生学会如何用汇编实现接口设计。

本书知识体系结构合理、层次分明、逻辑严密、内容丰富，深入浅出，涵盖了汇编语言程序设计的主要知识和接口技术的应用。本书可作为计算机及相关专业的本科、专科生教材，也可作为工程技术人员的参考书。

本书配有授课电子教案，需要的教师可登录www.cmpedu.com免费注册、审核通过后下载，或联系编辑索取（微信：15910938545，电话：010-88379750）。

图书在版编目（CIP）数据

汇编语言与接口技术/叶继华主编．—2版．—北京：机械工业出版社，2012.12（2024.1重印）
普通高等教育计算机系列教材
ISBN 978-7-111-40461-3

Ⅰ．①汇…　Ⅱ．①叶…　Ⅲ．①汇编语言-程序设计-高等学校-教材②微型计算机-接口技术-高等学校-教材　Ⅳ．①TP3

中国版本图书馆CIP数据核字（2012）第274932号

机械工业出版社（北京市百万庄大街22号　邮政编码100037）
责任编辑：和庆娣　王　荣
责任印制：常天培
固安县铭成印刷有限公司印刷
2024年1月第2版·第6次印刷
184mm×260mm·20.25印张·502千字
标准书号：ISBN 978-7-111-40461-3
定价：69.00元

电话服务
客服电话：010-88361066
010-88379833
010-68326294

网络服务
机　工　官　网：www.cmpbook.com
机　工　官　博：weibo.com/cmp1952
金　书　网：www.golden-book.com
机工教育服务网：www.cmpedu.com

出版说明

信息技术是当今世界发展最快、渗透性最强、应用最广的关键技术，是推动经济增长和知识传播的重要引擎。在我国，随着国家信息化发展战略的贯彻实施，信息化建设已进入了全方位、多层次推进应用的新阶段。现在，掌握计算机技术已成为21世纪人才应具备的基础素质之一。

为了进一步推动计算机技术的发展，满足计算机学科教育的需求，机械工业出版社聘请了全国多所高等院校的一线教师，进行了充分的调研和讨论，针对计算机相关课程的特点，总结教学中的实践经验，组织出版了这套“普通高等教育计算机系列教材”。

本套教材具有以下特点：

1）反映计算机技术领域的新发展和新应用。

2）为了体现建设“立体化”精品教材的宗旨，本套教材为主干课程配备了电子教案、学习与上机指导、习题解答、多媒体光盘、课程设计和毕业设计指导等内容。

3）针对多数学生的学习特点，采用通俗易懂的方法讲解知识，逻辑性强、层次分明、叙述准确而精练、图文并茂，使学生可以快速掌握，学以致用。

4）符合高等院校各专业人才的培养目标及课程体系的设置，注重培养学生的应用能力，强调知识、能力与素质的综合训练。

5）注重教材的实用性、通用性，适合各类高等院校、高等职业学校及相关院校的教学，也可作为各类培训班和自学用书。

希望计算机教育界的专家和老师能提出宝贵的意见和建议。衷心感谢计算机教育工作者和广大读者的支持与帮助！

机械工业出版社

前　言

汇编语言相对于高级语言来说，要求更深入地了解硬件结构，编程与调试过程烦琐，但它是计算机能提供给用户的最快而又最有效的语言，也是能够利用计算机所有硬件特性并能直接控制硬件的一种语言，它可以充分发挥机器系统的优越特性，达到最佳的时间和空间运行效率。汇编语言尤其适用于软件与硬件关系密切、软件需要直接有效地控制硬件的场合，如设备控制驱动程序、接口技术等，是高校计算机专业必修的核心课程之一。计算机接口技术是计算机专业的专业课程，也是自动控制、通信等专业的必修课程，作为计算机应用的重要方面，接口技术大量采用可编程接口芯片，其所用的编程语言一般是汇编语言。

目前，整个中国高等教育正处于教学改革的年代，新的教学思路、新的课程体系和教学内容正在形成。在教学过程中，如果能够将“汇编语言”和“接口技术”这两门课程有效地结合起来，不仅可使学生加深对汇编语言的理解和掌握，而且能更好地掌握接口电路的应用编程，强化学生的实践能力。实践证明，通过“汇编语言和接口技术”的集成教学，能够达到这个目的。

随着信息技术的发展，嵌入式系统的应用在不断扩大并呈现高端发展的趋势，高等学校开设嵌入式系统课程已是必然。考虑到国内高校计算机专业的课时限制，为了在有限的课时内既能学习广泛使用的 Intel 的 80x86/Pentium 系列微处理器或者兼容的微处理器，又兼顾嵌入式系统的学习，本书在第一版的基础上，保留了 80x86 家族中最基本的 8086/8088 指令集、8086 微型机主要接口内容的介绍，增加了对嵌入式系统知识的介绍。其中新增的嵌入式系统内容主要为 ARM 系列微处理器的一般概念、基于 ARM 的汇编语言程序设计和典型的 ARM 微处理器接口电路。

汇编语言课程集硬件、软件两方面为一体，随着硬件和软件技术的发展，以及计算机应用领域广度和深度的拓展，相关的理论技术与硬件都处于更新、被替换状况，现在已经有了集成的编程调试环境等，而目前教程仍以传统的内容为重点，因此必须重视汇编语言内容的更新，本书结合 MASM 5.1、MASM 6.11 和 ADS 三种形式对汇编语言的编程进行了介绍。

全书共分 11 章。第 1 章介绍了微型计算机的有关特点和发展情况，以及计算机所使用的语言，着重阐述了计算机内的数据表示形式，并提供了一个简单的实例。第 2 章介绍了 Intel 8086 微处理器的内部结构及其存储器地址的形成，为后面章节的学习进行必要的准备。第 3 章着重介绍 Intel 8086/8088 的寻址方式和指令系统。第 4 章介绍了 MASM 宏汇编程序支持的各种汇编语言知识，主要叙述了 MASM 汇编程序支持的多种伪指令，以及组成指令语句、伪指令语句等的格式和规则要求，结合 MASM 5.1 编程环境介绍了汇编语言程序的编写和调试过程，最后还介绍了在程序的设计中有时会用到的 DOS 和 BIOS 功能调用。第 5 章主要是综合运用前面的知识，结合程序实例，介绍汇编语言程序设计的方法和技术。第 6 章前面部分介绍了结构和联合、记录等数据类型，宏和重复块等操作，以及汇编语言与高级语言的连接，后面部分着重介绍了 80x86 的编程技术。第 7 章介绍了嵌入式系统的定义、特点、组成以及 ARM 体系结构和处理器的基本知识，最后介绍了处理器的工作模式和具体开发环境，并举例展现了嵌入式 ARM 的具体开发流程等。第 8 章介绍 ARM 指令集，ARM 指令集包括标准 ARM 指令集和 Thumb 指令集，并介绍 ARM 的伪指令以及 ARM 汇编语言编程知识。第 9 章主要介绍了微机接口的功能、组成、分类，输入/输出设备的数据传送方式，以及中断的基本概念、管理、实现、应用以及 DMA 的原理、DMA 控制器以及它的编程。第 10 章主要介绍可编程接口芯片中的 8255A 并行接口芯片、8251A 串行接口芯片、8253 定时/计数器的概念、功能、内部结构、工作方式以及编程方法。第 11 章主要介绍了 PXA27x 微处理器的典型接口。

本书各章均附有习题供读者练习，以帮助读者掌握和理解有关内容。

本书由叶继华主编，参与编写的还有甘登文、罗贤海、周琪云、杨志文、王仕民、胡全连、高明华、王懿华、郑燚、刘长红、江爱文、刘晓东、张光河，参与本书工作的还有余彤仑、邱晓红、罗文兵、邓方旗等，在此一并致谢。

由于水平有限，书中难免有不妥和错误之处，敬请读者批评指正。

编　者

目录

第1章 基础知识

随着计算机技术的发展，计算机尤其是微型计算机已经成为社会生产活动中不可缺少的工具。本章介绍了微型计算机的有关知识以及计算机所使用的语言，着重阐述了汇编语言的有关知识和计算机内部的数据表示形式。

1.1 微型计算机概述

本节主要介绍了微型计算机的特点和微型计算机系统的组成。

1.1.1 微型计算机的特点

电子计算机从性能、体积上通常可分为巨型机、大型机、中型机、小型机、微型机和单片机等六类。微型计算机（简称为微型机、微机）是伴随着大规模集成电路的发展而诞生的，它有以下几个特点：

（1）采用大规模和超大规模集成电路，主流的微处理器采用单片 VLSI 形式。

（2）标准的工业化装配结构，体积小、重量轻，稳定性好，便于系统升级。

（3）开放的标准体系结构，多元化大规模工业化生产，性能价格比高。

（4）微型计算机的应用范围十分广泛，信息化社会中它无所不在。

1.1.2 微型计算机系统的层次

当今微电子技术水平迅速提高，平均每 18 个月电子电路的集成度提高一倍，使得微处理器结构设计者可在片内实现各种先进体系结构，微处理器及外围支援器件的性价比达到前所未有的水平，微计算机系统的性价比迅速提高，达到传统意义的工作站与小型机的水平。

1. 微处理器（Microprocessor，μP）

微型计算机的产生与发展主要表现在其核心部件——微处理器的发展上，每当一种新的微处理器出现后，都能带动微型计算机其他部件的发展。

微处理器不包含微型计算机硬件的全部功能，但它是微型计算机控制、处理的核心。目前主流的微处理器采用单片 VLSI 电路，体系结构技术、工作频率已达空前高的水平。

主流微处理器具有通用性，不仅用于微型机也用于工作站及超级计算机。

微处理器一般由算术逻辑部件、寄存器、控制部件及内部总线组成，如图 1-1 所示。

2. 微型计算机（Microcomputer，μC）

微型计算机是指以微处理器为核心，配以存储器、输入/输出接口和相应的辅助电路所构成的裸机。把微型计算机集成在一个芯片上就构成了单片微型计算机（单片机）。

微处理器是执行指令的核心，它的性能决定了整个微型计算机的性能。

存储器用于指令代码、操作数和运行结果的存储。

输入/输出接口电路用于微处理器与外部设备的连接，主要包括：并口、串口、外存接口、显示器接口、网络接口、声音接口等。

系统总线将上述模块连接起来，作为各种信息的通路，按信息类别分为数据、地址、控制三类总线。如图 1–2 所示为微型计算机的基本结构。

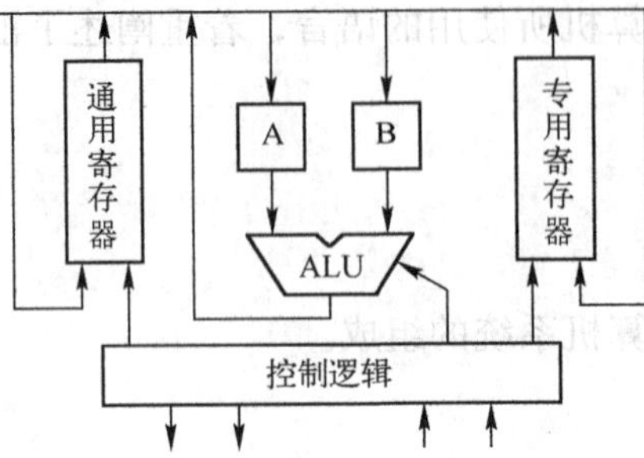

图 1–1　微处理器结构框图

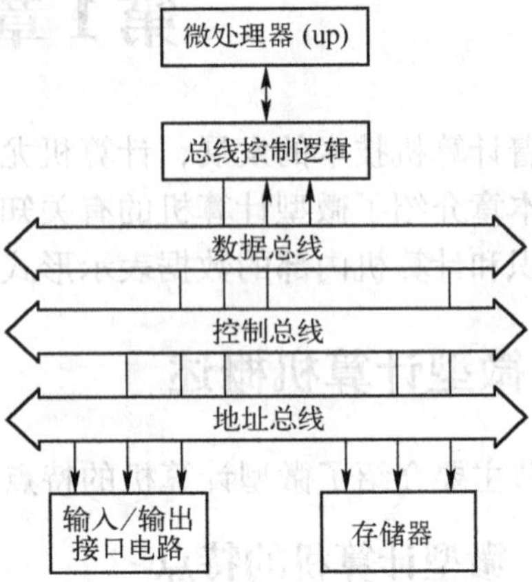

图 1–2　微型计算机基本结构

3. 微型计算机系统（Microcomputer System）

微型计算机系统是指以微型计算机为主体，配以相应的外围设备及其他专用电路、电源、面板、机架以及软件系统所构成的系统。如图 1–3 所示为微处理器、微型计算机、微型计算机系统三者的关系。

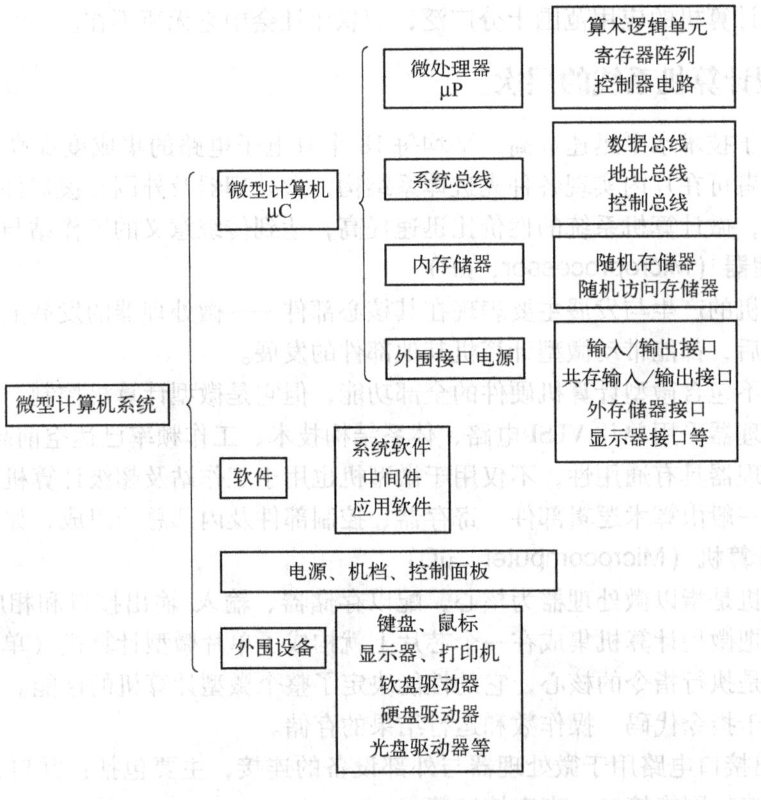

图 1–3　微处理器、微型计算机、微型计算机系统三者关系

软件系统主要包括系统软件、中间软件和应用软件。

外围设备主要有软驱、硬驱、光驱、键盘、鼠标和显示器等。

1.2 计算机语言

计算机语言（Computer Language）是用于人与计算机之间通信的语言，是计算机能接受的语言，是人与计算机之间传递信息的媒介。计算机语言的种类非常多，总体可分为机器语言、汇编语言、高级语言三大类。

1.2.1 机器语言

计算机能够直接识别的数据是由二进制数 0 和 1 组成的代码。机器指令就是用二进制代码组成的指令，一条机器指令控制计算机完成一个基本操作。

用机器语言编写的程序是计算机唯一能够直接识别并执行的程序，而用其他语言编写的程序必须经过翻译才能变换成机器语言程序，所以，机器语言程序被称为目标程序。

1.2.2 汇编语言

为了克服机器语言的缺点，人们采用助记符表示机器指令的操作码，用变量代替操作数的存放地址等，这样就形成了汇编语言。所以汇编语言是一种用符号书写的、基本操作与机器指令相对应（一一对应）的、并遵循一定语法规则的计算机语言。

用汇编语言编写的程序称为汇编源程序，扩展名为 ASM。

汇编语言是一种符号语言，比机器语言容易理解和掌握，也容易调试和维护。但是，汇编语言源程序要翻译成机器语言程序才可以由计算机执行，这个翻译的过程称为“汇编”。这种把汇编源程序翻译成目标程序的语言加工程序称为汇编程序。汇编程序的主要功能有：

（1）检查源程序。

（2）测出源程序中的语法错误，并给出出错信息。

（3）产生源程序的目标程序，并可给出列表文件（LST 文件）。

（4）展开宏指令。

1.2.3 高级语言

汇编语言虽然较机器语言直观，但仍然烦琐难懂。于是人们研制出了高级程序设计语言。高级程序设计语言接近于人类自然语言的语法习惯，与计算机硬件无关，易被用户掌握和使用。

目前广泛应用的高级语言有多种，如 BASIC、Fortran、Pascal、C、C ++ 等。

1.2.4 汇编语言示例和特点

1. 汇编语言程序示例

图 1-4 是一个汇编语言源程序的示例。其中定义了一个数据段（1 ~ 3 行）和一个代码段（5 ~ 16 行），在数据段中定义了一个字符串，代码段中的代码完成该字符串的输出显示。

```
DATAS  SEGMENT
     STRING  DB  'Hello World!',13,10,'$'
DATAS  ENDS

CODES  SEGMENT
     ASSUME    CS:CODES,DS:DATAS
START:
     MOV  AX,DATAS
     MOV  DS,AX
     LEA  DX,STRING
     MOV  AH,9
     INT  21H

     MOV  AH,4CH
     INT  21H
CODES  ENDS
    END   START

```

图 1-4　一个汇编语言源程序示例

2. 汇编语言的特点

（1）汇编语言与处理器密切相关。

（2）汇编语言程序效率高。

（3）编写汇编语言源程序比编写高级语言源程序烦琐。

（4）调试汇编语言程序比调试高级语言程序困难。

3. 汇编语言的主要应用场合

（1）程序执行占用较短的时间，或者占用较小存储容量的场合。

（2）程序与计算机硬件密切相关，程序直接控制硬件的场合。

（3）需提高大型软件性能的场合。

（4）没有合适的高级语言的场合。

1.3　数据表示

计算机是用于处理数据的，在计算机内部数据有数值数据和字符数据两种主要的表示形式。

1.3.1　数值数据

人们在日常生活中习惯使用十进制数，而二进制数由于简单、容易实现，是数字系统中、特别是计算机中广泛采用的一种数制。但使用二进制数不方便，比如表示一个十进制数时，需用 4 位二进制数才能表示一位十进制数，所用的位数太多，读/写很不方便，所以在实际工作中又常采用八进制或十六进制，因此计算机中数据表示常用二进制、八进制、十进制和十六进制。

二进制：由一串 0、1 组成，其后跟字母 B。

八进制：由数字 0 ~ 7 组成，其后跟字母 O 或 Q。

十进制：由数字 0 ~ 9 组成，其后跟字母 D，可缺省。

十六进制：由 0 ~ 9 及 A ~ F 组成，其后跟字母 H，如果数的第一个字符是 A ~ F，则应在其前加数字 0。由于二进制数的基数太小，书写和阅读都不方便，而十六进制的基数 16 =

2^4，这样二进制数与十六进制之间能方便地转换。因此，习惯把二进制数改写成十六进制数，在汇编语言程序设计时尤其如此。

数值数据分为有符号数和无符号数。无符号数最高位表示数值，而有符号数最高位表示符号。有符号数由两部分组成：一部分是表示数的符号，另一部分是表示数的数值。由于数的符号是一个具有正、负两种值的离散信息，所以它可以用一位二进制数来表示。通常是以0表示正数，以1表示负数。对于一个n位二进制数，如果数的第一位为符号位，那么余下的n-1位就表示数的数值部分。我们把直接用正号“+”和负号“-”来表示符号的二进制数称为符号数的真值。数的真值形式是一种原始形式，无法直接用在数字计算机中。但是，当将符号数值化之后，便可以在计算机中使用它了。因此在计算机中使用的符号数便称为机器数。一般机器数有三种表示形式，即原码、反码和补码，常用的是补码。

1. 原码

原码又称为“符号-数值表示”。用当原码形式表示正数和负数时，最高位是符号位。对于正数，符号位表示的0；对于负数，符号位表示的1，其余各位表示数值位，这样就得到了有符号数的原码表示。

【例1-1】 假如两个带符号的二进制数分别为S_1和S_2，其真值形式为

$$S_1 = +11001 \quad S_2 = -01011$$

则S_1和S_2的原码表示形式为

$$[S_1]_{原} = 011001 \quad [S_2]_{原} = 101011$$

根据上述原码形成规则，一个n位的整数S（包括一位符号位）的原码一般表达式为

$$[S]_{原} = \begin{cases} S & 0 \leqslant S < 2^{n-1} \\ 2^{n-1} - S & -2^{n-1} < S \leqslant 0 \end{cases}$$

对于定点小数而言，一般将小数点定在最高位的左边，此时，数值小于1。定点小数原码一般表达式为

$$[S]_{原} = \begin{cases} S & 0 \leqslant S < 1 \\ 1 - S & -1 < S \leqslant 0 \end{cases}$$

由原码的一般表达式中可以得出：

（1）当S为正数时，$[S]_{原}$和S的区别只是增加一位用0表示的符号位。由于在数的左边增加一位0对该数的数值并无影响，所以$[S]_{原}$就是S本身。

（2）当S为负数时，$[S]_{原}$和S的区别是增加了一位用1表示的符号位。

（3）在原码表示中，有两种不同形式的0，即

$$[+0]_{原} = 0.00\cdots0$$
$$[-0]_{原} = 1.00\cdots0$$

2. 反码

反码又称为“对1的补数”。当用反码表示时，最高位为符号位，符号位为0代表正数，符号位为1代表负数。对于正数，反码和原码相同，即符号位用0表示，数值位不变。而对于负数，反码的数值为原码数值位按位取反形成，即0变1、1变0。所以，反码数值的形成与它的符号位有关。

【例1-2】 假如两个带符号的二进制数分别为S_1和S_2，其真值形式为

$$S_1 = +11001 \quad S_2 = -01011$$

则 S_1 和 S_2 的反码表示形式为

$$[S_1]_{反}=011001 \qquad [S_2]_{反}=110100$$

根据上述的反码形成规则，一个 n 位的整数 S（包括一位符号位）的反码一般表达式为

$$[S_1]_{反}=\begin{cases}S & 0\leqslant S<2^{n-1}\\(2^n-1)+S & -2^{n-1}<S\leqslant 0\end{cases}$$

同样，对于定点小数，如果小数部分的位数为 m，则它的反码一般表达式为

$$[S_1]_{反}=\begin{cases}S & 0\leqslant S<1\\(2-2^m)+S & -1<S\leqslant 0\end{cases}$$

从反码的一般表达式可以看出：

（1）正数 S 的反码 $[S]_{反}$ 与原码 $[S]_{原}$ 相同。

（2）对于负数 S，其反码 $[S]_{反}$ 的符号位为 1，数值部分是将原码数值按位求反。

（3）在反码表达式中，0 的表示有两种不同的形式，即

$$[+0]_{反}=0.00\cdots0$$

$$[-0]_{反}=1.11\cdots1$$

3. 补码

补码又称为“对 2 的补数”。在补码表示方法中，正数的表示同原码和反码的表示是一样的，即符号位用 0 表示，数值位值不变；而对于负数，将原码转变成补码的规则是：符号位不变，仍为 1，数值部分逐位变反，在最低位加 1，也就是反码加 1 形成。

对一个二进制数按位求反后在末位加 1 的运算称为求补运算。

对一个正数的补码将其符号位和数值位都按位求反后再在末位加 1，可以得到与此正数相对的负数的补码；对负数的补码同样操作可得到与此负数相对的正数的补码，即

$$[X]_{补}\xrightarrow{求补}[-X]_{补}\xrightarrow{求补}[X]_{补}$$

【例 1-3】 如两个带符号的二进制数分别为 S_1 和 S_2，其真值表达式为

$$S_1=+11001 \quad S_2=-01011$$

则 S_1 和 S_2 的补码表示形式为

$$[S_1]_{补}=011001 \quad [S_2]_{补}=110101$$

根据上述补码形成规则，一个 n 位的整数 S（包括一位符号位）的补码一般表达式为

$$[S_1]_{补}=\begin{cases}S & 0\leqslant S<2^{n-1}\\2^n+S & -2^{n-1}\leqslant S<0\end{cases}$$

同样，对于定点小数，补码一般表达式可写成

$$[S_1]_{补}=\begin{cases}S & 0\leqslant S<1\\2+S & -1\leqslant S<0\end{cases}$$

由补码的一般表达式可以看出：

（1）正数 S 的补码 $[S]_{补}$、反码 $[S]_{反}$ 和原码 $[S]_{原}$ 是相同的。

（2）对于负数，补码 $[S]_{补}$ 的符号位为 1，其数值部分为反码的数值末位加 1。

（3）在补码表示法中，0 的表示形式是唯一的。即

$$[+0]_{补}=0.00\cdots0$$

$$[-0]_{补}=0.00\cdots0$$

4. 符号扩展

在数据处理时，有时需要把 8 位二进制数扩展成 16 位二进制数，当要扩展的数是无符号数时，可在最高位前扩展 8 个 0。如果要扩展的数是补码形式的有符号数，那么，就要进行符号位的扩展，符号扩展后，其结果仍是该数的补码。

【例 1-4】 符号扩展表示。

21 的 8 位二进制补码为：00010101

符号扩展后 21 的 16 位二进制补码为：0000000000010101。

00010101 和 0000000000010101 都是 21 的补码。

-21 的 8 位二进制补码为：11101011

符号扩展后 -21 的 16 位二进制补码为：1111111111101011。

11101011 和 1111111111101011 都是 -21 的补码。

5. 数据的表示范围和大小

n 位二进制数 S 能够表示的无符号整数的范围是

$0 \leqslant S \leqslant 2^n - 1$

n 位二进制数 S 补码能够表示的有符号整数的范围是

$-2^{(n-1)} \leqslant S \leqslant 2^{(n-1)} - 1$

注意：-128 的 8 位二进制补码形式是 10000000，其中 1 既表示符号又表示数值，以此类推。

1.3.2 字符数据

1. ASCII 码

计算机中除了数值数据，还有大量的字符信息。字符在计算机中也必须要用二进制代码表示，这种代码是按照一定的规则在编写的。目前普遍采用的是美国信息交换标准代码（American Standard Code for Information Interchange），即 ASCII 码。它包括英文大、小写字母、数字字符、专用字符（如 +、-、×、÷ 等）以及非打印字符（如 Bel 响铃、LF 换行等），具体参见表 1-1。

标准 ASCII 码用 7 位二进制数编码，共有 128 个。由于计算机存储器基本单位为 8 位，因此每一个字符编码都占有一字节的存储空间，其中低 7 位为 ASCII 码，最高位通常为 0，通信时，最高位用作奇偶校验位。

ASCII 码表中的前 32 个和最后 1 个编码是不能显示的控制字符，用于表示某种操作。

ASCII 码表中 20H 后的 94 个编码是可显示和打印的字符，其中包括数码 0 ~ 9，英文字母，标点符号等。

表 1-1 字符的 ASCII 码（7 位）表

高 4 位 / 低 4 位	0000	0001	0010	0011	0100	0101	0110	0111
0000	NUL(空)	DLE(数据链换码)	SP(空格)	0	@	P	、	p
0001	SOH(标题开始)	DC1(设备控制 1)	!	1	A	Q	a	q
0010	STX(正文结束)	DC2(设备控制 2)	”	2	B	R	b	r

（续）

高4位 低4位	0000	0001	0010	0011	0100	0101	0110	0111
0011	ETX（本文结束）	DC3（设备控制 3）	#	3	C	S	c	s
0100	EOT（传输结果）	DC4（设备控制 4）	$	4	D	T	d	t
0101	ENQ（询问）	NAK（否定）	%	5	E	U	e	u
0110	ACK（承认）	SYN（空转同步）	&	6	F	V	f	v
0111	BEL（报警符）	ETB（信息组传送结束）	’	7	G	W	g	w
1000	BS（退一格）	CAN（作废）	(	8	H	X	h	x
1001	HT（横向列表）	EM（纸尽）	)	9	I	Y	i	y
1010	LF（换行）	SUB（减）	*	:	J	Z	j	z
1011	VT（垂直制表）	ESC（换码）	+	;	K	[	k	{
1100	FF（走纸控制）	FS（文字分隔符）	,	<	L	\	l	|
1101	CR（回车）	GS（组分隔符）	–	=	M	]	m	}
1110	SO（移位输出）	RS（记录分隔符）	·	>	N	↑	n	~
1111	SI（移位输入）	US（单元分隔符）	/	?	O	←	o	DEL（作废）

2. BCD 码

虽然二进制数实现容易，但不符合人们的使用习惯，且书写阅读不方便，所以在计算机输入/输出时通常还是采用十进制来表示数，这就需要实现十进制与二进制间的转换。为了转换方便，常采用二进制编码的十进制，简称为 BCD 码。

BCD 码就是用 4 位二进制数表示 1 位十进制整数。表示的方法有多种，常用的是 8421BCD 码，它的表示规律见表 1-2。

表 1-2　十进制数的 8421BCD 码

十 进 制 数	8421BCD 码	十 进 制 数	8421BCD 码
0	0000	5	0101
1	0001	6	0110
2	0010	7	0111
3	0011	8	1000
4	0100	9	1001

BCD 码有两种类型：压缩型 BCD 码、非压缩型 BCD 码。

压缩型 BCD 码：用一字节来表示两位 BCD 数，高 4 位表示高位 BCD 数，低 4 位表示低位 BCD 数，一字节的压缩型 BCD 码表示的十进制数范围是 0 ~ 99。

非压缩型 BCD 码：用一字节表示一位 BCD 数，数值放在低 4 位中，高 4 位对乘除法运算必须是 0，而对加减法运算可为任意值，一字节的非压缩 BCD 码表示的十进制数范围是 0 ~ 9。

【例 1-5】 写出 35D 的压缩 BCD 码和非压缩 BCD 码。

压缩 BCD 码为：00110101B

非压缩 BCD 码为：0000001100000101B

1.4 习题

1. 简述微型计算机的发展层次。

2. 简述汇编语言源程序、汇编程序和目标程序的关系。

3. 写出下列各数的原码、反码和补码。

（1）0.0000　　（2）0.1001　　（3）-1001

4. 已知 $[N]_{反}=1.0101$，求 $[N]_{原}$、$[N]_{补}$ 和 N。

5. 用原码、反码、补码完成下列运算。

（1）01010011-00110011　　（2）0.100100-0.110010

6. 转换下列各数为 8421BCD 码。

（1）$(11011011)_2$　（2）$(456)_{10}$　（3）$(174)_8$　（4）$(2DA)_{16}$

7. 数值 9876H 分别看成补码形式的有符号数和无符号数，转换为相应的十进制数。

8. 写出十进制数 98 的压缩 BCD 码和非压缩 BCD 码。

9. 根据下列 8 位二进制数，计算 $[S_1+S_2]_{补}$ 和 $[S_1-S_2]_{补}$，并判断是否溢出。

（1）$S_1=+22$，$S_2=+33$　　（2）$S_1=+22$，$S_2=-33$

（3）$S_1=+100$，$S_2=+30$　　（4）$S_1=-100$，$S_2=-30$

第 2 章　8086 微处理器

本章主要介绍 Intel 8086 微处理器的内部结构、典型的寄存器，以及外部存储器地址的形成机制，为后面章节的学习进行必要准备。

2.1　Intel 8086 微处理器

本节主要介绍结合 Intel 8086 微处理器介绍 CPU 的内部结构和所包含的典型寄存器。

2.1.1　Intel 8086 CPU 的内部结构

1978 年，Intel 公司率先推出 16 位微处理器 8086，以后又陆续推出了 80286、80386、80486、Pentium 等不同型号的微处理器 CPU，统称为 80x86 系列。

8086 和 8088 微处理器，除了数据总线宽度不同外，两者几乎没有什么差别，两者的软件完全兼容，程序的执行也完全相同，因此，本章节有关 8086 的内容都适用于 8088。

要掌握一个 CPU 的工作原理和使用方法，首先必须了解它的内部结构。但作为程序员和使用者更希望从编程的角度来了解其内部结构，内部结构又称为编程结构。当然，这种结构与 CPU 内部的物理结构和实际布局是有所区别的，8086 编程结构如图 2-1 所示。

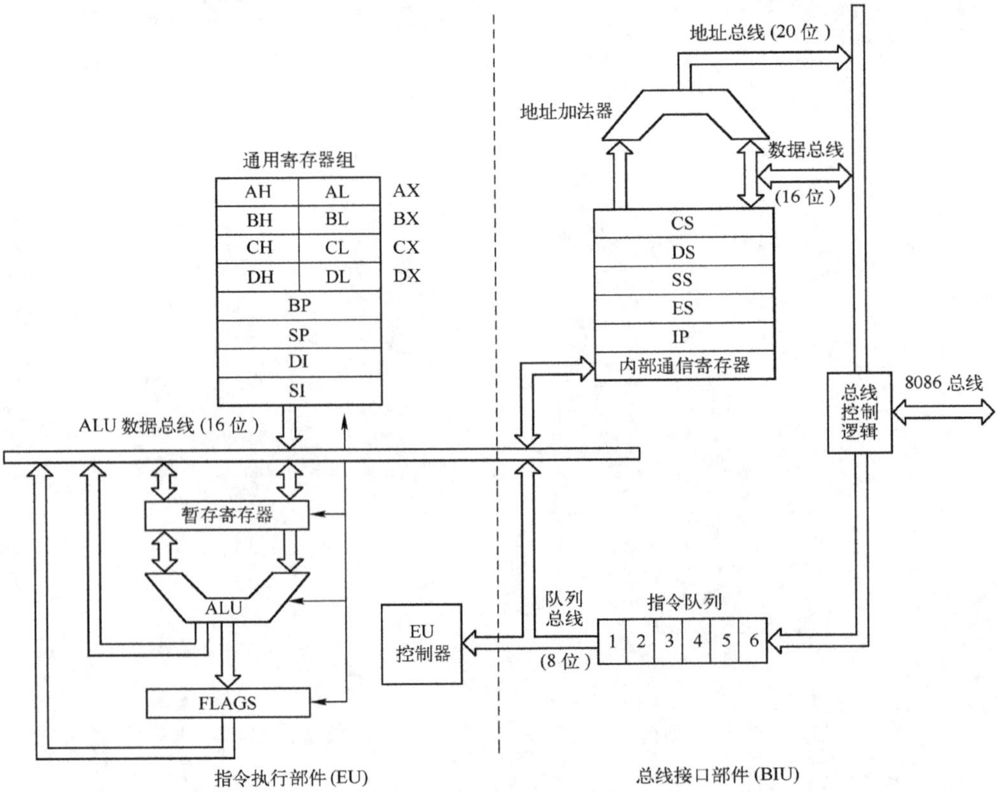

图 2-1　8086 编程结构

从功能上来看，8086 可分为两部分，即总线接口部件（Bus Interface Unit，BIU）和执行部件（Execution Unit，EU）。

1. 总线接口部件（BIU）

总线接口部件的主要功能是负责 CPU 与存储器、I/O 接口之间的信息传送。总线接口部件要从内存取指令送到指令队列。CPU 执行指令时，总线接口部件要配合执行部件从指定的内存单元或者外设端口中取数据，并将数据传送给执行部件，或者把执行部件的操作结果传送到指定的内存单元或者外设端口中。

总线接口部件由下列各部分组成：

（1）4 个段地址寄存器。包括代码段寄存器 CS、数据段寄存器 DS、堆栈段寄存器 SS、附加段寄存器 ES。

（2）指令指针寄存器 IP。

（3）20 位地址加法器。地址加法器用于产生 20 位地址。8086 有 20 根地址线，它可以寻址 1 MB 的内存空间，但 8086 内部所有的寄存器都是 16 位，所以为了得到 20 位的物理地址，必须有一个附加的机构，即地址加法器，由地址加法器把 16 位段寄存器的内容转换为 20 位的地址。

（4）6 字节的指令队列。8086 的指令队列长度为 6 B（8088 的指令队列长度为 4 B），该队列为先进先出（FIFO）队列。在执行当前指令的同时，会从内存中取下面一条或几条指令放在指令队列中，这样，在 CPU 执行完一条指令后立即可以执行下一条指令，从而提高了程序的运行速度。

（5）总线控制逻辑电路。总线控制逻辑电路主要产生并发出总线控制信号，以实现对存储器和 I/O 端口的读/写控制。它将 CPU 的内部总线与外部总线连接在一起。

2. 执行部件（EU）

执行部件的主要功能是负责指令的执行。

执行部件由下列各部分组成：

（1）4 个通用寄存器。包括累加器 AX、基址寄存器 BX、计数器 CX、数据寄存器 DX。通用寄存器主要用于存放操作数和运算结果。

（2）4 个专用寄存器。包括堆栈指针寄存器 SP、基址指针寄存器 BP、源变址寄存器 SI、目的变址寄存器 DI。

（3）算术逻辑单元 ALU。算术逻辑单元用于完成 8 位或 16 位的二进制算术逻辑运算。其主要部件是加法器，绝大多数指令的执行都是由加法器来完成。暂存寄存器主要用于暂时存放操作数，由 ALU 运算后的结果可通过内部总线送入通用寄存器或者由 BIU 存入存储器。

（4）标志寄存器 FR。标志寄存器存放 ALU 运算结果的特征以及由指令设置的一些控制标志位。

（5）EU 控制电路。EU 控制电路从指令队列中取得指令并执行，并根据指令要求向 EU 内各功能部件发送相应的控制命令，以完成每条指令所固有的操作。

总线接口部件和执行部件的工作过程是按流水线技术原则进行的。

当 8086 的指令队列中有两个空字节，或者 8088 的指令队列中有一个空字节时，总线接口部件就自动执行一次指令周期，从内存中取出后续的指令代码放入队列中；当执行部件需要数据时，总线接口部件根据执行部件给出的地址，从指定的内存单元或外设中取出数据供执行部件使用；当运算结束时，总线接口部件将运算结果送入指定的内存单元或外设；当指令队列空时，执行部件等待，直到有指令为止。若总线接口部件正在取指令，执行部件此时正好发出访问总线的请求，则必须等总线接口部件取指令完毕后，该请求才能得到响应。一般情况下，程序按顺序执行，但当遇到跳转指令时，总线接口部件就使指令队列复位，从新地址取出指令，并立即传给执行部件去执行。

8086 内部指令队列的存在使 8086/8088 的执行部件和总线接口部件并行工作，从而减少了 CPU 为取指令而等待的时间，提高了 CPU 的利用率，加快了整机的运行速度，也降低了对存储器存取速度的要求。

2.1.2 Intel 8086 内部寄存器

在 CPU 中使用通用寄存器暂时存放操作数可以提高程序执行速度。一般来说，CPU 中包含的通用寄存器越多，使用就越灵活，CPU 执行程序的速度也就越快。所以，充分了解 8086 内部寄存器的组成和作用，是学习汇编语言及编程开发应用的基础。

从图 2-1 中，可看到 8086 CPU 由下列寄存器组成：

1. 通用寄存器 AX、BX、CX、DX

每一个通用寄存器都是 16 位。它既可作为 16 位寄存器，又可将它拆成高、低 8 位，分别作为两个独立的 8 位寄存器使用。它们的高 8 位记为 AH、BH、CH、DH，低 8 位记为 AL、BL、CL、DL。这种灵活的使用方法给编程带来极大的方便。

AX、BX、CX、DX 除了作为通用寄存器使用外，还有各自的习惯用法。

AX（AH、AL）又称累加器，常用于存放算术逻辑运算中的操作数，另外所有 I/O 指令都使用累加器与外设接口传送数据，有些指令指定只能使用 AX（AL）寄存器，如乘法、除法、I/O 等指令。

BX（BH、BL）又称基址寄存器，常用来存放访问内存时的基地址或用做间接寻址时的地址寄存器。

CX（CH、CL）又称计数寄存器，在循环和串操作指令中用做计数器，指令执行后 CX 寄存器中的内容会自动改变。

DX（DH、DL）又称数据寄存器，在 I/O 指令中用来存放端口的地址，在乘除指令中作为辅助寄存器。

2. 4 个专用寄存器

SP 堆栈指针寄存器。它在堆栈中存放栈顶偏移指针，永远指向堆栈的栈顶。

BP 基址指针寄存器。一般也用来存放访问内存时的基地址。

SI 源变址寄存器、DI 目的变址寄存器。它们常常用在变址寻址方式中。

每一个专用寄存器也都是 16 位。

3. 4 个段寄存器

CS 代码段寄存器，存放当前程序所在段的段基址（段首址）。

DS 数据段寄存器，存放当前程序所用数据段的段基址。

SS 堆栈段寄存器，存放当前程序所用堆栈段的段基址。

ES 附加段寄存器，存放当前程序所用辅助数据段的段基址。

每一个段寄存器都是 16 位。段是一个非常重要的概念，后面将着重介绍。

4. 指令指针寄存器 IP

16 位的指令指针寄存器 IP 用于存放下一条执行指令的偏移地址。CPU 取指令时总是以 CS 为段基址，以 IP 为段内偏移地址。当 CPU 从 CS 段且偏移地址为（IP）的内存单元中取出指令代码的一字节后，IP 会自动加 1，从而指向代码的下一字节，用户不能直接访问 IP 寄存器。

5. 标志寄存器 FR

标志寄存器 FR 是 16 位寄存器，但只使用其中的 9 位，这 9 位包括 6 个状态标志位和 3 个控制标志位。状态标志记录了前面算术逻辑运算结果的一些特征；控制标志是用户自己通过指令设置的，设置后将对其后的操作产生控制作用。8086 指令系统中有专门的指令用于控制标志的设置和清除。各标志位的含义如图 2-2 所示。

				OF	DF	IF	TF	SF	ZF		AF		PF		CF
15	14			11	10	9	8	7	6		4		2		0

图 2-2　标志位的含义

（1）6 个状态标志。标志寄存器中的 6 个状态标志分别是 SF、ZF、PF、CF、AF、OF，介绍如下。

1）符号标志 SF：和运算结果的最高位相同。若 SF = 1，表示结果为负数；SF = 0，表示结果为正数。对于无符号数，SF 没有意义。

2）零标志 ZF：如果运算结果为零时，ZF = 1；否则 ZF = 0。

3）奇/偶标志 PF：若运算结果的低 8 位中“1”的个数为偶数时，则 PF = 1；若为奇数时，则 PF = 0。

4）进位/借位标志 CF：当进行加（减）法操作时，若最高位有进（借）位时，CF = 1；否则 CF = 0。除此之外，循环指令、部分位操作类指令等也会影响此标志。

5）辅助进位/借位标志 AF：又称为半进位标志。当进行加（减）法操作时，如果操作数的低半字节向高半字节（第三位向第四位）有进（借）位时，则 AF = 1；否则 AF = 0。辅助进位标志一般在 BCD 码运算中作为是否进行十进制调整的判断依据。

6）溢出标志 OF：当带符号数在运算过程中结果超出了最大范围，为溢出，则 OF = 1；否则 OF = 0。8 位带符号数的范围为 − 128 ~ 127；16 位带符号数的范围为 − 32 768 ~ 32 767。

（2）3 个控制标志。标志寄存器中的 3 个控制标志分别是 DF、IF、TF，介绍如下。

1）方向标志 DF：串操作指令使用的标志。若 DF = 1，则串操作过程中地址值按不断减少的方向进行；若 DF = 0，则串操作过程中地址值按不断增加的方向进行。

2）中断允许标志 IF：若 IF = 1，则 CPU 可以响应可屏蔽中断请求；若 IF = 0，则 CPU 禁止响应可屏蔽中断请求。

3）跟踪标志 TF：若 TF = 1，则 CPU 处于单步执行指令的工作方式，即跟踪方式。这种方式常用于进行程序的调试。每执行一条指令后，自动产生一次单步中断，从而使用户能逐条地对指令进行检查。

（3）标志位在 DEBUG 中的显示形式。在 DEBUG 调试环境中，上述 9 个标志位有 8 个会出现，但显示的形式较特殊，不是以“0”、“1”的形式显示，而是以字符形式显示：

NC(表示 CF=0)、CY(表示 CF=1)、PO(表示 PF=0)、PE(表示 PF=1)、NA(表示 AF=0)、AC(表示 AF=1)、NZ(表示 ZF=0)、ZR(表示 ZF=1)、PL(表示 SF=0)、NG(表示 SF=1)、NV(表示 OF=0)、OV(表示 OF=1)、DI(表示 IF=0)、EI(表示 IF=1)、UP(表示 DF=0)、DN(表示 DF=1)。

2.2 存储器物理地址的形成

本节主要介绍 8086 系统的存储器结构以及存储器物理地址的形成机制，说明存储器地址和内容的区别。

2.2.1 存储器结构

8086 系统中存储器是按字节编址，由于 8086 有 20 根地址线，所以可寻址的存储器空间为 1 MB，其地址范围从 00000H ~ FFFFFH。在 8086 系统中，存储器组织实际上是以字节为单位组成的一维线性空间。

CPU 为了能够对存储器进行字节和字的访问，在技术上将 1 MB 的存储器空间分成两个 512 KB（$512\,K=2^{19}$）的存储体。一个存储体中包含偶数地址，该存储体被称为偶存储体；另一个存储体中包含奇数地址，该存储体被称为奇存储体。两个存储体之间采用交叉编址方式，其结构如图 2-3 所示。

我们很容易分析得知，对于按奇、偶存储体来组织存储器，只需要 19 位地址线（A_{19} ~ A_1）就能得到 1 MB 地址空间，即 512 KB + 512 KB = 1 MB，多出的一根地址线 A_0 正好用来确定是否访问偶存储体和进行低 8 位数据总线操作，而利用一根控制信号 $\overline{BHE}$ 可以确定是否访问奇存储体和进行高 8 位数据总线操作。通过 A_0 和 $\overline{BHE}$ 组合就可以确定对哪一组存储体进行访问，是对字节还是对字进行访问。

在 8086 中数据在内存中的存放规则是：一字节的数据占一字节单元，它可以存放在奇存储体，也可以放在偶存储体中。但一个字（16 位）数据要占两个连续的字节单元，且高位字节存放在高地址中，低位字节存放在低地址中，例如：字数据 19E4H 和 27F8H 分别存放在 20020H 和 20023H 两个单元中，它们存放的具体位置如图 2-4 所示。

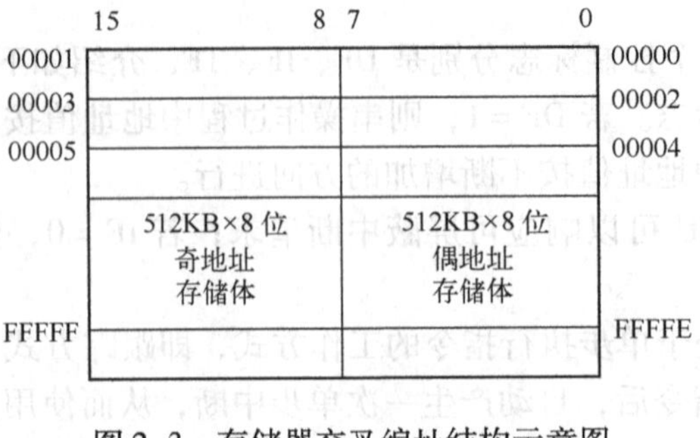

图 2-3 存储器交叉编址结构示意图

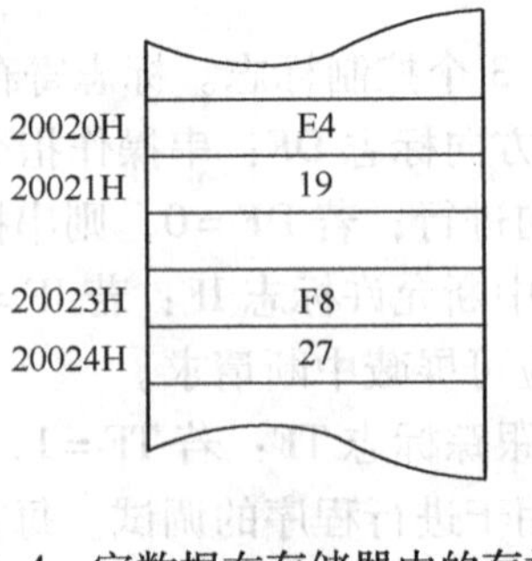

图 2-4 字数据在存储器中的存放

在图 2-4 中，对于一个字的数据，可以从偶地址开始 20020H 存放，也可以从奇地址 20023H 开始存放。分析如下：

1）当读取一字节（8 位）数据时，只需要访问该字节所在的存储体，通过$\overline{BHE}=0$或$A_0=0$控制后，数据是在奇地址还是在偶地址上，该字节的数据就会送到相应的数据总线上。

2）对一个字（16 位）的数据来讲，还得看该数据是存放于奇地址还是偶地址开始的首地址上。

- 对读取 19E4H，它从偶地址 20020H 开始的，当$\overline{BHE}=0$时，且$A_0=0$，只要地址总线上给出一个地址 20020H，则可一次对所在的两个存储体的数据进行读取。
- 对读取 27F8H，它是从奇地址 20023H 开始的，CPU 需要访问两次存储体。第一次取奇地址上的数据 F8H（此时偶地址上的 8 位数据被忽略）第二次取偶地址上的数据 27H（此时奇地址上的 8 位数据被忽略），从而得到 27F8H，然后送到相应的数据总线上。通过图 2-5，可以更加直观地了解上述的整个读取过程。

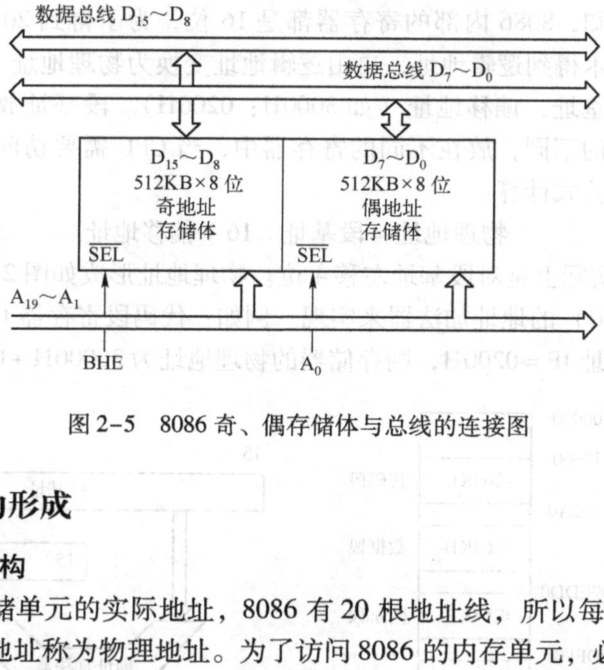

图 2-5　8086 奇、偶存储体与总线的连接图

2.2.2　物理地址的形成

1. 存储器的段结构

物理地址是指存储单元的实际地址，8086 有 20 根地址线，所以每字节所对应的地址应该是 20 位，这 20 位地址称为物理地址。为了访问 8086 的内存单元，必须提供 20 位的地址码，而 8086 CPU 内部的寄存器都是 16 位，每次最多只能提供 16 位的地址码，即每次最大只能寻访 64 KB 地址空间。

为了能对 1 MB 的物理地址（20 位）空间进行访问，8086 采用了巧妙的存储器分段技术。采用分段结构的存储器中，任何一个存储单元对应的 20 位物理地址可以由逻辑地址转换得来，而任何一个逻辑地址都由段基址和偏移地址两部分构成。通过存储器分段技术，将 1 MB 的存储器空间分成若干个逻辑段，每个段的容量≤64 KB，段内地址是连续的，因此1 MB 的存储空间至少可分成 16 个逻辑段。段与段之间允许在整个空间浮动，即段与段之间可以部分重叠、完全重叠、连续排列、断续排列，编程人员使用起来非常灵活。

访问内存时，首先通过第一个 16 位寄存器确定所需访问的逻辑段的段基址并在访问期间保持不变，然后使用第二个寄存器提供 16 位偏移地址在该段内寻找要访问的存储单元，最多可以访问 64 KB 的空间；通过多次改变第一个寄存器的段基址，就可以遍历 1 MB 的内存空间。

对于任何一个物理地址，可以唯一地被包含在一个逻辑段中，也可包含在多个相互重叠的逻辑段中，只要能确定它的段地址和段内偏移地址就可以访问到这个物理地址所对应的存储空间。

在 8086 存储空间中，把 16 字节的存储空间称为一节，为了简化操作，要求各个逻辑段从节的整数界开始，也就是说段首地址低 4 位应该是“0”，而把段首地址的高 16 位称为“段基址”，段基址可以存放在段寄存器 DS 或 CS 或 SS 或 ES 中，段内的偏移地址存放在 IP 或 SP 中。

例如：若已知当前有效的代码段、数据段、附加段和堆栈段的段基址分别为 1060H、202AH、7EDDH、DFE0H，那么它们在存储器中的分布情况如图 2-6 所示。

2. 物理地址的形成

以上我们已经得知，8086 内部的寄存器都是 16 位，为了得到 20 位的物理地址，首先利用存储器的分段技术得到逻辑地址，再由逻辑地址变换为物理地址（又称绝对地址）。逻辑地址一般表示为段基址：偏移地址（如 3000H：0200H）。段基址放在段寄存器中，偏移地址则根据被访问段的不同，放在不同的寄存器中，当 CPU 需要访问存储器时，存储器的物理地址按以下转换公式计算：

$$\text{物理地址} = \text{段基址} \times 16 + \text{偏移地址}$$

“段基址 ×16”实际上是对段基址左移 4 位。物理地址形成如图 2-7 所示，它通过 CPU 的总线接口部件（BIU）的地址加法器来实现。例如：代码段寄存器 CS = 3000H，指令指针寄存器存放的偏移地址 IP = 0200H，则存储器的物理地址为 30000H + 0200H = 30200H。

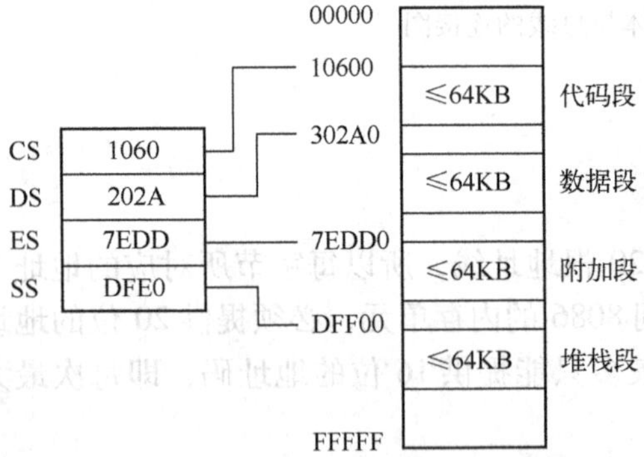

图 2-6　各段基址在存储器中对应的分段情况

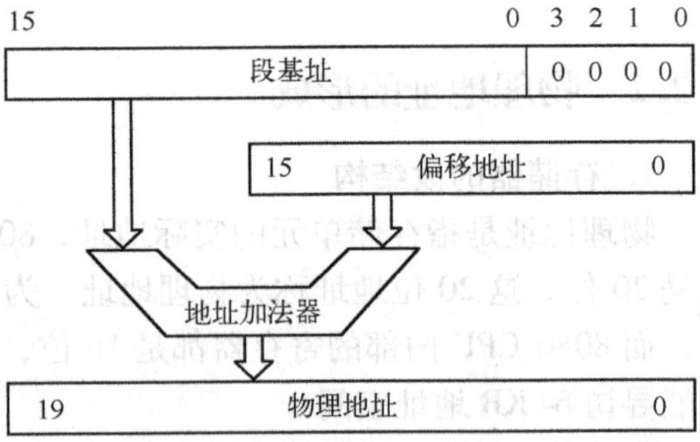

图 2-7　8086 物理地址的形成

8086 对访问不同的内存段所使用的段寄存器和相应的偏移地址的来源有一些具体约定，该约定见表 2-1。

根据表 2-1，访问存储器时，其段地址可以由“默认”的段寄存器提供，也可以由“指定”的段寄存器提供。当指令中没有显式地“指定”使用某一个段寄存器时，就由“默认”的段寄存器来提供访问内存的段地址。在实际进行程序设计时，大多数情况都用默认段寄存器来寻址内存。在 3、5、6 这 3 种访问存储器操作中，允许在指令中指定使用另外的段寄存器，这样可以很灵活地访问不同的内存段。这种指定通常是在指令前增加一个前缀来实现。1、2、4 这 3 种类型的内存访问只能用默认的段寄存器，即取指令一定要使用 CS；堆栈操作一定要使用 SS；串操作指令的源和目的段基址一定要使用 DS 和 ES。

表 2-1　8086 对段寄存器使用的约定

序　号	内存访问类型	默认段寄存器	可指定的段寄存器	段内偏移地址来源
1	取指令	CS	无	IP
2	堆栈操作	SS	无	SP
3	源串操作	DS	CS、ES、SS	SI
4	目的串操作	ES	无	DI
5	用 BP 间接寻址	SS	CS、ES、DS	按寻址方式得到有效地址
6	一般数据存取	DS	CS、ES、SS	按寻址方式得到有效地址

DS、ES、SS 要用传送指令来进行设置，但在用户程序中不允许设置 CS，因为 CS 一般由操作系统进行设置。更改段寄存器的内容意味着内存段的移动，这说明无论程序段、数据段还是堆栈段都可以超过 64 KB 的容量，都可以用重新设置段寄存器内容的方法来扩大段，而且各内存段都可以在整个存储空间中浮动。

2.2.3　存储器单元的地址和内容

存储器用来存放数据和程序。在计算机内部，数据和程序都用二进制代码的形式表示，一个存储器可划分为很多存储单元，存储单元中的内容可能为数据或指令。为了能识别不同的单元，我们分别赋予每个单元一个编号，这个编号称之为地址。显然，各存储单元的地址与该地址存放的内容是两个完全不同的概念，切不可混淆。通常，存储器的存储空间很多，随之对应的地址也就多，所以在存储器的前面必须有地址译码器，经过译码器选中相应的存储单元，以便从中读出信息或写入信息。

8086 可寻址 1 MB 的存储空间，存储器是按字节编址，每字节只有唯一的一个地址。若存放的信息是 8 位的字节，将按顺序存放；若存放的数据为一个字时，则将字的低位字节放在低地址中，高位字节放在高地址中；当存放的是双字形式（这种数一般作为指针），其低位字是被寻址地址的偏移量，高位字是被寻址地址所在的段地址。指令和数据（包括字节或字）在存储器中的存放形式如图 2-8 所示。

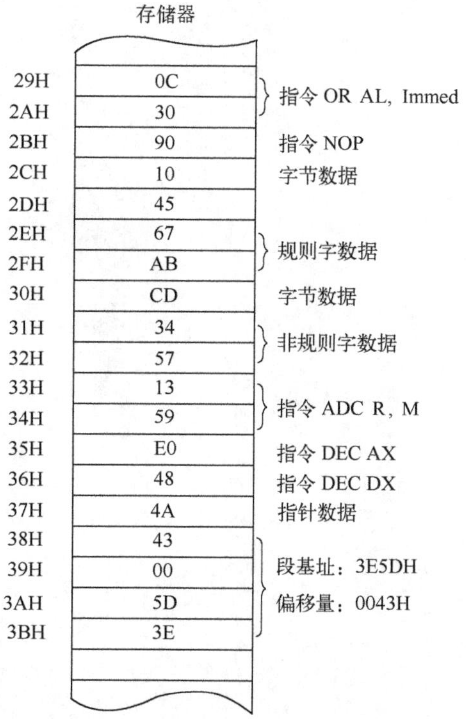

图 2-8　指令和数据在存储器中的存放形式

对存放的字，其低位字节可以从奇数地址开始存放，也可以从偶数地址中开始存放。前者称为非规则存放，这样存放的字称为字不对准存放。后者称为规则存放，这样存放的字称为字对准存放。用字对准存放要在一个总线周期完成，而用字不对准存放则需要两个总线周期才能完成，所以为了加快程序运行速度，编程时应注意尽可能用字对准存放。有关奇、偶地址中内容的读取过程请参考本节中“2.2.1 存储器结构”。

系统设计时，通常硬件将I/O端口和存储器统一编址，这样就可以用对存储器访问的指令来实现对I/O端口的读/写。8086允许有64K个8位的I/O端口，两个相邻的8位端口可以组成一个16位端口。8086指令系统中有访问8位端口的输入/输出指令，也有访问16位端口的输入/输出指令。

2.3 习题

1. 8086有哪些寄存器组？各有什么用途？
2. 8086流水线技术是怎样通过总线接口部件和执行部件来进行的？
3. 何谓最小工作模式？最大工作模式？
4. 什么是逻辑地址？8086系统中的物理地址是怎样形成的？假如CS = 4000H，IP = 2200H，其物理地址是多少？
5. 阐述8086系统中存储器的结构特点。
6. 什么是字对准存放？什么是字不对准存放？

第3章　8086指令系统

本章着重介绍Intel 8086的寻址方式和指令系统。由于8088与8086的软件系统完全兼容，对于编程来说，两者的寻址方式和指令系统相同。

8086 CPU的指令系统包括数据传送类指令、算术运算类指令、位操作类指令、串操作类指令、控制转移类指令和处理机控制类指令。

指令由操作码字段和操作数字段两部分组成。操作码字段指出计算机要执行的操作，操作数字段指出操作数存放在何处。

操作数字段可以是操作数本身，也可以是操作数地址或地址的一部分，还可以是操作数地址的地址或其他有关操作数的信息；操作数字段可以有一个、两个或三个操作数，通常称为一地址、二地址或三地址指令；操作数的形式可以是立即数（操作数在指令代码中）、寄存器操作数（操作数在寄存器中）、存储器操作数（操作数在内存中）。寻找本条指令操作数和下一条要执行指令地址的方法称为寻址方式。

3.1　8086的寻址方式

8086的寻址方式可分为对数据的寻址方式、对端口的寻址方式、对程序转移目标的寻址方式3种。对数据的寻址方式包括立即数寻址、直接寻址、寄存器寻址、寄存器间接寻址、寄存器相对寻址、基址变址寻址和相对基址变址寻址；对端口的寻址方式包括直接寻址和间接寻址；对程序转移目标的寻址方式包括段内直接寻址、段内间接寻址、段间直接寻址和段间间接寻址。

3.1.1　数据的寻址方式

1. 立即寻址

立即寻址方式中，指令操作码和操作数都在存储器代码段中。

汇编格式：n（n为立即操作数，是用8位或16位二进制补码表示的有符号数）

功能：操作数存放在指令代码中，指令下一单元的内容为立即操作数n。

图形表示：

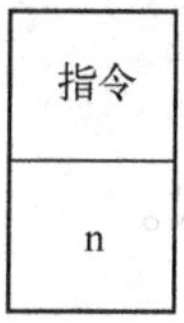

【例3-1】　MOV　AX，10

执行后(AX)=?

该例中源操作数为立即寻址方式，立即数为10，存放在指令的下一单元。

图形表示：

执行：　10→AX

执行后：(AX) =000AH

2. 寄存器寻址

寄存器寻址方式的操作数在指令指明的寄存器中。

汇编格式：R（R 表示寄存器名）

功能：操作数直接存放在寄存器 R 中。

图形表示：

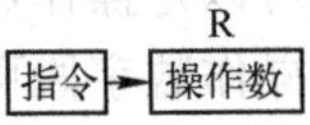

【例 3-2】 下列程序执行后，(AX) =？，(BX) =？

```
MOV AX,   1234H
MOV BX,   5678H
ADD AX,   BX
```

该程序中，MOV 指令为数据传送指令操作符，ADD 指令为加法指令操作符，3 条指令皆为双操作数指令。第一、二条指令 AX、BX 皆为目的操作数地址，为寄存器寻址方式。第 3 条指令中，AX 为目的操作数地址，BX 为源操作数地址。源地址和目的地址皆为寄存器寻址方式。

图形表示：

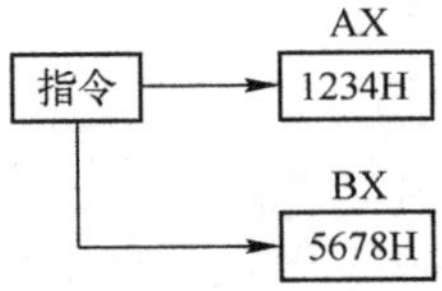

执行：　1234H→AX

5678H→BX

(AX) + (BX)→AX

执行后：(AX) =68ACH，(BX) =5678H

3. 直接寻址

直接寻址方式的操作数在内存中。

汇编格式：1）含有变量的地址表达式。

2）段寄存器名：[EA]。

功能：指令下一字单元的内容是操作数的偏移地址 EA。

偏移地址是指实际访问的存储单元的地址相对于段起始地址的偏移量，在 PC 中往往称之为有效地址（用 EA 表示）。

图形表示：

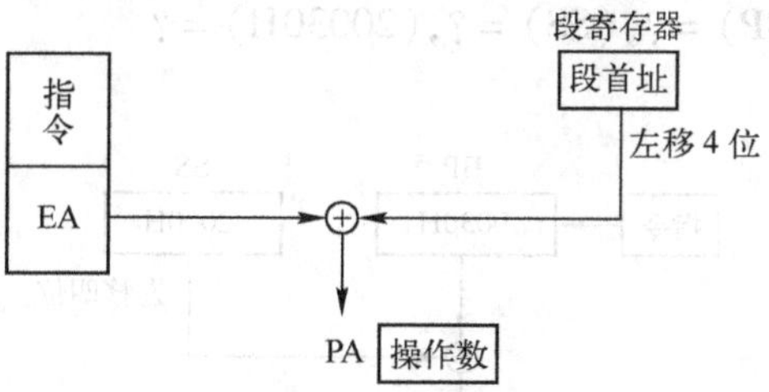

计算物理地址时，段基值隐含由 DS 段寄存器提供。

【例 3-3】 寄存器和存储器内容为：(AX) = 1212H，BUF 为数据段定义的变量，其偏移地址是 2000H，(DS) = 3000H，(32000H) = 4545H。

执行指令：MOV AX，BUF

执行后： (AX) = ?

图形表示：

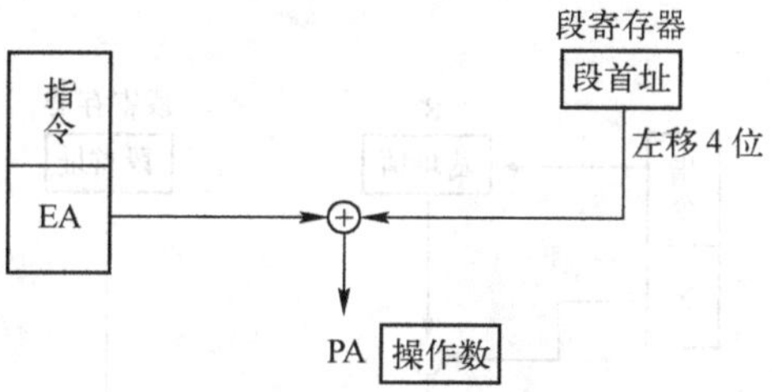

执行： (32000H)→AX

执行后：(AX) = 4545H

4. 寄存器间接寻址

寄存器间接寻址方式中，指令中寄存器的内容为操作数的偏移地址 EA，操作数在内存中。

汇编格式：[R]

功能：操作数存放在存储器，寄存器 R 存放操作数的偏移地址 EA。

偏移地址 EA 计算方法如下：

$$EA=\begin{cases}[SI]\text{，SI 作间址寄存器}\\ [DI]\text{，DI 作间址寄存器}\\ [BX]\text{，BX 作间址寄存器}\\ [BP]\text{，BP 作间址寄存器}\end{cases}$$

计算物理地址时，如果用的是 BX、SI 或 DI，则段基值隐含由 DS 提供；如果用的是 BP，则段基值隐含由 SS 提供。

寄存器间接寻址方式通常用来对一维数组或表格进行处理，这时只要改变间址寄存器 BX、BP、SI 或 DI 中的内容，用一条寄存器间接寻址指令就可以对连续的存储单元进行存/取操作。

【例 3-4】 寄存器和存储器内容分别为：(AX) = 0，(BP) = 0030H，(SS) = 2000H，(20030H) = 1234H。

执行指令：MOV AX， [BP]

执行后：(AX) = ?,(BP) = ?,(SS) = ?,(20030H) = ?

图形表示如下：

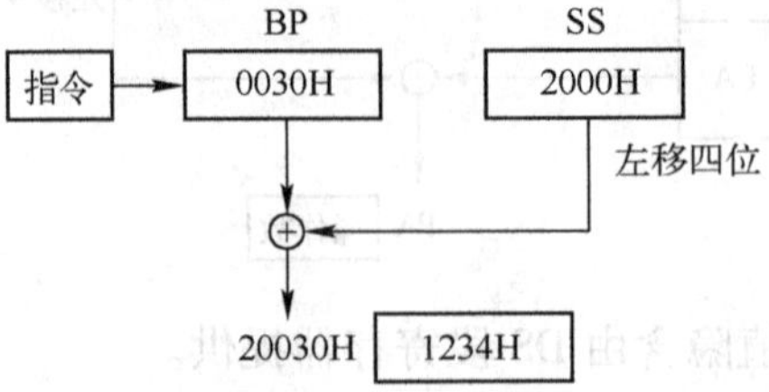

5. 寄存器相对寻址

寄存器相对寻址方式中，操作数的偏移地址 EA 为指令中寄存器的内容加位移量，操作数在内存中。

汇编格式：X[R](X 表示位移量，是 8 位或 16 位二进制补码表示的有符号数)

功能：操作数存放在存储器，寄存器 R 的内容加位移量 X 为操作数的偏移地址 EA。

图形表示如下：

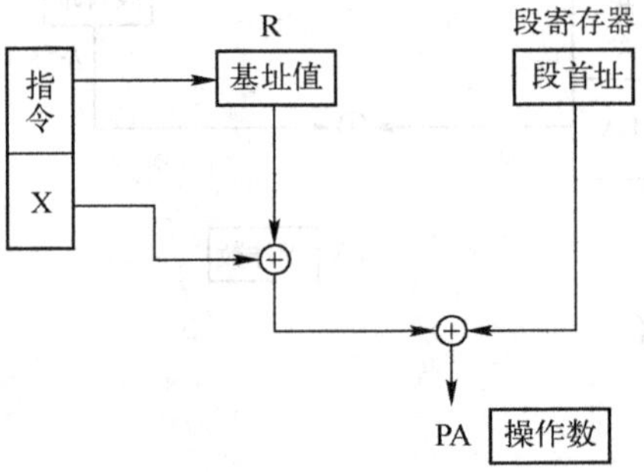

偏移地址 EA 计算方法如下：

$$EA = \begin{cases} [SI] + X \\ [DI] + X \\ [BX] + X \\ [BP] + X \end{cases}$$

对于寄存器为 BX、SI、DI 的情况，隐含用 DS 提供段基值，而对于寄存器为 BP 的情况，则隐含用 SS 提供段基值。这种寻址方式的操作数形式为［间接寄存器］ + DISP 或 DISP［间接寄存器］。

寄存器相对寻址方式通常也用来访问一维数组中的元素，位移量用来确定数组的起点，间址寄存器的值用于选择一个元素单元，只要改变间址寄存器内容就可选择数组中的任何元素。

【例 3-5】 设执行前：(AX) = 0040H，(BX) = 0030H，(DS) = 2000H，(20036H) = 0050H。

执行指令：ADD 6[BX], AX

执行后：(AX) = ?,(BX) = ?,(DS) = ?,(20036H) = ?

图形表示如下：

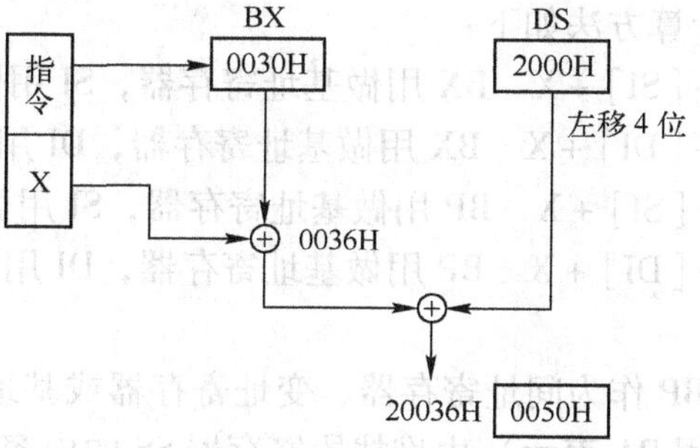

执行：　(20036H)+(AX)→(20036H)

执行后：(AX)=0040H，(BX)=0030H，(DS)=2000H，(20036H)=0090H

6. 基址变址寻址

基址变址寻址方式中，操作数的偏移地址EA为指令中基址寄存器（BR）内容、变址寄存器（IR）内容之和，操作数在内存中。在80x86微处理器中，一般约定基址寄存器用BR表示，变址寄存器用IR表示。

汇编格式：[BR][IR]

功能：操作数在存储器中，BR的内容加IR的内容形成操作数的偏移地址EA。

有效地址 $EA=\begin{cases}(SI)\\(DI)\end{cases}+\begin{cases}(BX)\\(BP)\end{cases}$

	MOV　AX，[BX][DI]	$PA=(DS)\times 2^4+(BX)+(DI)$
或	MOV　AX，[BP+DI]	$PA=(SS)\times 2^4+(BP)+(DI)$
	MOV　AX，ES：[BX][SI]	$PA=(ES)\times 2^4+(BX)+(SI)$

基址变址寻址方式适于数组、字符串、表格的处理，它必须是一个基址寄存器和一个变址寄存器的组合，下面两种形式是错误的：

```
MOV  AX,[BX][BP]
MOV  AX,[SI][DI]
```

7. 相对基址变址寻址

相对基址变址寻址方式中，操作数的偏移地址EA是指令中基址寄存器内容BR、变址寄存器内容IR、位移量X三项之和，操作数在内存中。

汇编格式：X[BR+IR]

功能：操作数存放在存储器，BR的内容加IR的内容加位移量X是操作数的偏移地址EA。

图形表示：

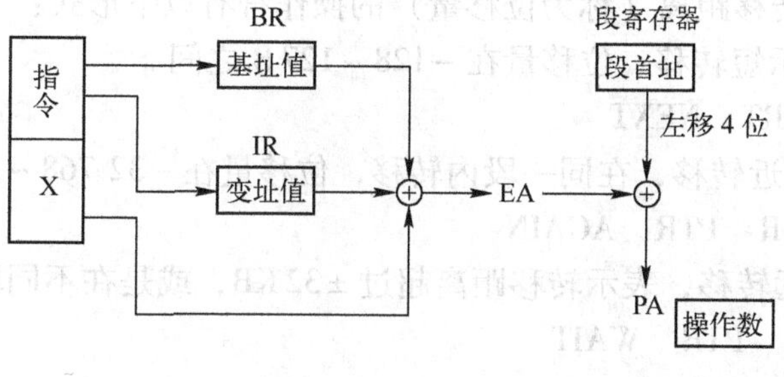

操作数偏移地址 EA 计算方法如下：

$$EA=\begin{cases}[BX]+[SI]+X & \text{BX 用做基址寄存器，SI 用做变址寄存器}\\ [BX]+[DI]+X & \text{BX 用做基址寄存器，DI 用做变址寄存器}\\ [BP]+[SI]+X & \text{BP 用做基址寄存器，SI 用做变址寄存器}\\ [BP]+[DI]+X & \text{BP 用做基址寄存器，DI 用做变址寄存器}\end{cases}$$

8. 跨段问题

按前述规定：若选用 BP 作为间址寄存器、变址寄存器或基址寄存器，则操作数在堆栈段，操作数的物理地址（用 PA 表示）由堆栈段寄存器 SS 的内容左移 4 位与偏移地址 EA 相加后形成；否则，操作数在数据段，操作数的物理地址 PA 由数据段寄存器 DS 的内容左移 4 位与偏移 EA 相加后形成。该规定为系统默认状态。当要否定默认状态，到非约定段寻找操作数时，必须用跨段前缀指明操作数的段寄存器名。

汇编格式：段寄存器名：操作数地址。

功能：段寄存器名指明操作数属哪个段。

【例 3-6】 跨段前缀示例。

```
MOV   AX,  DS:[BP]
MOV   CX,  SS:[SI]
```

该例中，（DS:）、（SS:）均为跨段前缀，此时默认状态无效，操作数的物理地址 PA 由段寄存器内容左移 4 位加偏移 EA 形成。上述两条指令的源操作数物理地址分别为

$$PA1 = (DS)_{左移4位} + [BP]$$
$$PA2 = (SS)_{左移4位} + [SI]$$

3.1.2 程序转移地址的寻址方式

用来确定转移指令及 CALL 指令的转向地址（目标地址）的方式，有以下形式：

段内寻址 { 段内直接寻址 / 段内间接寻址 }

段间寻址 { 段内直接寻址 / 段内间接寻址 }

其中，段内寻址是指转移指令与转向的目标指令在同一代码段中，程序转移时代码段寄存器（CS）的值不变，仅修改 IP 的内容；段间寻址是指转移指令与转向的目标指令在两个不同的代码段中，转移时代码段寄存器（CS）的值发生变化，需要同时修改 CS 和 IP 的内容。

转移时用以表示转移距离（称为位移量）的操作符有以下形式：

（1）SHORT：表示短转移，位移量在 -128 ~ 127 B 之间。

例如：JMP　SHORT　NEXT

（2）NEAR：表示近转移，在同一段内转移，位移量在 -32 768 ~ 32 767 B 范围内。

例如：JMP　NEAR　PTR　AGAIN

（3）FAR：表示远转移，表示转移距离超过 ±32 KB，或是在不同段之间转移。

例如：JMP　FAR　PTR　WAIT

1. 段内直接寻址

转向的有效地址 EA =（IP）$_{当前}$ + 位移量(8 bit/16 bit)，就是 IP 的新地址，即（IP）$_{新}$。

转向物理地址 = 16d ×（CS）+（IP）$_{新}$（或者是，转向物理地址 = 10H ×（CS）+（IP）$_{新}$）。

【例 3-7】 段内直接寻址方式的示例。

```
               1060:000D EB04            JMP SHORT NEXT
IP 当前值→     1060:000F ...              ...
               1060:0011 ...              ...
               1060:0013 0207            NEXT:ADDAL,[BX]
```

2. 段内间接寻址

转向的有效地址 EA 是一个寄存器或存储单元的内容（可用除立即数以外的任何一种数据寻址方式得到）。

转向物理地址 = 16d ×（CS）+ EA（或者是,转向物理地址 = 10H ×（CS）+ EA）。

【例 3-8】（BX）= 1256H,（SI）= 528EH,TABLE = 20A2H,（DS）= 2000H,（232F8H）= 3280H,（264E4H）= 2450H。

```
JMP   BX                          ;(IP)←1256H
JMP   TABLE[BX]
JMP   WORD PTR TABLE[BX]          ;(IP)←3280H
JMP   [BX][SI]
JMP   WORD PTR [BX][SI]           ;(IP)←2450H
```

3. 段间直接寻址

用指令中提供的转向段地址和偏移地址取代原先的 CS 和 IP。

转向物理地址 = 16d ×（CS）$_{新}$ +（IP）$_{新}$（或者是，转向物理地址 = 10H ×（CS）$_{新}$ +（IP）$_{新}$）。

【例 3-9】 段间转移程序段。

```
                                                code2   segment
                   codel   segment                ...
                            ...               ─→ next:  ...
EA 0250 2000       jmp   far   ptr   next ──┘
                            ...                 code2   ends
                   codel   ends
```

4. 段间间接寻址

根据指令中的操作数计算出存储单元的物理地址，用该物理地址开始中的两个连续字的内容取代原先的 CS 和 IP（存储单元的物理地址可用除立即寻址和寄存器寻址以外的任何一种数据寻址方式得到）。

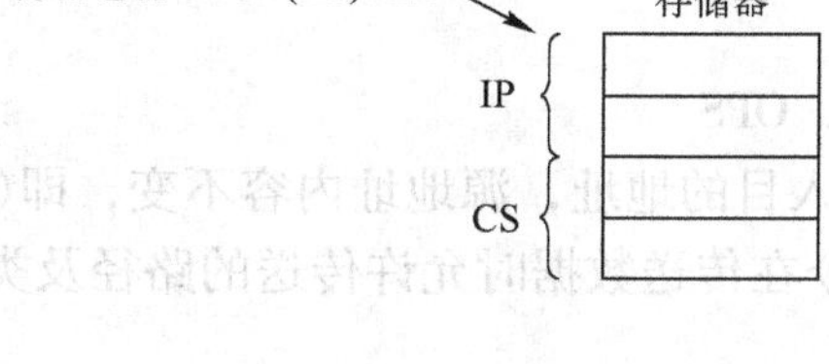

【例 3-10】 JMP DWORD PTR [INTERS + BX]

3.1.3 对端口的寻址方式

计算机中主要有两种 I/O 寻址方式：独立编址和统一编址。独立编址的特点是：存储器和 I/O 端口在两个独立的地址空间中，访问 I/O 端口用专用的命令。统一编址的特点是：存储器和 I/O 端口共用统一的地址空间，I/O 端口作为存储器的某些存储单元，所有访问存储器的指令都可用于 I/O 端口。8086/8088 一般对 I/O 端口采用独立编址管理，CPU 用 16 位地址去访问端口空间，端口空间的大小为 64 KB。对端口的寻址方式有两种：直接寻址和间接寻址。

1. 直接寻址

直接寻址是由指令直接给出所要找的端口地址，端口的直接寻址方式所提供的直接地址是 8 位的，即寻址范围仅为 0 ~ 255。端口的直接地址不能用任何括号括起，不能理解为立即数。

如，IN AX，66H ；将端口号为 66H 的单元内容送入 AX

2. 间接寻址

必须把 16 位的端口地址放在寄存器 DX 中，用 DX 进行端口的间接寻址，端口的间接寻址只能使用 DX 寄存器进行，并且对端口的间接寻址所用的寄存器 DX 是不加任何括号的，不能理解为寄存器寻址。

如，MOV DX，0200H

IN AX，DX ；将端口号为 0200H 的单元内容送入 AX

3.2 8086 的指令系统

8086 指令系统格式可分为下列 3 种形式。

- 双操作数形式：OPR OPD，OPS。
- 单操作数形式：OPR OPD。
- 无操作数形式：OPR。

为了叙述方便，在本书内容中，用 OPR 表示指令操作码，OPD 表示目的操作数，OPS 表示源操作数。目的操作数在前，源操作数在后，不能倒置。

3.2.1 数据传送类指令

数据传送类指令用于实现 CPU 的内部寄存器之间，CPU 内部寄存器和存储器之间，CPU 累加器（AX 或 AL）和 I/O 端口之间的数据传送。

除了 POPF 指令和 SAHF 指令外，其他的指令均不影响状态标志。

1. 通用数据传送指令

（1）传送指令 MOV。

语句格式：MOV OPD，OPS

功能：将源操作数传送入目的地址，源地址内容不变，即(OPS)→OPD。

图 3-1 描述了 MOV 指令在传送数据时允许传送的路径及类型。

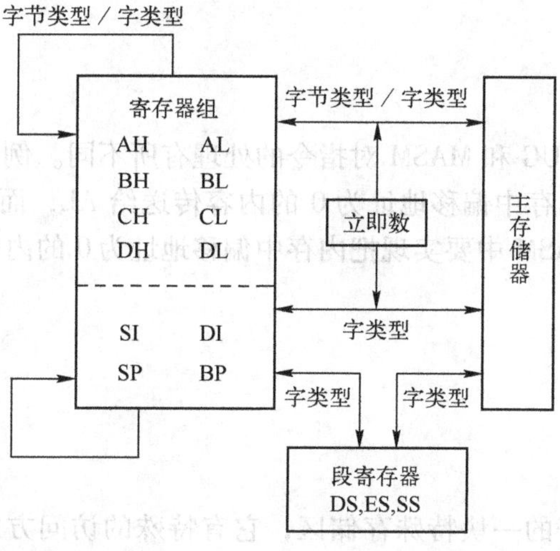

图 3-1　MOV 指令在传送数据时允许传送的路径及类型

【例 3-11】　存储器与寄存器间数据传送。

```
MOV   AX,       BUF                ;BUF 是变量,源操作数为直接寻址
MOV   BH,       [DI]               ;源操作数为寄存器间接寻址
MOV   DI,       ES:3[SI]           ;源操作数为相对寻址,使用跨段前缀
MOV   BP,       3[BX+SI]           ;源操作数为相对基址变址寻址
MOV   BUFA,     DL                 ;BUFA 是一字节变量
MOV   [BP],     AX                 ;使用 SS 段寄存器
MOV   DS:[BP],  DL                 ;使用跨段前缀
MOV   BUF,      DS                 ;BUF 是个字变量
MOV   ES,       BUF
```

（2）数据交换指令 XCHG。

语句格式：XCHG OPD，OPS

功能：交换源操作数与目的操作数的内容（不能为段寄存器），操作数可分为字类型和字节类型。

【例 3-12】　交换 AX 和 BX 中的内容

执行指令：XCHG　AX，BX

（3）查表转换指令 XLAT。

语句格式：XLAT　OPS 或 XLAT

功能：将(BX)为首址、(AL)为位移量的字节存储单元中的数据送 AL 寄存器，即(DS)：(BX)+(AL)→AL。

【例 3-13】　已知段基址为 4000H 的数据段中，从偏移地址 0200H 开始存放了数字 0～9 的七段数码管显示代码表。请编程取出数字 6 的七段代码存入 DL 中。

程序为

```
MOV  AX,  4000H
MOV  DS,  AX
MOV  BX,  0200H
```

```
MOV  AL,  6
XLAT
MOV  DL,  AL
```

需要注意的是：DEBUG 和 MASM 对指令的处理有所不同。例如，对于指令“MOV AL，[0]”，Debug 理解为将内存中偏移地址为 0 的内容传送给 AL，而 MASM 却理解为把数值 0 传送给 AL。目前，在 MASM 中要实现把内存中偏移地址为 0 的内容传送给 AL，方式有如下两种：

- MOV AL，DS：[0]
- MOV BX，0
  MOV AL，[BX]

2. **堆栈操作指令**

堆栈是在内存中开辟的一块特殊存储区，它有特殊的访问方式，具有“先进后出”或“后进先出”的特点。

堆栈所在的逻辑段就是堆栈段，其段基值由 SS 提供。堆栈的出/入口称为栈顶，所有的进栈和出栈操作都是从栈顶进行，栈顶指针 SP 的内容始终指向当前的栈顶，即栈顶的逻辑地址为（SS）：（SP）。SP 的初值所指向的单元称为栈底，可以由程序设置。栈底的下一个单元开始存放进栈的数据。

8086/8088 的栈顶单元内存放着最后进栈的数据，即 SP 总是指向最后压进栈的数据字。

8086/8088 的堆栈是以字为单位组织的，即进栈和出栈操作是按 16 位的字进行的，而且堆栈是从高地址向低地址方向生长，每进一个数据，SP 的内容要减 2；每出栈一个数据，SP 的内容要加 2。当栈为空时，栈中没有元素，相应地不存在栈顶元素，此时栈指针 SS：SP 指向栈的最底部单元下面的单元，该单元的偏移地址为栈最底部的字单元的偏移地址加 2。

（1）进栈指令 PUSH。

语句格式：PUSH OPS

功能：将寄存器、段寄存器或存储器中的一个字数据压入堆栈，堆栈指针减 2。高字节先进栈，低字节后进栈。

即：1）$(SP)-1\rightarrow SP$，$(OPS)_{15\sim8}\rightarrow[SP]$

2）$(SP)-1\rightarrow SP$，$(OPS)_{7\sim0}\rightarrow[SP]$

（2）出栈指令 POP。

语句格式：POP OPD

功能：将栈顶元素弹出送至某一寄存器、段寄存器（除 CS 外）或存储器，堆栈指针加 2。低字节先出栈，高字节后出栈。

从 POP 指令功能可看出，该指令为 PUSH 指令的逆过程。

即：1）$([SP])\rightarrow(OPD)_{7\sim0}$，$(SP)+1\rightarrow SP$

2）$([SP])\rightarrow(OPD)_{15\sim8}$，$(SP)+1\rightarrow SP$

PUSH 和 POP 指令在执行时，通过 SS：SP 保证数据在进栈和出栈时指向栈顶，但是在 8086 CPU 中存在的一个栈顶越界问题。栈顶越界有两种情况：一是当栈满时，继续通过 PUSH 指令使数据进栈；二是当栈空时，继续使用 POP 指令出栈。栈顶越界有可能导致栈外的数据被覆盖，从而引发一连串的错误，因此编程时要安排合理的栈空间，防止进栈数据过多导致越界；在使用 POP 指令时要防止空栈时继续出栈导致越界。

3. 标志寄存器传送指令

（1）标志送 AH 指令 LAHF。

语句格式：LAHF

功能：将标志寄存器的低 8 位送入 AH 寄存器，即（FLAGS）$_{7\sim0}$→AH。

该指令的执行对标志位无影响。

【例 3-14】 标志寄存器传送。

执行前：(FLAGS) =0485H，(AX) =0FFFFH

执行指令：LAHF

（2）AH 送标志指令 SAHF。

语句格式：SAHF

功能：将 AH 的内容送入标志寄存器的低 8 位，高 8 位不变，即(AH)→(FLAGS)$_{7\sim0}$。

从该指令功能可看出，SAHF 为 LAHF 的逆过程。

（3）标志寄存器进栈指令 PUSHF。

语句格式：PUSHF

功能：将标志寄存器的内容压入堆栈，即(FLAGS)→↓(SP)。

（4）标志寄存器出栈指令 POPF。

功能：将栈顶内容弹出送入标志寄存器中，即↑(SP)→FLAGS。

POPF 指令与 PUSHF 指令互为逆过程。

【例 3-15】 将标志寄存器的单步标志 TF 置位。

```
PUSHF               ;(FLAGS)→↓(SP)
POP   AX            ;(SP)→AX
OR    AX, 0100H     ;设置 D8 = TF = 1
PUSH AX             ;(AX)→↓(SP)
POPF                ;(SP)→↓FLAGS,即(AX)→↓FLAGS
```

4. 地址传送指令

（1）传送偏移地址指令 LEA。

语句格式：LEA OPD，OPS

功能：按源操作数的寻址方式计算偏移地址，将偏移地址送入指定寄存器（将源操作数的有效地址送到目的操作数中）。其中，源操作数是 mem，目的操作数是一个 16 位的 reg。

【例 3-16】 主存偏移地址的获取。

```
MOV  BX,  0100H           ;(BX) =0100H
MOV  SI,  0210H           ;(SI) =0210H
LEA  BX,  1234[BX+SI]     ;(BX) =1544H
```

（2）传送偏移地址及数据段首址指令 LDS。

语句格式：LDS OPD，OPS

功能：该指令完成一个存放在内存中的 32 位地址指针的传送，地址指针包括段基值和偏移地址两部分。源操作数是 mem，目的操作数是 16 位的 reg。该指令将主存中指定字单元数据送入指定寄存器，下一字单元数据送 DS 寄存器（将源操作数寻到的 mem 地址的第一个字送到 reg 指定的通用寄存器，然后再将后续的第二个字送到 DS 中）。本指令常用于将 32 位的地址指针装入 SI 和 DS。

【例 3-17】 已知(DS) = 0B000H，(BX) = 080AH，(B080AH)字 = 05A2H，(B080CH)字 = 4000H，说明指令 LDS SI，[BX]的执行结果。

解：该指令源操作数的内存逻辑地址为(DS)：(BX)，其物理地址为 B080AH，从此地址单元取出一个字 05A2H 送入 SI，再取出其后续字（地址为 B080CH)4000H 送入 DS。因此执行结果为：(SI) = 05A2H，(DS) = 4000H。

(3) 传送偏移地址及附加数据段指令 LES。

语句格式：LES　OPD，OPS

功能：功能与 LDS 基本一样，将主存某字单元内容送指定寄存器，只是将 DS 换成 ES，即(OPS)→OPD，(OPS + 2)→ES。

5. 输入/输出指令

8086/8088 所有 I/O 端口与微处理器之间的数据交换都是由 IN 指令和 OUT 指令完成，其中 IN 指令完成从 I/O 端口向微处理器传送数据，OUT 指令则相反。微处理器只能用累加器（AL 或 AX）与 I/O 端口交换数据，I/O 端口的地址（称为端口号）编码为 0000H ~ FFFFH，其中端口号为 00H ~ FFH 的端口可以直接在指令中指定，端口号≥256（即端口地址在 FFH 之后）时，要访问这些端口，必须先把端口地址放在 DX 寄存器中，然后再用 IN 指令或 OUT 指令来传送数据。

输入/输出指令不影响标志位。

(1) 输入指令 IN。输入指令用来从指定的外设寄存器取信息送入累加器，它有 4 种形式。

1）语句格式：IN　AL，PORT
　功能：(PORT)→AL

2）语句格式：IN　AX，PORT
　功能：(PORT)→AX

3）语句格式：IN　AL，DX
　功能：([DX])→AL

4）语句格式：IN　AX，DX
　功能：([DX])→AL

其中，PORT 表示端口号，DX 的内容也为地址；源操作数可以采用对端口的直接寻址方式或间接寻址方式提供端口数据，目的操作数只能是 AL 或 AX。

【例 3-18】
```
MOV  DX, 383H
IN   AX, DX
```

IN 指令的源操作数采用间接寻址方式，把端口 383H 的内容输入到 AX 中。

(2) 输出指令 OUT。输出指令用来把累加器的内容送往指定的外设存储器，它有 4 种形式。

1）语句格式：OUT　PORT，AL

功能：(AL)→PORT

2）语句格式：OUT　PORT，AX

功能：(AX)PORT

3）语句格式：OUT　DX，AL

功能：(AL)→[DX]

4）语句格式：OUT　DX，AX

功能：(AX)→[DX]

源操作数只能是 AL 或 AX，目的操作数可以是采用对端口的直接寻址方式或间接寻址方式确定的端口单元。

【例 3-19】 OUT 28H，AL

这条指令的目的操作数采用直接寻址方式，把 AL 的内容输出到端口 28H 中。

3.2.2　算术运算类指令

8086/8088 可以对二进制无符号数或有符号数进行加、减、乘、除 4 种基本运算，通过 BCD 码调整指令还可以完成无符号十进制数的四则运算。无符号十进制数用压缩型 BCD 码或非压缩型 BCD 码调整。对非压缩型 BCD 码，做除法时，高 4 位必须是 0，做加/减法运算时，高 4 位可以为任意值。

算术运算指令影响标志位。

1. 加法指令

(1) 加 1 指令 INC。

语句格式：INC　OPD

功能：将目的操作数加 1，结果送目的地址，即(OPD)+1→OPD。

INC 指令是一个单操作数指令，操作数可以是寄存器或存储器操作数，且按无符号的二进制数处理。

影响标志位：AF、OF、PF、SF 和 ZF(不影响 CF)

如：INC　BX，即(BX)+1→BX。

加 1 指令可用于对计数器和地址指针进行调整。

(2) 不带进位的加指令 ADD。

语句格式：ADD　OPD，OPS

功能：将目的操作数与源操作数相加，结果存入目的地址中，源地址的内容不改变。即(OPD)+(OPS)→OPD。

两个操作数可以是有符号或无符号的 8 位或 16 位二进制数。源操作数可以是 reg、mem 或 data；目的操作数可以是 reg 或 mem。立即数不能为目的操作数，且两个操作数不能同时为 mem。

影响标志位：AF、CF、OF、PF、SF 和 ZF。

【例 3-20】 设（AL）＝E3H，分析指令 ADD AL，0A0H 的执行情况。

```
       11100011
    +  10100000
  ─────────────
  1←   10000011
```

执行后：(AL)=83H，AF=0，CF=1，OF=0，PF=0，SF=1，ZF=0

(3) 带进位加指令 ADC。

语句格式：ADC　OPD，OPS

功能：将目的操作数加源操作数再加低位进位，结果送目的地址。

即(OPD)+(OPS)+CF→OPD。

影响标志位：同 ADD 指令。

【例 3-21】 无符号双字加法运算。

```
MOV   AX,4652H        ;(AX)=4652H
ADD   AX,0F0F0H       ;(AX)=3742H,CF=1
MOV   DX,0234H        ;(DX)=0234H
ADC   DX,0F0F0H       ;(DX)=0F325H,CF=0
```

2. 减运算指令

(1) 减 1 指令 DEC。

语句格式：DEC　OPD

功能：将目的操作数减 1，结果送目的地址。即(OPD)-1→OPD。

DEC 指令是一个单操作数指令，操作数可以是寄存器或存储器操作数，且按无符号的二进制数处理。

影响标志位：AF、OF、PF、SF 和 ZF（不影响 CF）。

如：DEC　CX。即(CX)-1→CX。

减 1 指令 DEC 也一般用于对计数器和地址指针的调整。

(2) 不带借位的减指令 SUB。

语句格式：SUB　OPD，OPS

功能：目的操作数减源操作数，结果存于目的地址，源地址内容不变。

即(OPD)-(OPS)→OPD。

两个操作数可以是有符号或无符号的 8 位或 16 位二进制数。源操作数可以是 reg、mem 或 data，目的操作数可以是 reg 或 mem，立即数不能用做目的操作数，且两个操作数不能同时为 mem。

影响标志位：AF、CF、OF、PF、SF 和 ZF。

【例 3-22】 减法运算。

```
MOV   AX,5678H     ;(AX)=5678H
SUB   AX,1234H     ;(AX)=4444H,AF=0,CF=0,OF=0,PF=1,SF=0,ZF=0
MOV   BX,3354H     ;(BX)=3354H
SUB   BX,3340H     ;(BX)=0014H,AF=0,CF=0,OF=0,PF=1,SF=0,ZF=0
```

(3) 带借位减指令 SBB。

语句格式：SBB　OPD，OPS

功能：目的操作数减源操作数再减低位借位 CF，结果送目的地址。

即(OPD)-(OPS)-CF→OPD。

影响标志位：与 SUB 命令相同。

(4) 求补指令 NEG。

语句格式：NEG　OPD

功能：将目的操作数的每一位求反（包括符号位）后加 1，结果送目的地址（将零减去指定的 8 位或 16 位的目的操作数，并将结果送回目的操作数单元）。

即 $\overline{(OPD)}+1 \rightarrow OPD$。

影响标志位：同 SUB 指令。

【例 3-23】 求补运算。

```
MOV   AX,  0FF64H
NEG   AL             ;(AX)=0FF9CH,AF=1,CF=1,OF=0,PF=1,SF=1,ZF=0
SUB   AL,  9DH       ;(AX)=0FFFFH(并非 0FEFFH),AF=1,CF=1,OF=0,
                     ;PF=1,SF=1,ZF=0
NEG   AX             ;(AX)=0001H,AF=1,CF=1,OF=0,PF=0,SF=0,ZF=0
DEC   AL             ;(AX)=0000H,AF=0,CF=1,OF=0,PF=1,SF=0,ZF=1
NEG   AX             ;(AX)=0000H,AF=0,CF=0,OF=0,PF=1,SF=0,ZF=1
```

(5) 比较指令 CMP。

语句格式：CMP　OPD，OPS

功能：目的操作数减源操作数，结果只影响标志位，不送入目的地址，即只进行 (OPD) - (OPS) 操作。

影响标志位：与 SUB 指令相同。

【例 3-24】 比较 AL 的内容数值大小。

```
CMP   AL,  50      ;(AL)-50
JB    BELOW        ;(AL)<50,转到 BELOW 处执行
SUB   AL,  50      ;(AL)>=50,(AL)-50→AL
INC   AH           ;(AH)+1→AH
BELOW:…
```

3. 乘运算指令

(1) 无符号数乘法指令 MUL。

语句格式：MUL　OPS

功能：若是字节数据相乘，(AL) 与 OPS 相乘得到字数据存入 AX 中；若是字数据相乘，则 (AX) 与 OPS 相乘得到双字数据，高字存入 DX，低字存入 AX 中。其中，OPS 为寄存器或存储单元。

字节乘法：(AL) * (OPS)→AX；字乘法：(AX) * (OPS)→DX, AX

影响标志位：若乘积的高半部，即 (AH) 或 (DX) 不为零时，则 CF 和 OF 置“1”，表示 AH 或 DX 的内容为乘积的有效数字；否则，CF 和 OF 置“0”。AF、PF、SF 和 ZF 无定义（无定义和不影响不同，无定义是指指令执行后这些条件码位的状态不定，而不影响则是指该指令的结果并不影响条件码，因而条件码应保持原状态不变）。

【例 3-25】 无符号数 0A3H 与 11H 相乘。

```
MOV   AL,  0A3H      ;(AL)=0A3H
```

```
MOV  BL,  11H        ;(BL) =11H
MUL  BL              ;(AX) =0AD3H
```

(2) 有符号乘指令 IMUL。

语句格式：IMUL　OPS

功能：字节乘法功能指令为(AL) * (OPS)→AX；字乘法功能指令为(AX) * (OPS)→DX、AX。

IMUL 指令除计算对象是带符号二进制数外，其他都与 MUL 一样，但计算结果不同。

影响标志位：若结果的高半部不是低半部的符号扩展，则 OF 和 CF 置 1，说明 AH 或 DX 是有效数位；否则 OF 和 CF 置 0。AF、PF、SF 和 ZF 不定。

【例 3-26】 有符号数 0B4H 与 11H 相乘。

```
MOV  AL,  0B4H       ;(AL) =0B4H
MOV  BL,  11H        ;(BL) =11H
IMUL BL              ;(AX) =0FAF4H
```

4. 除运算指令

(1) 无符号除指令 DIV。

语句格式：DIV OPS

功能：字节除法功能指令为(AX)/(OPS)→ AL(商)、AH(余数)；

　　字除法功能指令为(DX、AX)/(OPS)→ AX(商)、DX(余数)。

其中，OPS 为寄存器或存储单元。

影响标志位：AF、CF、OF、PF、SF 和 ZF 都是任意的，无有效标志。

【例 3-27】 写出实现无符号数 0400H / 0B4H 运算的程序段。

```
MOV  AX,  0400H        ;(AX) =0400H
MOV  BL,  0B4H         ;(BL) =0B4H
DIV  BL                ;商(AL) =05H,余数(AH) =7CH
```

(2) 有符号除指令 IDIV。

语句格式：IDIV　OPS

功能：字节除法功能指令为(AX)/(OPS) → AL(商)、AH(余数)；

　　字除法功能指令为(DX、AX)/(OPS) → AX(商)、DX(余数)。

影响标志位：无有效标志。

除法指令 DIV 和 IDIV 虽然对标志的影响未定义，但可产生溢出。

【例 3-28】 写出实现有符号数 0400H /0B4H 运算的程序段。

```
MOV  AX, 0400H      ;(AX) =0400H
MOV  BL, 0B4H       ;(BL) =0B4H
IDIV BL             ;(AL) =0F3H,(AH) =24H
```

5. 符号扩展指令

(1) 字节转换成字指令 CBW。

语句格式：CBW

功能：将 AL 中的符号位数据扩展至 AH。若 AL 的最高位为 1，则把 FFH 存入 AH，否则把 00H 存入 AH。

影响标志位：无。

在执行 IMUL 或 IDIV 指令之前，该指令可用于扩展 AL 的内容。

【例 3-29】 将字节数据扩展成字数据。

```
MOV   AL,  0A5H          ;(AL) =0A5H
CBW                      ;(AX) =0FFA5H
ADD   AL,  70H           ;(AL) =15H
CBW                      ;(AX) =0015H
```

（2）字转换成双字指令 CWD。

语句格式：CWD

功能：将 AX 中的符号位数据扩展至 DX。若 AX 最高位为 1，则把 FFFFH 存入 DX，否则把 0000H 存入 DX。

影响标志位：无。

在执行 IDIV 指令之前用于扩展 AX 的内容。

【例 3-30】 将字数据扩展成双字数据。

```
MOV   DX,   0           ;(DX) =0
MOV   AX,   0FFABH      ;(AX) =0FFABH
CWD                     ;(DX) =0FFFFH,(AX) =0FFABH
```

6. 十进制调整指令

前面所学的算术运算指令均是对二进制数进行的操作，8086/8088 没有对十进制 BCD 数直接完成加、减、乘、除运算的指令，对 BCD 数进行算术运算是利用二进制数的算术指令配以 BCD 调整指令来实现的。

（1）压缩 BCD 码调整指令。

1）加法的十进制调整指令 DAA。

语句格式：DAA

功能：对两个压缩 BCD 码加法运算产生在 AL 中的结果进行调整，得到正确的压缩 BCD 码形式数据。

调整过程：如果 AL 寄存器中低 4 位大于 9 或辅助进位(AF) =1，则(AL) =(AL) +6 且(AF) =1；如果(AL) >=0A0H 或(CF) =1，则(AL) =(AL) +60H 且(CF) =1。

影响标志位：影响 AF、CF、SF、ZF、PF，但只有 CF 有用，它说明结果是否超出压缩 BCD 码 99。如果 CF =1，可用一个附加的字节来保留超过的 BCD 数字。对 OF 无定义。

【例 3-31】 压缩 BCD 码的加法运算。

```
MOV   AL,   68H          ;(AL) =68H
MOV   BL,   28H          ;(BL) =28H
ADD   AL,   BL           ;二进制加法:(AL) =68H +28H =90H
DAA                      ;十进制调整后,(AL) =96,实现了压缩 BCD 码加法:68 +28 =96
```

2）减法的十进制调整指令 DAS。

语句格式：DAS

功能：对两个压缩 BCD 码减法运算产生在 AL 中的结果进行调整，得到正确的压缩 BCD 码形式数据。

调整过程：如果(AF)=1 或 AL 寄存器中低 4 位大于 9，则(AL)=(AL)-6 且(AF)=1；如果(AL)>=0A0H 或(CF)=1，则(AL)=(AL)-60H 且(CF)=1。

影响标志位：影响 AF、CF、SF、ZF、PF，但只有 CF 有意义，它说明结果是否有十进制借位。对 OF 无定义。

【例 3-32】 压缩 BCD 码的减法运算。

```
MOV  AL,  68H        ;(AL)=68H
MOV  BL,  28H        ;(BL)=28H
SUB  AL,  BL         ;二进制减法:(AL)=68H-28H=40H
DAS                  ;十进制调整后,(AL)=40,实现了压缩 BCD 码减法:68-28=40
```

【例 3-33】 已知(BCD1)=1834，(BCD2)=2789，要求(BCD3)←(BCD1)+(BCD2)。

```
MOV  AL,       BCD1          ;(AL)=34H
ADD  AL,       BCD2          ;(AL)=BDH,CF=0,AF=0
DAA                          ;(AL)=23,CF=1,AF=1
MOV  BCD3,     AL            ;(BCD3)=23H
MOV  AL,       BCD1+1        ;(AL)=18H
ADC  AL,       BCD2+1        ;(AL)=18+27+CF=40H,CF=0,AF=1
DAA                          ;(AL)=46,CF=0,AF=1
MOV  BCD3+1, AL              ;(BCD3+1)=46,结果为:4623
```

【例 3-34】 已知(BCD1)=1234，(BCD2)=4612，要求(BCD3)←(BCD1)-(BCD2)。

```
MOV  AL,       BCD1          ;(AL)=34H
SUB  AL,       BCD2          ;(AL)=22H,CF=0,AF=0
DAS                          ;(AL)=22,CF=0,AF=0
MOV  BCD3,     AL            ;(BCD3)=22
MOV  AL,       BCD1+1        ;(AL)=12H
SBB  AL,       BCD2+1        ;(AL)=CCH,CF=1,AF=1
DAS                          ;(AL)=66,CF=1,AF=1
MOV  BCD3+1, AL              ;(BCD3+1)=66,结果为:6622(即-3378对十进制的补码)
```

(2) 非压缩 BCD 码调整指令。这一组指令既适用于一般的非压缩 BCD 码的十进制调整，也适用于数字 ASCII 码的调整。

1) 加法的非压缩 BCD 码调整指令 AAA。

语句格式：AAA

功能：对两个非压缩 BCD 码加法运算产生在 AL 中的结果进行调整，得到正确的非压缩 BCD 码形式数据。

调整过程：如果 AL 的低 4 位大于 9 或(AF)=1，则(AL)=(AL)+6，(AH)=(AH)+1，(AF)=(CF)=1，且 AL 高 4 位清零；否则，(CF)=(AF)=0，AL 高 4 位清零。

影响标志位：影响 AF、CF，而 OF、PF、SF、ZF 不定。若 AF、CF 等于 1，则 AH 内容加了 1。

【例 3-35】 非压缩 BCD 码的加法运算。

```
MOV  AX,  0035H        ;(AX)=0035H,其中(AL)=35H 正好是 5 的 ASCII 码
MOV  BL,  39H          ;(BL)=39H 正好是 9 的 ASCII 码
ADD  AL,  BL           ;(AL)=6EH,AF=0
AAA                    ;十进制调整,(AL)=04H,(AH)=01H,AF=1,CF=1
```

2）减法的非压缩 BCD 码调整指令 AAS。

语句格式：AAS

功能：对两个非压缩 BCD 码减法运算产生在 AL 中的结果进行调整，得到正确的非压缩 BCD 码形式数据。

调整过程：如果 AL 的低 4 位大于 9 或(AF) = 1，则(AL) = (AL) - 6，(AH) = (AH) - 1，(AF) = (CF) = 1，AL 高 4 位清零；否则，(CF) = (AF) = 0，AL 高 4 位清零。

影响标志位：影响 AF、CF，标志位 OF、PF、SF、ZF 无定义。若 AF = 1、CF = 1，则 AH 内容减了 1。

【例 3-36】 计算十进制数式子：(DX) ←UP1 + UP2 - UP3，其中参加运算的数均为二位十进制数，每个十进制数以非压缩 BCD 格式存入存储器，每个数占一字节。

```
MOV  AX,  0            ;初始化
MOV  AL,  UP1          ;低位数给 AL
ADD  AL,  UP2          ;两个低位数相加
AAA                    ;调整
MOV  DL,  AL           ;低位和给 DL
MOV  AL,  UP1+1        ;高位数给 AL
ADC  AL,  UP2+1        ;两个高位数相加
AAA                    ;调整
XCHG AL,  DL           ;把低位和给 AL,准备低位减法运算
SUB  AL,  UP3          ;低位减低位数
AAS                    ;调整
XCHG AL,  DL           ;把高位数给 AL,准备高位减法,同时把低位减法运算结果给 DL
SBB  AL,  UP3+1        ;高位减法运算
AAS                    ;调整
MOV  DH,  AL           ;高位减法运算结果给 DH
```

3）乘法的非压缩 BCD 码调整指令 AAM。

语句格式：AAM

功能：将两个非压缩的 BCD 码（高 4 位必须是 0）用 MUL 指令相乘后产生在 AX 中的积（有效数字只在 AL 中，AH 的内容为 0）调整为正确的非压缩 BCD 码形式，且 AH 和 AL 的高半字节为零。即，(AX)←把 AL 中的和调整为非压缩的 BCD 码格式。

调整过程：被调整的乘积在 AX 中，对 AL 按十进制数 10 取模，即，(AL)/0AH→AH（商）：AL(余数)，其中 AH 为商，AL 为余数。

影响标志位：影响 PF、SF、ZF，而 AF、CF、OF 无定义。

【例 3-37】 求 7 * 9 = 63 的非压缩 BCD 码结果。

```
MOV  AL,  07H
MOV  BL,  09H
MUL  BL                ;(AL) * (BL) = 003FH→AX
AAM                    ;调整后(AH) = 06H,(AL) = 03H,即十进制的 63
```

4）除法的非压缩 BCD 码调整指令 AAD。

语句格式：AAD

功能：把 AX 中的非压缩型的十进制数（AH 中存放十位数，AL 中存放个位数，且要求 AH 和 AL 中的高 4 位均为 0）转换成二进制数存入 AL 中，且 AH 清零。即 (AL)←10 * (AH) + (AL)，(AH)←0。

调整过程：除法运算前，先调整被除数 AX 内容，使 (AL) = (AL) + (AH) * 0AH，(AH) = 0，即把非压缩型十进制数变成二进制数。

指令要求两个相除的非压缩 BCD 码的高 4 位必须为 0，而且被除数最多有两位非压缩 BCD 码（在 AX 中），除数是一位非压缩的 BCD 码。

影响标志位：影响 PF、ZF、SF，而 CF、AF、OF 不定。

【例 3-38】 计算 23 ÷ 2，商→AX，余数→DL 中。

```
MOV  AX,  0203H        ;23 的非压缩 BCD 码形式为 0203
MOV  BL,  02H          ;除数 02→BL
AAD                    ;将被除数调整为十六进制数 17H→AX
DIV  BL                ;两数相除,商 0BH→AL,余数 1→AH
MOV  DL,  AH           ;余数→DL
MOV  AH,  0            ;为调整 AL 中的商做准备
AAM                    ;将 AL 中的商调整为非压缩 BCD 码,结果 0101H→AX,即十进制数 11
```

3.2.3 位操作类指令

位操作指令分为逻辑运算指令和移位指令两类。

1. 逻辑运算指令

逻辑指令是按位运算的指令，没有进位问题。其中，NOT 指令是单操作数的，NOT 指令中的操作数不允许为立即数；其余 4 条指令为双操作数指令，不允许两个操作数均为存储单元，如果源操作数为立即数，则目的操作数可以为存储单元或寄存器。

（1）求反指令 NOT。

语句格式：NOT OPD

功能：将目的地址中的内容逐位取反后送入目的地址，即 $\overline{(OPD)}$→OPD。

影响标志位：无。

【例 3-39】 逻辑非运算。

```
MOV  AX,  878AH        ;(AX) = 878AH
NOT  AX                ;(AX) = 7875H
```

(2) 逻辑乘指令 AND。

语句格式：AND　OPD，OPS

功能：将目的操作数和源操作数进行逻辑乘运算（按位运算），结果存目的地址。即(OPD)∧(OPS)→OPD。

该指令用于清除目的操作数中与源操作数置 0 的对应位。

说明：逻辑乘的运算法则为 1∧1 =1，1∧0 =0，0∧1 =0，0∧0 =0。

影响标志位：OF =0，CF =0，AF 不定，SF、ZF、PF 根据逻辑运算的结果设置为 0 或 1。

【例 3-40】　将 AL 中第 3 位和第 7 位清零。

```
MOV   AL,  0FFH
AND   AL,  77H
```

(3) 测试指令 TEST。

语句格式：TEST　OPD，OPS

功能：源地址和目的地址的内容执行按位的逻辑乘运算，结果不送入目的地址。即(OPD)∧(OPS)。

影响标志位：同 AND 指令。

【例 3-41】　测试 AX 中的第 12 位是否为 0，不为 0 则转到 NEXT。

```
TEST  AX,  1000H
JNE   NEXT
```

(4) 逻辑加指令 OR。

语句格式：OR　OPD，OPS

功能：将目的操作数和源操作数进行逻辑加运算（按位运算），结果存目的地址。即(OPD)∨(OPS)→OPD。

说明：逻辑加的运算法则为 1∨1 =1，1∨0 =1，0∨1 =1，0∨0 =0。

影响标志位：同 AND 指令。

【例 3-42】　将 AL 寄存器中第 3 位和第 7 位置 1。

```
MOV  AL,  0
OR   AL,  88H
```

(5) 按位加指令 XOR。

语句格式：XOR　OPD，OPS

功能：目的操作数与源操作数做按位加运算，结果送入目的地址。即(OPD)⊕(OPS)→OPD。

说明：按位加的运算法则为 1⊕1 =0，1⊕0 =1，0⊕1 =1，0⊕0 =0。

影响标志位：同 AND 指令。

【例 3-43】　按位加运算。

```
MOV  AL,  45H        ;(AL) =45H
XOR  AL,  31H        ;(AL) =74H
```

2. 移位指令

移位指令包括算术移位指令、逻辑移位指令和循环移位指令，分别进行左移和右移操作。这些指令均有统一的语句格式：

[标号:]操作符 OPD,1 或[标号:]操作符 OPD,CL

其功能为将目的操作数的所有位按操作符规定的方式移动1位或按寄存器CL规定的次数（0~255）移动，结果送入目的地址。目的操作数是8位（或16位）的寄存器数据或存储器数据。

（1）算术左移和逻辑左移指令 SAL(SHL)。

语句格式：SAL　OPD，1 或 SHL　OPD，1

SAL　OPD，CL 或 SHL OPD，CL

功能：将（OPD）向左移动CL指定的次数，在低位补入相应个数的0，CF的内容为最后移入位的值。

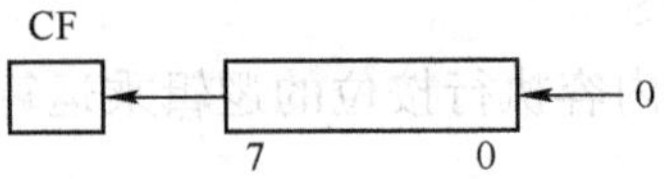

影响标志位：CF总是等于目的操作数最后移出位的值。对OF，若只移动一位，且结果使最高位（符号位）发生变化，则OF置"1"，否则置"0"；若移动位数为一次以上，则OF不定。SF、ZF、PF根据结果设置，AF不定。

（2）算术右移指令 SAR。

语句格式：SAR　OPD，1 或 SAR　OPD，CL

功能：将（OPD）向右移动CL指定的次数且最高位保持不变；CF的内容为最后移入位的值。

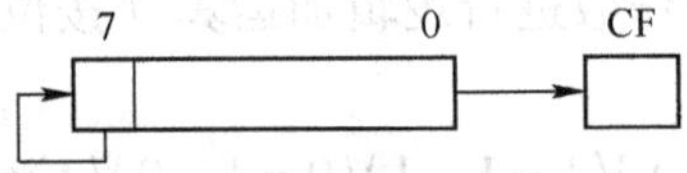

影响标志位：同上。

（3）逻辑右移指令 SHR。

语句格式：SHR　OPD，1 或 SHR　OPD，CL

功能：将（OPD）向右移动CL规定的次数，最高位补入相应个数的0，CF的内容为最后移入位的值。

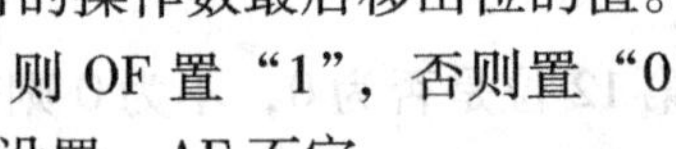

影响标志位：同上。

【例3-44】 设(AL)=0B4H，CF=1，说明下列移位运算执行后的结果。

```
MOV   AL,  0B4H        ;(AL)=0B4H
SAL   AL,  1           ;(AL)=68H,CF=1
MOV   AL,  0B4H        ;(AL)=0B4H
SAR   AL,  1           ;(AL)=0DAH,(CF)=0
MOV   AL,  0B4H        ;(AL)=0B4H
```

```
SHL   AL,  1            ;(AL) =68H,CF =1
MOV   AL,  0B4H         ;(AL) =0B4H
SHR   AL,  1            ;(AL) =5AH,CF =0
MOV   AL,  0B4H         ;(AL) =0B4H
MOV   CL,  2
SAR   AL,  CL           ;(AL) =0EDH,CF =0
```

语句“SAR AL，CL”实际上完成了（BH）/4→BH 的运算，所以，用 SAR 指令可以实现对有符号数除 2n 的运算（n 为移位次数）。

【例 3-45】 将 BL 和 AL 中的非压缩 BCD 码合并成压缩的 BCD 码送入 AL 中。

```
MOV   CL,  4
SHL   BL,  CL
AND   AL,  0FH
OR    AL,  BL
```

【例 3-46】 用移位指令将 AX 的内容乘以 10。

```
MOV   BX,  AX
MOV   CL,  2
SHL   AX,  CL
ADD   AX,  BX
SHL   AX,  1
```

（4）循环左移指令 ROL。

语句格式：ROL　OPD，1 或 ROL　OPD，CL

功能：将目的操作数的最高位与最低位连成一个环，将环中的所有位一起向左移动 CL 规定的次数。CF 的内容为最后移入位的值。

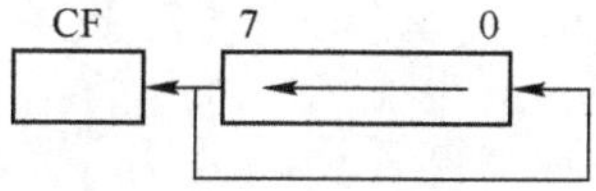

影响标志位：CF、OF 同上，SF、ZF、PF 不变，AF 不定。

（5）循环右移指令 ROR。

语句格式：ROR　OPD，1 或 ROR　OPD，CL

功能：将目的操作数的最高位与最低位连成一个环，将环中的所有位一起向右移动 CL 规定的次数，CF 的内容为最后移入位的值。

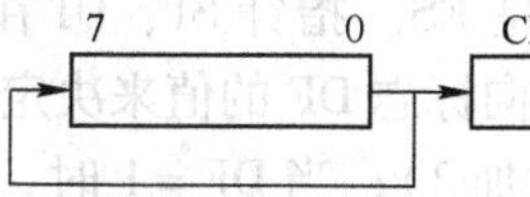

影响标志位：同 ROL。

（6）带进位的循环左移指令 RCL。

语句格式：RCL　OPD，1 或 RCL　OPD，CL

功能：将目的操作数连同 CF 标志一起向左循环移动 CL 规定的次数。

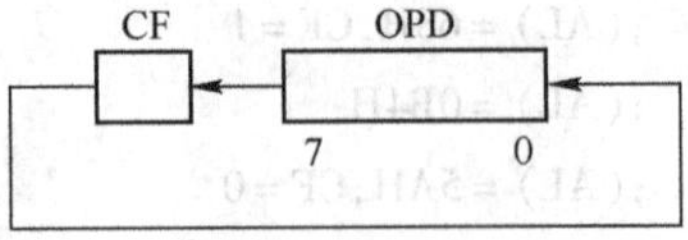

影响标志位：同 ROL。

(7) 带进位的循环右移指令 RCR。

语句格式：RCR　OPD，1 或 RCR　OD，CL

功能：将目的操作数连同 CF 标志一起向右循环移动所规定的次数。

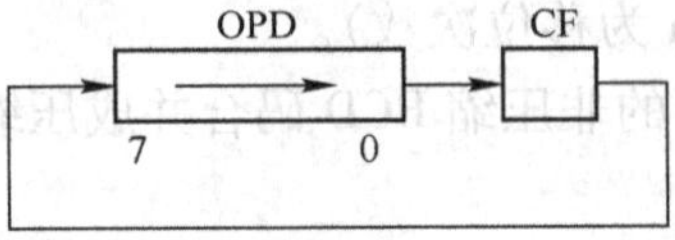

影响标志位：同 ROL。

【例 3-47】 仅用移位/循环移位指令实现将 AL 中的压缩 BCD 数拆成两个非压缩的 BCD 数，高位放入 AL，低位放入 BL。

要完成题目要求，就要借助标志位 CF，先把 AL 中的相应位移至 CF 中，然后利用循环移位指令把 CF 的内容移至 BL 中。

程序如下：

```
SHR   AL,  1
RCR   BL,  1
SHR   AL,  1
RCR   BL,  1
SHR   AL,  1
RCR   BL,  1
SHR   AL,  1
RCR   BL,  1
MOV   CL,  4
SHR   BL,  CL
```

3.2.4 串操作类指令

串是指连续存放在存储器中的一些数据。数据传送类指令每次只能传送一个数据，若要传送大批数据就需要重复编程，这样就浪费了大量的时间和空间。为此 8086 提供了一组处理主存中连续存放数据串的指令，这就是串操作指令。

串操作通常以 DS：SI 来寻址源串，以 ES：DI 来寻址目的串，对于源串可以进行跨段操作，但目的串的段寄存器只能是 ES。指针 SI、DI 在每次串操作后都会自动修改，以指向串中的下一个元素，修改时按方向标志 DF 的值来决定是增量还是减量。当 DF =0 时，增量修改（字节操作时加 1，字操作时加 2）；当 DF =1 时，减量修改（字节操作时减 1，字操作时减 2）。

需要注意的是：串操作类指令每次执行只能对数据串中当前这个数据进行操作。如果需要进行连续串操作，通常要在串操作指令前加重复前缀，重复前缀可以和任何串操作指令组合，形成复合指令，重复前缀规定了串操作指令重复执行的次数，对于无重复前缀的串操作指令只能操作一个串元素。

串操作指令包括串传送、串比较、串搜索（串扫描）、串装入、串存储五类。

1. 传送指令 MOVS

语句格式：1）MOVSB——字节串传送

2）MOVSW——字串传送

功能：将以 SI 为指针的源串中的一个字节（或字）存储单元中的数据传送至以 DI 为指针的目的地址中去，并自动修改指针 SI、DI，使之指向下一个字节（或字）存储单元。

即：1)(DS:[SI])→ES:[DI]。

2）当 DF=0 时，(SI)和(DI)增量；当 DF=1 时，(SI)和(DI)减量。

影响标志位：无。

【例3-48】 将串 SOURCE 传送到 DEST 处。

```
CLD                          ;DF←0
LEA  SI,   SOURCE            ;SI←源串首址的偏移地址
LEA  DI,   ES:DEST           ;DI←目的串首址的偏移地址
MOV  CX,   100               ;CX←串长度
REP  MOVSB                   ;字节型源串的100个元素传送至目的串处,REP前缀用于重复传送
```

2. 串比较指令 CMPS

语句格式：1）CMPSB——字节串比较

2）CMPSW——字串比较

功能：将 SI 所指的源串中的一个字节（或字）存储单元中的数据与 DI 所指的目的串中的一个字节（或字）存储单元中的数据相减，并根据相减的结果设置标志，但结果并不保存。

即：1）([SI])-([DI])。

2）修改串指针，使之指向串中的下一个元素。

当 DF=0 时，(SI)和(DI)增量；当 DF=1 时，(SI)和(DI)减量。

影响标志位：OF、SF、ZF、AF、PF、CF。

【例3-49】 找不相同的元素。

```
CLD
MOV     CX,       100
REPE    CMPS DEST, SOURCE
```

【例3-50】 找相同的元素。

```
CLD
MOV     CX,       100
REPNE   CMPS DEST, SOURCE
```

【例3-51】 判断哪个因素终止了重复过程。

```
CLD
```

```
MOV CX,100
REPNE   CMPS DEST,SOURCE          ;找相同元素
JNE     NOT-FOUND                 ;ZF=0 说明找完了整个串也没有找到，ZF=1 说明找到了
                                  ;相同的元素终止了串比较的重复操作
  ⋮
NOT-FOUND:…                       ;在串比较指令之后应有一条条件转移指令
                                  ;用以测试比较结果
```

3. 串搜索（串扫描）指令 SCAS

语句格式：1）SCASB——字节串搜索

2）SCASW——字串搜索

功能：AL（字节）或 AX（字）中的内容与 DI 所指的目的串中的一个字节（或字）存储单元中的数据相减，根据相减结果设置标志位，结果不保存，

即 1）字节操作：(AL)-(ES:[DI])；字操作：(AX)-(ES:[DI])。

2）修改指针使之指向串中的下一个元素。

当 DF=0 时，(DI)增量；当 DF=1 时，(DI)减量。

【例 3-52】 扫描串 STRING 中的 100 B，寻找第一个不等于 10 的元素。

```
CLD
LEA     DI,ES:STRING
MOV     CX,100
MOV     AL, 10
REPE    SCAS STRING
```

与串比较指令一样，在串扫描指令后也通常有一条条件转移指令。

4. 从源串中取数（串装入）指令 LODS

语句格式：1）LODSB——从字节串中取数

2）LODSW——从字串中取数

功能：将 SI 所指的源串中的一个字节(或字)存储单元中的数据取出来送入 AL(或 AX)中。

即 1）字节操作：(DS:[SI])→AL；字操作：(DS:[SI])→AX。

2）修改指针 SI，使它指向串中的下一个元素。

当 DF=0 时，(SI) 增量；当 DF=1 时，(SI) 减量。

影响标志位：无。

通常不重复执行 LODS。

5. 往目的串中存数（串存储）指令 STOS

语句格式：1）STOSB——往字节串中存数

2）STOSW——往字串中存数

功能：将 AL 或 AX 中的数据送入 DI 所指的目的串中的字节（或字）存储单元中。

即 1）字节操作：(AL)→ES:[DI]；字操作：(AX)→ES:[DI]。

2）修改指针 DI，使之指向串中的下一个元素。

当 DF=0 时，(DI) 增量；当 DF=1 时，(DI) 减量。

影响标志位：无。

利用重复前缀 REP 可以在串中建立一串相同的值。

【例 3-53】 将源串中与目的串中对应的不相同的元素取至 AL 中。

```
CLD
LEA     DI,ES:DEST
LEA     SI,SOURCE
MOV     CX,500
REPE    CMPSB                    ;寻找不同的元素
JZ      MATCH
DEC     SI
LODSB   SOURCE                   ;将源串中与目的串对应的不相同的元素取至 AL 中
⋮
MATCH:…                          ;没找到不相同的元素
⋮
```

【例 3-54】 在目的串中寻找不为零的元素，找到后从该元素开始连续清零 6 个单元。

```
CLD
LEA     DI,ES:STRING
MOV     AX,0
MOV     CX,200
REPE    SCASW               ;在目的串中寻找不为零的元素
JZ      NOT—FOUND
SUB     DI,2
MOV     CX,6
REP     STOSW STRING        ;寻找到不为零的元素后,从该元素开始连续清零 6 个单元
NOT—FOUND:…
⋮
```

6. 重复前缀指令 REP/REPZ/REPNZ

(1) REP。REP 前缀用在 MOVS、STOS、LODS 指令前。

功能：每执行一次串指令(CX) -1，直到(CX) =0，重复执行结束。

(2) REPZ/REPE。该指令一般用在 CMPS、SCAS 指令前。

功能：每执行一次串指令(CX) -1，并判断 ZF 标志是否为 0，只要(CX) =0 或 ZF =0，则重复执行结束。

(3) REPNZ/REPNE。该指令一般用在 CMPS、SCAS 指令前。

功能：每执行一次串指令(CX) -1，并判断 ZF 标志是否为 0，只要(CX) =0 或 ZF =1，则重复执行结束。

3.2.5 控制转移类指令

正常情况下，程序的执行是按指令的顺序进行的，但有时需要改变程序的正常执行顺序，转移到新的目标地址去继续执行，这种转移是通过转移指令来控制实现的。除了无条件转移，一般是根据标志位的测试情况来决定是否改变执行顺序或转移目标。

8086/8088 的转移指令分为：条件转移指令、无条件转移指令、循环指令、子程序调用和返回、中断调用和返回指令。

1. 条件转移指令

条件转移指令是根据上一条指令对标志寄存器中标志位的影响来决定程序执行顺序是否改变，每一条条件转移指令有自己的测试条件，只有条件（标志位）满足时程序才转移到指令指出的转向地址去执行，如果条件不满足则程序顺序执行。条件转移指令都是段内转移，不允许段间转移。

8086/8088 指令系统中所有的条件转移指令都是段内短转移。不满足条件（IP）不变；满足条件后，目标地址在本条转移指令下一条指令地址的 8 位位移量（$-128 \sim 127$ B）之内，即，$(IP)_{新} \leftarrow (IP)_{当前} +$ 符号扩展到 16 位之后的位移量 D_8。

条件转移指令可分为：简单条件转移指令、无符号数条件转移指令、有符号数条件转移指令，它们都有通用的语句格式和功能。

语句格式：［标号：］操作符 短标号

功能：如果条件满足，则$(IP)_{当前} +$ 位移量$\rightarrow (IP)_{新}$。

（1）简单条件转移指令。简单条件转移指令见表 3-1。

表 3-1 简单条件转移指令

助 记 符	转 移 条 件	功 能
JE/JZ	ZF = 1	相等/等于 0 转移
JNE/JNZ	ZF = 0	不相等/不等于 0 转移
JS	SF = 1	为负转移
JNS	SF = 0	为正转移
JO	OF = 1	溢出转移
JNO	OF = 0	未溢出转移
JC	CF = 1	进位位为 1 转移
JNC	CF = 0	进位位为 0 转移
JP/JPE	PF = 1	偶数个 1 转移
JNP/JPO	PF = 0	奇数个 1 转移

（2）无符号数条件转移指令。无符号数条件转移指令见表 3-2。

表 3-2 无符号数条件转移指令

助 记 符	转 移 条 件	功 能
JA/JNBE	CF = 0 且 ZF = 0	不低于且不等于转移
JAE/JNB	CF = 0 或 ZF = 1	高于或等于转移
JB/JNAE	CF = 1 且 ZF = 0	低于转移
JBE/JNA	CF = 1 或 ZF = 1	低于或等于转移

【例 3-55】 比较无符号数大小，将较大的数存放 AX 寄存器。

```
CMP     AX, BX          ;(AX) - (BX)
JNB     NEXT            ;若 AX > = BX,转移到 NEXT
XCHG    AX,BX           ;若 AX < BX,交换
NEXT:…
```

(3) 有符号数条件转移指令。有符号数条件转移指令见表 3-3。

表 3-3 有符号数条件转移指令

助 记 符	转 移 条 件	功 能
JG/JNLE	SF = OF 且 ZF = 0	不小于且不等于转移
JGE/JNL	SF = OF 或 ZF = 1	大于或等于转移
JL/JNGE	SF≠OF 且 ZF = 0	不大于且不等于转移
JLE/JNG	SF≠OF 或 ZF = 1	小于或等于转移

【例 3-56】 比较有符号数大小，将较大的数存放在 AX 寄存器。

```
CMP     AX,BX       ;(AX) - (BX)
JNL     NEXT        ;若 AX > = BX,转移到 NEXT
XCHG    AX,BX       ;若 AX < BX,交换
NEXT:...
```

【例 3-57】 α、β 为两个双精度数，分别存放在 DX、AX 和 BX、CX 中，要求编制一个程序使 α > β 时转向 X 执行，否则转向 Y 执行。

```
    CMP DX,BX
    JG X
    JL Y
    CMP AX,CX
    JA X
Y: ⋮
X: ⋮
```

2. 无条件转移指令

无条件转移指令可使程序无条件地转移到指令规定的目标地址处。无条件转移指令分为段内转移和段间转移，又可分为直接转移和间接转移，见表 3-4。

表 3-4 无条件转移指令的语句格式及功能

名 称	格 式	功 能
段内直接转移指令	JMP 标号	(IP) + 位移量→IP
段内间接转移指令	JMP OPD	(OPD)→IP
段间直接转移指令	JMP 标号	标号的偏移地址→IP，段首址→CS
段间间接转移指令	JMP OPD	(OPD)→IP，(OPD + 2)→CS

语句格式：JMP　目的地址

JMP 指令不影响标志位。

（1）段内直接转移指令。

指令格式：JMP　段内直接目的地址

功能：采用相对寻址方式将新的地址给 IP，即（IP）$_{新}$←（IP）$_{当前}$ + JMP 指令给出的位移量，其中（IP）$_{当前}$是指 JMP 指令下一条的地址。

段内直接转移分为段内短（SHORT）转移和段内近（NEAR）转移。位移量为 8 位时称为短转移，转移范围为 -128 ~ 127 B；近转移的位移量为 16 位，转移范围为 -32 768 ~ 32 767 B。

例如，指令 JMP　SHORT　NEXT1 是短转移指令，标号 NEXT1 是段内 8 位位移量范围内的目的地址；指令 JMP NEAR PTR NEXT2，标号 NEXT2 是段内 16 位位移量范围内的目的地址。

（2）段内间接转移指令。

指令格式：JMP　段内间接地址

功能：目标地址在寄存器或存储器中，用其中的内容送入 IP 中，实现指令转移。

例如，指令 JMP AX 和指令 JMP WORD PTR［BX］均用于段内间接转移，前者由寄存器 AX 提供目的地址，后者由存储器单元提供目的地址。

（3）段间直接转移指令。

指令格式：JMP　目标段直接目的地址

功能：根据目标段的目标地址的段属性和偏移地址属性，用目标地址的段基值和偏移地址值替代当前的 CS 和 IP。

例如，指令 JMP FAR PTR NEXT 和指令 JMP 1000H：2000H 均用于段间直接转移，前者根据标号 NEXT 的属性提供目的地址的 IP 和 CS，后者在指令中直接提供 CS 和 IP。

（4）段间间接转移指令。

指令格式：JMP　目标段间接地址

功能：根据指令指定的目标段存储单元内容，用连续的两个字内容作为转移地址，低地址的字内容送入 IP，高地址的字内容送入 CS。

例如，指令 JMP FAR PTR［BX］是一条段间间接转移指令，目的地址由存储器单元提供。

【例 3-58】　在存储器中有一个首地址为 ARRAY 的 N 字数组，要求测试其中正数、0 及负数的个数。正数的个数放在 DI 中，0 的个数放在 SI 中，并根据 N -（DI）-（SI）求得负数的个数放在 AX 中，如果有负数则转移到 NEG_VAL 中去执行。

```
        MOV CX,N
        MOV BX,0
        MOV DI,BX   ;用 DI 统计大于 0 的个数
        MOV SI,BX   ;用 SI 统计等于 0 的个数
AGAIN:  CMP WORD PTR ARRAY[BX],0
        JLE LESS_OR_EQ
        INC DI
```

```
        JMP SHORT NEXT
LESS_OR_EQ:JL   NEXT
              INC SI
NEXT:   ADD   BX,2
        DEC   CX
        JNZ   AGAIN   ;这两条语句可用 LOOP 指令代替
        MOV   AX,N
        SUB   AX,DI
        SUB   AX,SI
        JZ    SKIP
        JMP   NEAR PTR NEG_VAL
SKIP: ⋮
NEG_VAL: ⋮
```

3. 循环指令

循环指令分为：循环指令 LOOP、相等/为零循环指令 LOOPE、不相等/不为零循环指令 LOOPNE、CX 为零转移指令 JCXZ。使用循环指令的关键是控制循环的结束，在进入循环之前先设置好循环次数存放在寄存器 CX（通常称为计数器）中，用 CX 计数器中的内容控制循环次数，每循环一次就修改（减少）一次 CX 的内容，当 CX 的内容为 0 时循环结束。循环程序执行过程如图 3-2 所示。

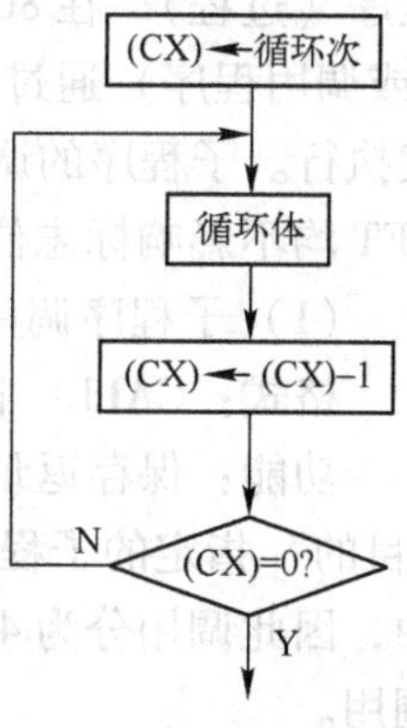

图 3-2 循环程序框图

（1）循环指令 LOOP。

语句格式：LOOP 短标号

功能：(CX) - 1 ≠0，则程序转移（循环）；否则，顺序执行。

说明：使用 LOOP 指令可代替如下两条指令：

```
DEC CX
JNE 短标号
```

（2）相等/为零循环指令 LOOPE。

语句格式：1）LOOPE 短标号

2）LOOPZ 短标号

功能：(CX) - 1 ≠0 且 ZF = 1，则程序转移（循环）；否则，顺序执行。

（3）不相等/不为零循环指令 LOOPNE。

语句格式：1）LOOPNE 短标号

2）LOOPNZ 短标号

功能：(CX) - 1≠0 且 ZF = 0，则程序转移（循环）；否则，顺序执行。

（4）CX 为零转移指令 JCXZ。

语句格式：JCXZ 短标号

功能：(CX) = 0，则程序转移到标号所指的转移地址去继续执行；否则，顺序执行。

【例 3-59】 计算表达式 1 + 2 + … + 100 之和。

程序源代码：

```
        MOV   AX,0
        MOV   CX,100
        MOV   BX,1
SUM：   ADD   AX,BX
        INC   BX
        LOOP  SUM
```

【例 3-60】 有一个首地址为 STRING 的字符串，长度为 100 个字符，试查找出其中是否有字符“0”（字符 0 的 ASCII 码为 30H）。

程序源代码：

```
        MOV CX,64H
        MOV SI, -1
FIND：  INC SI
        CMP STRING[SI],30H
        LOOPNE FIND
```

4. 子程序（过程）调用指令

在模块化程序设计中，往往把某一段具有通用性或多次出现在程序中的程序段定义成子程序（过程），在 80x86 汇编程序中，子程序相当于高级语言的过程。在程序中，主程序（或调用程序）通过调用子程序的形式调用这些子程序，子程序在执行完后又返回主程序继续执行。子程序的调用与返回由子程序调用指令 CALL 和返回指令 RET 完成，指令 CALL 和 RET 均不影响标志位。

（1）子程序调用指令 CALL。

格式：CALL　目的

功能：保存返址（返回地址，即 CALL 指令下一条指令的地址），并无条件地转移至“目的”指定的子程序入口处。由于子程序与主程序可以在一个段中，也可以不在一个段中，因此调用分为 4 种形式：段内直接调用、段间直接调用、段内间接调用、段间间接调用。

段内调用和返回过程如下：

```
code  segment
main  proc   far
             …
      call   sub
          →  …
          ret
main  endp
sub   proc   near ←
             …
          ret
sub   endp
code  ends
```

段间调用和返回过程如下：

```
codel    segment
           main   proc    far
                  …
                  call    far ptr  sub ──┐
         ┌──────▶ …                      │
         │        ret                    │
         │  main  endp                   │
codel    │ ends                          │
code2    │ segment                       │
         │  sub   proc    far ◀──────────┘
         │        …
         └─────── ret
           sub    endp
code2    ends
```

1）段内调用（近调用）：是指主、子程序均在同一代码段内。

① 段内直接调用：CALL　OPD（直接目标）。

执行操作：

返址入栈：$(SP) \leftarrow (SP)-2$

$((SP)+1,\ (SP)) \leftarrow (IP)$

转子程序：$(IP) \leftarrow (IP)+16$ 位位移量

② 段内间接调用：CALL　OPD（reg/mem）。

执行操作：

返址入栈：$(SP) \leftarrow (SP)-2$

$((SP)+1,\ (SP)) \leftarrow (IP)$

转子程序：$(IP) \leftarrow (EA)$

2）段间调用（远调用）：是指主、子程序不在同一代码段内。

① 段间直接调用：CALL　OBJ（直接目标）。

执行操作：

返址入栈：$(SP) \leftarrow (SP)-2$

$((SP)+1,\ (SP)) \leftarrow (CS)$

$(SP) \leftarrow (SP)-2$

$((SP)+1,\ (SP)) \leftarrow (IP)$

转子程序：(IP)←偏移地址

(CS)←段地址

② 段间间接调用：CALL　OPD（mem）。

执行操作：

返址入栈：$(SP) \leftarrow (SP)-2$

$((SP)+1,\ (SP)) \leftarrow (CS)$

$(SP) \leftarrow (SP)-2$

$((SP)+1,\ (SP)) \leftarrow (IP)$

转子程序：$(IP) \leftarrow (EA)$

$(CS) \leftarrow (EA+2)$

（2）返回指令 RET。

语句格式1：RET

语句格式2：RET　EXP（EXP 一般为偶数）

功能：把由 CALL 指令压入堆栈的地址弹出，然后将控制转到调用该过程的 CALL 指令的下一条指令。

其中的常数值（EXP）表示加到堆栈指针 SP 上的字节数，这样就可以把执行 CALL 指令前压入堆栈的参数弹出作废，避免一些过时参数占用栈空间。

1）段内返回：RET。

执行操作：(IP)←((SP)+1，(SP))

(SP)←(SP)+2

2）段内带立即数返回：RET EXP。

执行操作：(IP)←((SP)+1，(SP))

(SP)←(SP)+2

(SP)←(SP)+D16

3）段间返回：RET。

执行操作：(IP)←((SP)+1，(SP))

(SP)←(SP)+2

(CS)←((SP)+1，(SP))

(SP)←(SP)+2

4）段间带立即数返回：RET EXP。

执行操作：(IP)←((SP)+1，(SP))

(SP)←(SP)+2

(CS)←((SP)+1，(SP))

(SP)←(SP)+2

(SP)←(SP)+D16

【例 3-61】 段内带立即数返回实例。

```
code    segment
main    proc    far
            …
            push    ax
            push    bx
            push    cx
            call    sub
            …
            ret
main    endp
sub     proc    near
            …
        ret     6
sub     endp
code    ends
```

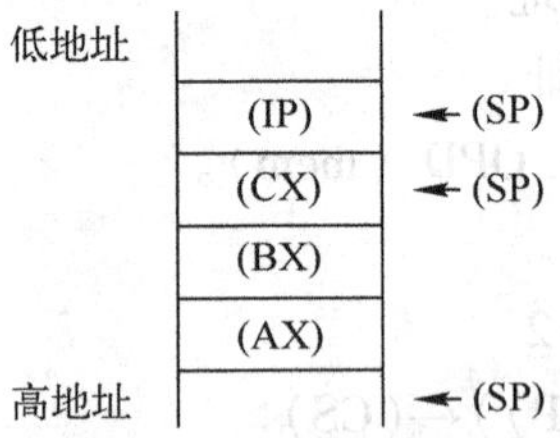

上述程序段中，通过指令 RET 6 使得执行 CALL 指令前压入堆栈的 3 个数据（由 AX、

BX、CX 提供）被弹出，因为堆栈中的这些数据不再有用。

5. 中断指令

当系统或程序运算期间出现特殊情况时，需要计算机自动执行专门的程序来进行处理。这种情况称为中断，所执行的程序称为中断子程序。

处理器为中断程序的处理提供了两种机制：中断与异常。一次中断通常是由 I/O 设备触发引起的一个异步事件，一次异常是处理器正在执行一条指令时检测到一个或多个满足预先定义条件而产生的一个同步事件，异常又分为故障、自陷和失败 3 类。

处理器对中断与异常的处理在本质上是一样的，当一个中断或异常被驱动时，处理器暂停当前程序或任务的执行，转向执行预先已编写好的用于处理中断或异常条件的一个子程序，处理器通过中断向量表来访问相关子程序，该子程序执行完成时，执行过程被控制返回到被中断的程序中。

处理器响应一次中断时，和子程序的调用有些类似，都要把返回信息（CS、IP）进栈保存，与子程序调用不同的是，中断过程还要把现场的状态保存入栈，然后才转去执行中断子程序。中断返回时，不仅要恢复入口地址，还要恢复原先的状态。

中断子程序的入口地址称为中断向量，存放于中断向量表中。8086/8088 系统提供了 256 个中断源，依次分配的中断类型号为 0 ~ 255。256 个中断子程序的中断向量存放在存储器最低地址区域的 1 KB 中（地址为 00000H ~ 003FFH），这个区域称为中断向量表，如图 3-3 所示。每个中断向量分配了 4 B 单元空间，中断指令指定的类型号乘以 4 就可得到该中断类型的中断向量的地址，通过该地址获得的两个字的内容分别为对应的中断子程序的 IP 和 CS。

类型 0 的 (IP)	00000
类型 0 的 (CS)	
类型 1 的 (IP)	00004
类型 1 的 (CS)	
… …	
类型 N 的 (IP)	4×N
类型 N 的 (CS)	
… …	
类型 255 的 (IP)	003FCH
类型 255 的 (CS)	

图 3-3　中断向量表

8086/8088 提供了 INT、INTO、IRET 等 3 条与中断有关的指令。

（1）中断调用指令 INT。

语句格式：INT n

功能：1）(FLAGS)→↓(SP)，0→IF、TF。

2）(CS)→↓(SP)，(4 * n + 2)→CS。

3）(IP)→↓(SP)，(4 * n)→IP。

影响标志位：IF = TF = 0。

（2）中断返回指令 IRET。

语句格式：IRET

功能：1）↑(SP)→IP。

2）↑(SP)→CS。

3）↑(SP)→FLAGS。

影响标志位：全部。

（3）溢出中断指令：INTO（TYPE = 4）。

语句格式：INTO

功能：当 OF = 0 时，无操作；

当 OF = 1 时，产生 4 号类型的中断。

影响标志位：IF = TF = 0。

3.2.6 处理机控制类指令

1．标志位设置指令

（1）进位标志操作指令。

CLC　　CF←0，CF 位清 0。

CMC　　CF←$\overline{CF}$，CF 位取反。

STC　　CF←1，CF 位置 1。

（2）方向标志操作指令。

CLD　　DF←0，DF 位清 0。

STD　　DF←1，DF 位置 1。

（3）中断标志操作指令。

CLI　　IF←0，IF 位清 0。

STI　　IF←1，IF 位置 1。

注意：只影响本指令指定的标志。

2．CPU 状态控制指令

（1）空操作指令 NOP。该指令不执行任何操作，只是使 IP 加 1，其机器码占有一个字节的存储单元，常用于程序调试。

（2）总线封锁前缀指令 LOCK。该指令与其他指令联合使用，作为指令的前缀，使得该指令执行时，不允许其他设备访问总线。

（3）暂停指令 HLT。该指令使处理器暂停工作，等待中断的到来。

（4）交权指令 ESC。

指令格式：ESC mem

该指令把指令中指定的存储单元的内容送到数据总线去，协处理器取出放在存储器的指令或操作数，实现主处理器与协处理器的协同工作。

（5）等待指令 WAIT。该指令使处理器处于空转等待状态。

3.3 习题

1. 名词解释。

（1）寻址方式　（2）指令系统　（3）有效地址　（4）操作码　（5）操作数

（6）堆栈　（7）间接寻址　（8）直接寻址　（9）位移量　（10）跨段前缀

2. 简述与数据有关的寻址方式。

3. 简述与转移地址有关的寻址方式。

4. 简述对端口的寻址方式。

5. 简述指令系统的分类。

6. 请分别用一条指令实现如下要求：

（1）将寄存器 BX 的内容传送给 CX。

（2）把立即数 1234H 传送到 AX。

（3）把数据段中偏移地址为 20H 的存储单元的内容传送给 AX 寄存器。

（4）把字节数据 20H 传送到 BX 指定的存储地址单元中。

7. 设（BX）=3000H，（SI）=1200H，位移量 X=0300H，试写出下列各种寻址方式时的有效地址：

（1）使用 BX 的间接寻址。

（2）使用 SI 的间接寻址。

（3）使用 BX 和 X 的相对寻址。

（4）使用 BX 和 SI 的基址变址寻址。

（5）使用 BX、SI 和 X 的相对基址变址寻址。

8. 指出下列指令中源操作数的寻址方式：

（1）MOV　AX，1234H

（2）MOV　AX，X

（3）MOV　AX，[BX]

（4）MOV　AX，[BX+SI]

（5）MOV　AX，X [BX] [SI]

（6）MOV　AX，BX

9. 指出下列指令的寻址方式：

（1）JMP　BX

（2）JMP　WORD PTR [BX]

（3）JMP　DWORD PTR [BX]

10. 设（DS）=1000H，（ES）=1500H，（SS）=2000H，（BX）=0010H，（BP）=00A0H，（SI）=0100H，指出下列指令中源操作数的寻址方式，并计算其物理地址。

（1）MOV　AX，[0200H]

（2）MOV　AX，[BX]

（3）MOV　AX，ES：[BX]

（4）MOV　AX，SS：[BX]

(5) MOV AX, [BP]

(6) MOV AX, [BX] +100H

(7) MOV AX, [BX] [SI]

(8) MOV AX, 100H [BX] [SI]

(9) MOV AX, [SI]

11. 指出下列指令的错误原因。

(1) MOV AL, 1234H

(2) MOV CS, AX

(3) MOV [1000], 1000H

(4) MOV BYTE PTR [BX], 1000H

(5) PUSH AL

(6) IN AX, [BX]

(7) SHL AX, 5

(8) XCHG DS, AX

(9) XCHG [BX], [SI]

(10) DEC [SI]

(11) NEG 1234H

(12) MUL 05H

(13) DIV AX, BX

(14) LEA AX, 0100H

(15) AND [BX], [SI]

12. 设 (DS) =1000H, (SS) =2000H, (BX) =0100H, (BP) =0200H, (SI) =0100H, (10100H) =20H, (10101H) =10H, (10200H) =10H, (10201H) =20H, (20200H) =30H, (20201H) =50H, 写出下列指令执行后 AX 的内容。

(1) MOV AX, 0100H

(2) MOV AX, [0100H]

(3) MOV AX, [BX]

(4) MOV AX, [BP]

(5) MOV AX, [BX] +100H

(6) MOV AX, [BX] [SI]

(7) MOV AX, [SI]

13. 已知 (DS) =1000H, (SS) =0F00H, (BX) =0010H, 要使下列指令的源操作数指向同一个物理地址 10320H, 写出下列指令中寄存器 BP、SI、DI 和位移量 X 的值。

(1) MOV AX, [SI]

(2) MOV AX, [BP]

(3) MOV AX, [BX + DI]

(4) MOV AX, X [BX + SI]

14. 下列程序段中, 各指令执行后 AX、CF、OF、ZF 和 SF 的内容如何变化?

指　令	AX	CF	OF	ZF	SF
MOV　AX，0					
DEC　AX					
NOT　AX					
AND　AX，0FFFFH					
CMP　AX，0FFFFH					
SUB　AX，1200H					
MOV　CX，5					
SAR　AX，1					
SAR　AX，CL					
ADD　AX，0FFFFH					
NEG　AX					

15. 分析下列程序段的功能。

（1）
```
    MOV BL，AL
    NOT BL
    TEST BL，2AH
    JZ L1
    ⋮
L1：
```

（2）
```
    OR DX，DX
    JNS L1
    NOT DX
    NOT AX
    ADD AX，1
    ADC DX，0
    ⋮
L1：
```

16. 写出实现下列功能的指令或程序段：

（1）将 AL 中的 1、3、5 位变反。

（2）判断 AL 中 1、3、5 位是否均为 1。若是，将 AL 置 1，否则将 AL 置 0。

（3）将 AL 的高 4 位与 BL 的低 4 位、AL 的低 4 位与 BL 的高 4 位交换。

（4）将标志寄存器的内容传送到 AX 中。

（5）将标志寄存器的 TF 位清 0。

（6）将双字内容逻辑右移 4 位。

（7）将偏移地址为 0100H 开始的连续 100 个字节的数据单元传送到同一数据段中偏移地址为 0150H 的数据区中。

（8）将 A 单元的内容与 B 单元的内容相乘后，结果保存在 C 单元的连续两个字节中。

第 4 章　MASM 汇编语言知识

本章介绍了 MASM 宏汇编程序所支持的各种汇编语言知识，主要叙述了 MASM 汇编程序所支持的多种伪指令，以及组成指令语句、伪指令语句等的格式和规则要求，结合 MASM 5.1 编程环境介绍了汇编语言程序的编写和调试过程。最后还介绍了在程序设计中有时会用到的 DOS 和 BIOS 功能调用。

4.1　MASM 汇编语言格式

汇编程序主要有两个：小汇编程序 ASM 和宏汇编程序 MASM。当计算机的存储容量为 64 KB 时，只能使用小汇编程序，宏汇编程序的功能较强，可以支持宏汇编，但它所需的存储容量为 96 KB。本章只介绍 MASM 宏汇编程序。

MASM 汇编语言有 3 种基本语句：指令语句、伪指令语句和宏指令语句。

指令语句是可执行语句，在汇编中要产生对应的机器代码，与机器指令有一一对应关系，是 CPU 指令系统中的指令的符号形式，CPU 根据这些代码执行相应的操作。

伪指令语句是不可执行语句，没有机器指令与其对应，在汇编中不产生机器代码，是汇编程序支持的一种命令，在汇编程序对汇编语言源程序汇编期间由汇编程序执行，告诉汇编程序如何汇编源程序，可以完成数据的定义、内存的分配等功能。

宏指令语句是以一条宏指令代表一段程序，经过定义之后，在程序中出现该程序段的地方均可用宏指令代替，简化了程序设计。在汇编时，凡出现宏指令语句的位置都会被换成相应的程序段。关于宏指令语句将在第 6 章介绍。

4.1.1　指令语句格式

指令语句的一般格式如下：

[标号:] 指令助记符 [操作数] [；注释]

(1) 标号。标号是机器指令语句存放地址的符号表示，代表该指令目标代码的第一个字节地址，后面必须紧跟冒号“:”。一般用作转移指令和调用指令转去的目标地址，是可选项。

(2) 指令助记符。指令助记符为语句的核心成分，表示了该语句的操作类型。助记符由系统定义。

(3) 操作数。操作数表示指令助记符的操作对象。

(4) 注释。注释均以分号开始，它可占一行或多行，一般放在一条语句的后面。

4.1.2　伪指令语句格式

伪指令语句格式如下：

[符号名] 伪指令符 [操作数] [；注释]

(1) 符号名。符号名是伪指令语句的一个可选项。可表示伪指令符所定义的变量名、段名、过程名、数值符号名等。符号名和标号最多可包含31个字符，这些字符可以是：

1）字母A~Z（大小写均可）。

2）数字0~9。

3）特殊字符$、_、@、.、?

其中，数字不能作为第一个字符；如果符号名用到“.”符号，则必须是第一个字符。

（2）伪指令符。伪指令符指定汇编程序要完成的具体操作，如数据定义伪指令DB、DW、DD，段定义伪指令SEGMENT，假定伪指令ASSUME等。伪指令符由汇编程序所规定。

（3）操作数。伪指令后面的操作数可以是常数、字符串、变量、表达式等，其个数由具体的伪指令决定，各个操作数之间必须以“,”分隔。

（4）注释。伪指令的注释必须以“;”开始，其作用同指令语句中的注释部分。

4.2 汇编语句表达式

汇编语句的操作数由一个或多个表达式组成，多个表达式项之间一般用逗号分隔。表达式可以是常量、变量、标号、寄存器，或者是它们与一些操作符和运算符相组合的序列，分为数值表达式和地址表达式两大类。在汇编过程中，汇编程序按照一定的优先规则对数值表达式或地址表达式进行计算后可得到一个数值或一个地址。

操作数用于指令语句时，给指令提供所需的操作数，可以是一个或两个，也可以没有；操作数用于伪指令或宏指令时，给出它们所需的参数，可以是多个，也可以没有。

在程序设计中，操作数的类型应该明确，源操作数和目的操作数的类型要求一致，否则汇编时将产生错误。在双操作数中，如果一个操作数的类型明确，另一个操作数的类型不明确，则汇编程序以类型明确的操作数类型作为两个操作数的共同类型。

4.2.1 常量、变量和表达式

1. 常量

常量表示一个固定的值，包括数值常量、符号常量和字符串常量，在指令中通常作立即数用。

（1）数值常量。数值常量一般有4种形式：二进制常量、十进制常量、八进制常量和十六进制常量，各种形式数值常量格式对照见表4-1。

表4-1 各种形式数值常量格式对照表

常量形式	格式	X的取值	例子	说明
二进制常量	X…XB	0或1	01110011B	数据类型后缀为B
八进制常量	X…XO或X…XQ	0~7	12357O或12357Q	数据类型后缀为O或Q
十进制常量	X…X或X…XD	0~9	1234或1234D	数据类型后缀为D，后缀可省略
十六进制常量	X…XH	0~9、A~F	0AB12H	数据类型后缀为H，第一位数据是A~F时，必须在数据前面加0

（2）符号常量。对于经常使用的常量，可以用EQU伪指令或等号伪指令“＝”定义一个符号名来表示，定义后的符号名可以在操作数的位置上代表数值。

（3）字符串常量。字符串常量是用单引号或双引号引起来的一个或多个字符。字符串常量是以各字符相应的ASCII码表示的。如“A”用41H表示，字符串“A1B2”用41H，31H，42H，32H表示。

2. 变量

在程序运行过程中，发生变化的量称为变量，变量经常在操作数字段出现，在代码段以外的其他段中定义。

变量是一个存放数据的存储单元的名字（符号地址）。变量也可以定义一个数据区或存储区，但变量仅表示该数据区或存储区的第一个数据单元（首地址），变量作为操作数是直接寻址方式的另一种形式，此时变量可用或不用方括号“［］”括进来。

变量有3种属性。

1）段属性：变量所在段的段基值，通常在DS、ES中。

2）偏移地址属性：与段基地址的偏移量值，代表从段的起始地址到定义变量的位置之间的字节数，是16位的无符号数。

3）类型属性：变量所具有的字节数，如BYTE（单字节长）、WORD（双字节长）、DWORD（4字节长）、DQ（8字节长）、DT（10字节长），表示该变量所代表的存储单元所能存放的数据的长度。

3. 表达式

表达式项主要是给变量指定存储单元和赋予初值，主要形式有：数值表达式、字符串表达式、地址表达式（只适用DW和DD两个伪指令）、？表达式、带DUP的表达式。多个表达式之间用逗号分开。

（1）数值表达式。根据所使用运算符的不同，数值表达式可分为算术表达式（使用算术运算符）、逻辑表达式（使用逻辑运算符）和关系表达式（使用关系运算符）3类。各类运算符介绍详见4.2.3。

通过使用数值表达式，数据定义伪指令可以为一个或连续的多个存储单元设置数值初值。数值表达式可以是一个常数，或者是有确定值的表达式（根据该表达式可以求得一个常数），也可以是已定义数值的符号名。

【例4-1】 为数据段分配存储单元。

程序段如下：

```
DATA   SEGMENT
       A DB 11H,12H,13H
       B DW 1122H,3344H
       C DD 12345678H
DATA ENDS
```

上述变量的存储单元分配及初始化情况如图4-1所示。

（2）字符串表达式。字符串表达式中的字符串必须用引号引起来。DB、DW、DD伪指令均以ASCII码形式将字符串中的各字符存放在相应的存储单元，但存放形式各不相同。

【例4-2】 为字符串分配存储单元。

程序段如下：

```
DATA   SEGMENT
    STR1   DB     '1234'
    STR2   DW     'AB','CD','A'
    STR3   DD     'AB'
DATA   ENDS
```

其存储单元分配如图 4-2 所示。

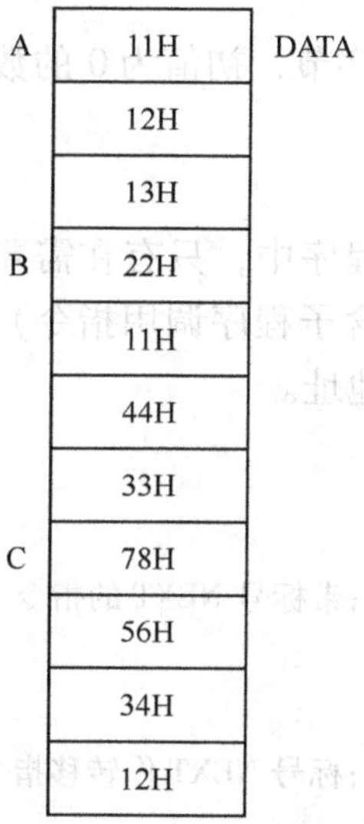

图 4-1　例 4-1 存储单元分配及初始化情况图

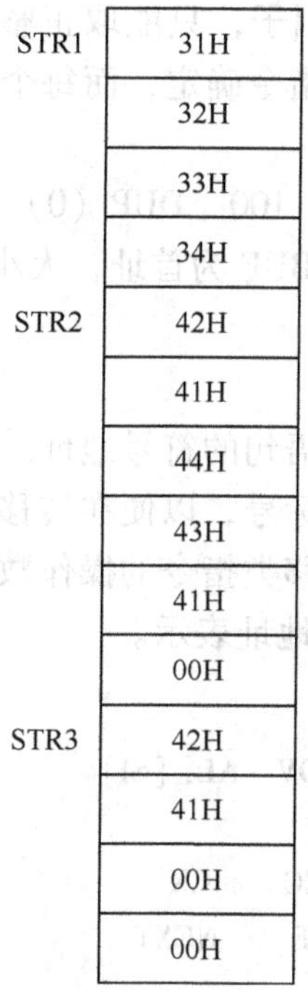

图4-2　例 4-2 存储单元分配图

（3）地址表达式。地址表达式一般由变量、常量、标号、基址或变址寄存器的内容和各种运算符组成，变量和标号可以认为是地址表达式的特例。在地址表达式中出现变量或标号时，均取其偏移地址参加运算。

在 DW 和 DD 这两个伪指令中，如果该地址表达式为一变量（或标号）名，用 DW 伪指令则是取它的偏移地址来初始化变量；用 DD 伪指令则是取它的段首址和偏移地址来初始化变量，第一个字（低地址字）的内容为偏移地址，第二个字（高地址字）的内容为段地址。

例：A、B 为已定义的变量或标号。

BUF1 DW A　　；把 A 的偏移地址存入字变量 BUF1 中

BUF2 DD B　　；把 B 的偏移地址及段基址存入双字变量 BUF2 中

（4）？表达式。在表达式中使用？表示可以分配存储空间，但不定义初值。

例：A　DB　？

该语句定义了字节变量 A，不设初值。

例：B　DW　?

该语句定义了字变量 B，不设初值。

例：C　DD　?

该语句定义了双字变量 C，不设初值。

（5）带 DUP 的表达式。在表达式中使用重复数据操作符 DUP，可以为连续的存储单元提供重复数据，其格式为：

```
N  DUP(表达式)
```

其中，N 为重复因子，只能取正整数，表示定义了 N 个重复数据存储单元，其类型由它前面的数据定义伪指令确定，而每个数据存储单元中的初值由 DUP 后面圆括号中的表达式给定。

例如：BUF　DB　100　DUP（0）

该语句定义了以 BUF 为首址，大小为 100 个字节，初值为 0 的数据存储单元。

4.2.2　标号

标号是一条指令语句的符号地址。在汇编源程序中，只有在需要转向一条指令语句时，才为该指令语句设置标号，以便在转移类指令（含子程序调用指令）中直接引用这个标号。因此，标号可作为转移类指令的操作数，即转移地址。

【例 4–3】　符号地址表示。

```
        ⋮
NEXT: MOV   AL, [SI]            ;带标号 NEXT 的指令
        ⋮
      DEC   CX
      JNE   NEXT                ;标号 NEXT 作转移指令的操作数
```

标号也具有 3 种属性。

1）段属性：标号所在段的段基值（通常在 CS 段）。

2）偏移地址属性：标号所在地址与段基地址的偏移量值。

3）类型属性：指段内操作（NEAR 类型，该类型也是默认类型）或段间操作（FAR 类型）。

4.2.3　表达式中的运算符

表达式中的运算符可分为 5 类：算术运算符、逻辑运算符、关系运算符、属性运算符和数值返回运算符。

1. 算术运算符

算术运算符包括 +（加）、-（减）、*（乘）、/（除）、MOD（求模）、SHL（左移）、SHR（右移）几种，它既可以用于数值表达式又可用于地址表达式，当它用于地址表达式时，只有表达式结果有明确的物理意义时其结果才是有效的。如两个地址相乘或相除是无意义的，两个不同段的地址相加也是无意义的。在地址表达式中，可以使用“+”号或“-”号，经常使用的形式是“地址 + 数字量”，表示当前地址之前或之后的地址。

【例 4-4】 用算术运算符进行数值表达式运算。

程序段如下：

```
NUM1   EQU   25 * 4 - 50              ;NUM1 = 50
    NUM2   EQU   NUM1 / 7             ;NUM2 = 7
    VAR0   EQU   2
    VAR1   DB   2,4,6,8,9             ;VAR1 的偏移地址为 0000
    VAR2   DB   '13579'               ;VAR2 的偏移地址为 0005
    NUM4   EQU   VAR2 - VAR1          ;两个偏移地址值相减,NUM4 = 5
    NUM5   EQU   0FH
    NUM3   DB   NUM1 MOD   7          ;NUM3 = 1
    ⋮
    MOV   AL,NUM5   SHL   4           ;(AL) = 11110000B
    MOV   BL,NUM5   SHR   4           ;(BL) = 00000000B
    MOV   AL,VAR1 + 3                 ;把数组 VAR1 中第 4 个元素送入 AL 中
    MOV   CX,VAR2 - VAR1              ;变量 VAR2、VAR1 的偏移地址相减后得到的数值存入
                                      CX 中
                                      ;实际上是把 VAR1 数组的元素个数存入 CX
    MOV   BL,VAR2 - VAR0              ;变量 VAR2 的偏移地址减去常量 VAR0 后得到一个
                                      地址
                                      ;根据该地址访问内存后获得数据放入 BL 中
    MOV   AL,[0]
```

汇编程序在汇编期间将计算“MOV CX，VAR2 - VAR1”指令中的表达式“VAR2 - VAR1”的值而形成指令“MOV CX，5”。

汇编程序在汇编期间将指令“MOV BL，VAR2 - VAR0”汇编为“MOV BL，[0003]”。

2．逻辑运算符

逻辑运算符包括：逻辑乘（AND）、逻辑加（OR）、按位加（XOR）、逻辑非（NOT）4 种运算。由于逻辑运算是按位操作，且在汇编过程中完成，因而运算的结果仍为整数常量，只能用于数字表达式中。

【例 4-5】 用逻辑运算符进行运算。

程序段如下：

```
MOV   AL,   34H   AND   0FH           ;04H→AL
MOV   BL,   05H   OR   30H            ;35H→BL
MOV   CX,   NOT   00FFH               ;0FF00H→CX
MOV   DX,   789AH XOR 000FH           ;7895H→DX
```

3．关系运算符

关系运算符包括相等（EQ），不等（NE），小于（LT），大于（GT），小于等于（LE）及大于等于（GE）。关系运算符的两个操作数必须都是数字或是同一段内的两个存储器地址，计算的结果为逻辑值：结果为真（条件成立）时，表示为 0FFFFH；结果为假（条件不成立）时，表示为 0。

【例 4-6】 用关系运算符进行数值表达式运算。

程序段如下：

```
NUM1  DW  10  LT  5              ;NUM1 = 0
NUM2  DW  0AAAAH  GT  7FFFH      ;NUM2 = 0FFFFH
MOV   AX,'A'EQ  41H              ;0FFFFH→AX
MOV   BX,NUM2  LT  NUM1          ;0→BX
MOV   DX,0AAAAH  GT  7FFFH       ;(DX) = 0FFFFH
```

4. 属性运算符

属性运算符有 PTR、段操作符、SHORT、THIS 等几种。

（1）PTR 运算符。

格式：类型　PTR　地址表达式

功能：1）用来将“表达式”明确为一种数据类型或临时指定为一种新数据类型，格式中的类型字段表示要赋予地址表达式新的类型属性，可以是 BYTE、WORD、DWORD、NEAR 或 FAR 等。地址表达式字段提供的是被取代类型符号地址。

2）PTR 与 EQU 或等号伪指令“ = ”连用，可定义与 PTR 右边地址表达式类型不同的新变量名或新标号，但不另分配存储单元。

例：WVAR　DW　?

```
BYTE1  EQU  BYTE  PTR  WVAR
BYTE2  EQU  BYTE  PTR  (WVAR + 1)
```

这样，BYTE1、BYTE2 和 WVAR 这几个符号地址具有相同的段基值，并且 BYTE1 与 WVAR 偏移地址相同、BYTE2 与 WVAR + 1 偏移地址相同，但它们的类型属性不同；BYTE1、BYTE2 为字节类型，WVAR 为字类型。

3）当汇编程序无法分清指令中的操作数类型时，也必须用 PTR 运算符来说明属性。

例：MOV　[BX]，10

该指令要求把立即数 10 存入由寄存器 BX 指定的存储单元中，但汇编程序不能确定是存入字单元还是字节单元，此时必须用 PTR 运算符进行属性说明，指令应写为如下形式：

```
MOV  BYTE  PTR [BX], 10
```

或 MOV　WORD　PTR [BX]，10

（2）段操作符。

格式 1：段寄存器名：地址表达式

格式 2：段名：地址表达式

功能：用来表示一个标号、变量或地址表达式的段属性。经常通过段前缀的形式指定某地址操作数所在的段。

例：MOV AX，ES：[BX]

该指令中，对目的操作数的寻址操作在附加段。

（3）SHORT 运算符。

功能：用来说明 JMP 指令中转移目标地址的属性，指出转移目标地址是在下一条指令地址的 $-128 \sim 127$ B 范围之内。

（4）THIS 运算符

格式：THIS 类型

功能：该运算符可以与 PTR 一样建立一个指定类型（BYTE、WORD、DWORD、NEAR 或 FAR）的地址操作数，该操作数的段地址和偏移地址与下一个存储单元地址相同。通常与 EQU 伪指令或等号伪指令“=”连用。

例：VAR1　EQU　THIS　BYTE

　　VAR2　DW　1，2，3

这样，VAR1 的段地址和偏移地址与 VAR2 的完全相同，但 VAR1 是字节类型的，VAR2 是字类型的。

在模块化程序设计中，THIS 运算符还可以用来定义一个远标号，便于模块间的程序转移。

如：BEGIN　EQU　THIS　FAR

　　MOV　AX，100

此时，MOV 指令就有一个 FAR 属性的地址 BEGIN，就允许其他段的 JMP 指令直接跳转到 BEGIN。

（5）字节分离运算符。字节分离运算符包括 HIGH 和 LOW，它对一个数或地址表达式进行操作。

格式：HIGH　常量或地址表达式

　　　LOW　常量或地址表达式

功能：HIGH 用来分离出其后 16 位常量或地址表达式的偏移量的高字节；LOW 用来分离出其后 16 位常量或地址表达式偏移量的低字节。

例：CONST　EQU　0ABCDH

则指令 MOV　AH，HIGH CONST

将被汇编成 MOV　AH，0ABH

5. 数值返回运算符

这类运算符把一些特征或存储器地址的一部分作为数值回送，有 SEG 运算符、OFFSET 运算符、TYPE 运算符、LENGTH 运算符、SIZE 运算符 5 种。

（1）SEG 运算符。

格式：SEG　变量或标号

功能：分离出其后变量或标号所在段的段首址。

例如：MOV　AX，SEG　ARR

　　　MOV　DS，AX

这样将把 ARR 的段基值回送到 DS 寄存器中。

由于段地址是由连接程序分配的，所以该段基值是在连接时插入指令中的。

（2）OFFSET 运算符。

格式：OFFSET　变量或标号

功能：分离出其后变量或标号的偏移地址。

例如：MOV　BX，OFFSET BUF

汇编程序把 BUF 的偏移地址作为立即数回送给指令，在执行指令时将该偏移地址装入 BX 寄存器中。这条指令与下面的指令等价。

LEA　BX，BUF

（3）TYPE 运算符。

格式：TYPE　变量或标号

功能：分离出其后变量或标号的类型，如果是变量，将返回该变量的类型所对应的字节数；如果是标号，则返回代表标号类型的数值。它们之间的关系见表 4-2。

表 4-2　变量的类型与类型值的关系

	类型	类型值
变量	DB	1
	DW	2
	DD	4
	DQ	8
	DT	10
标号	NEAR	-1
	FAR	-2

（4）LENGTH 运算符。

格式：LENGTH 变量

功能：取出变量所含的数据存储单元个数。

对于变量中使用 DUP 的情况，汇编程序将回送分配给该变量的单元数，对于其他情况则回送 1。

【例 4-7】 取出变量占存储单元个数。

程序段如下：

```
DATA  SEGMENT
    A  DB  'ABCDEF'
    B  DW  10  DUP(1,2DUP(2))
    C  DB  3,20  DUP(0)
DATA  ENDS
            ⋮
MOV  AX,LENGTH  A    ;1→AX
MOV  BX,LENGTH  B    ;10→BX
MOV  CX,LENGTH  C    ;1→CX
  ⋮
```

（5）SIZE 运算符。

格式：SIZE 变量

功能：取出变量所占的数据存储区大小，即分配给该变量的字节数。其返回值为：

LENGTH　变量 ＊ TYPE　变量

对于【例 4-7】中的 A、B、C 三个变量，它们的值分别为：

SIZE A = LENGTH A * TYPE A = 1

SIZE B = LENGTH B * TYPE B = 20

```
SIZE C = LENGTH C * TYPE C = 1
```

在高版本的 MASM 中，用 LENGTHOF、SIZEOF 这两条指令代替了 LENGTH、SIZE 指令，简单介绍如下：

（6）SIZEOF 运算符。

格式：SIZEOF 变量

功能：取出分配给该变量的字节数。

例如：

```
A   DB  'ABCDEF'
…
MOV    AL,SIZEOF  A         ;由于 A 所分配的字节数为 6,因此执行后 AL 中的内容为 6
```

（7）LENGTHOF 运算符。

格式：LENGTHOF　变量

功能：取出变量所含的数据存储单元个数。

例如：

```
A   DW   100 DUP(0)
…
MOV    AL,SIZEOF   A       ;由于 A 所分配的字节数为 200,因此执行后 AL 中的内容为 200
MOV    BL,LENGTHOF  A ;A 所分配的单元数为 100,执行后 BL 中的内容为 100
```

6. 运算符的优先级

在计算表达式值时，应该首先计算优先级高的运算符，然后从左到右地对优先级相同的运算符进行计算。括号也可以改变计算顺序，括号内的表达式应优先计算。前面介绍了 5 种类型的运算符，表 4-3 列出了汇编语言中所用的运算符的优先级别（其中有些运算符未提到，需要时可从手册中查找，或在今后的学习中掌握）。

表 4-3　运算符的优先级别

优先级别	运算符
1	( )、< >、[ ]、结构变量（变量、字段）、LENGTH、WIDTH、SIZE、MASK
2	段操作符
3	PTR、OFFSET、SEG、TYPE、THIS
4	HIGH、LOW
5	*、/、MOD、SHL、SHR
6	+、-
7	EQ、NE、LT、LE、GT、GE
8	NOT
9	AND
10	OR、XOR
11	SHORT

4.3　伪指令

伪指令又称为伪操作，是在汇编程序对源程序进行汇编期间由汇编程序处理的操作。

MASM 有许多伪指令，本节我们只介绍一些常用的伪指令，主要有数据定义伪指令、符号定义伪指令、段定义伪指令、子程序定义伪指令及其他一些伪指令。

4.3.1 数据定义伪指令

数据定义伪指令可以为数据分配存储单元，把其后跟着的数据存入指定的存储单元，或者只分配存储空间而不存入确定的数值。常用的数据定义伪指令有 DB、DW、DD、DQ 和 DT，分别用来定义字节、字、双字、4 个字和 10 字节。

格式：[变量名]　数据定义伪指令 表达式 [，...]

功能：定义数据存储区，类型由数据定义伪指令确定，初值由表达式给定。

【例 4-8】 已知一数据段中的数据定义如下，请画出该数据段在主存中的存储形式。

```
DATA   SEGMENT
A   DW M
BUF   DB   'AB',0DH,0AH
C      EQU 500H
B      DW 0FFAAH
D      DD BUF
M      DB 2DUP(1),2DUP(2,'B')
DATA   ENDS
```

该数据段在主存中的存储形式如图 4-3 所示。

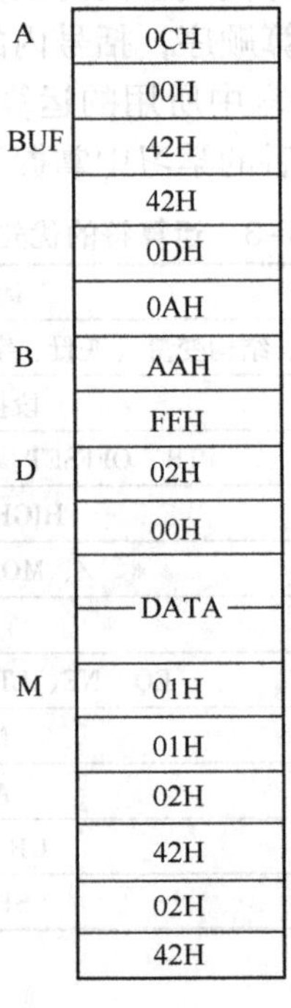

图 4-3　数据段存储分配图

4.3.2 符号定义伪指令

符号伪指令主要有等价伪指令、等号伪指令和定义符号名伪指令等。

1. 等价伪指令

格式：符号名 EQU 表达式

功能：为常量、表达式及其他各种符号定义一个等价的符号名，但它不申请存储单元。

说明：1）用符号表示常量、可以求出常数值的表达式、任何有效的操作数格式、任何有效的助记符、另一个已定义的符号名，即定义符号常量。

2）EQU 与属性运算符 PTR 或 THIS 联合使用，可以给变量或标号定义新的类型属性并重新命名，但保持其段偏移地址属性不变。

3）利用 EQU 可以用一个符号名替代一个复杂的表达式和其他一些符号，如指令助记符、变量名、标号、段名、寄存器名和宏定义名等，可使程序简单明了，增强程序的可读性和通用性。

4）在同一个源程序中，EQU 语句不允许对同一符号名重复定义。

2. 等号伪指令

格式：符号名 = 表达式

功能：为常量、表达式定义一个等价的符号名，并能对所定义的符号多次重复定义，且以最后一次定义的值为准。等号伪指令也不分配存储空间。

【例 4-9】 定义等价符号名。

```
COST = 20
COST = COST + 10            ;30→LOST
```

3. 定义符号名伪指令

格式：变量名或标号　LABEL　类型

功能：定义与原有变量类型不同的新变量或为指令语句定义有指定类型的标号。通常与数据定义伪指令连用，其功能类似语句“变量名或标号 EQU THIS 类型”。

【例 4-10】 定义新类型的变量。

```
        ⋮
DBUF   LABEL   WORD
BUF   DB   200 DUP(0)      ;使数据区的首地址赋予两个不同类型的变量
                           ;字节类型的 BUF 和字类型的 DBUF
ADD   AX,DBUF              ;字相加
ADD   BL,BUF               ;字节相加
        ⋮
A   LABEL   FAR            ;A 为 FAR 类型的标号
B:   LEA   DX,BUF          ;B 为 NEAR 类型的标号
        ⋮
```

4.3.3 段定义相关伪指令

段定义相关伪指令主要有：段定义伪指令 SEGMENT/ENDS、指定伪指令 ASSUME、源

程序结束伪指令 END 和模块名伪指令 NAME 等。

1. 段定义伪指令 SEGMENT/ENDS

通过段的定义，把程序划分为若干个逻辑段。每个 SEGMENT/ENDS 可定义一个逻辑段，它们必须成对使用。段定义主要包括段名、定位方式、类别和组合方式等几个方面。

段定义仅仅是将程序划分成若干个段，并不指明所定义的是什么段。

格式：段名　SEGMENT ［定位方式］［组合方式］［类别］

⋮

段名 ENDS

（1）段名。段名是由程序员为该段起的名字，用来指出汇编程序为该段分配的存储区起始位置。

（2）定位方式。表示本段起始边界的要求，有 PARA、WORD、BYTE、PAGE 等方式。

1）PARA 表示本段必须从能被 16 整除的地址处开始存放，即段起始地址最低 4 位必须是 0，是默认的定位方式。

2）WORD 表示本段要从一个偶数地址处开始存放，即段起始地址的最低一位必须是 0。

3）BYTE 表示本段起始地址可以从任一地址处开始存放。

4）PAGE 表示本段要从能被 256 整除的地址处开始存放，即起始地址的最低 8 位必须是 0。

（3）类别。类别是用单引号括起来的合法名字，连接程序将把'类别'相同的各段组合在相邻位置，先出现的段在前。

【例 4-11】 对连接程序进行连接后存储区各段相对位置分布。

```
DATA1     SEGMENT 'DATA'
CODE      SEGMENT 'CODE'
STACK1    SEGMENT 'STACK'
DATA2     SEGMENT 'DATA'
STACK2    SEGMENT 'STACK'
```

经连接程序连接后，各段的相对位置如下：

```
DATA1     SEGMENT 'DATA'
DATA2     SEGMENT 'DATA'
STACK1    SEGMENT 'STACK'
STACK2    SEGMENT 'STACK'
CODE      SEGMENT 'CODE'
```

（4）组合方式。组合方式有 6 种类型可供选择。

1）NONE 表示该段与其他段无逻辑关系，是个独立的段，是默认的组合方式。

2）PUBLIC 表示连接时把该段与其他具有相同名字的段连接在一起，组成一个段，其连接次序由连接命令指定。

3）STACK 与 PUBLIC 类似，但用于堆栈段。表示该段与其他堆栈段连接为一个段。

4）COMMON 表示连接时该段与其他同名段有相同的起始地址，会产生覆盖。连接后段的长度取决于各分段中最长的段的长度。

5）MEMORY 表示连接时该段将被分配在所有其他连接在一起的段的前面（在最高地址上），如果在连接时有几个段被指定为 MEMORY，则遇到的第一个段为 MEMORY 段，其他的段作为 COMMON 段。

6）AT 表达式表示该段将被分配在表达式所计算出来的段基值上，偏移地址为 0。但它不能用来指定代码段。

【例 4-12】 有两个模块，各模块段定义如下。

模块 1：

```
        ⋮
DATA1   SEGMENT  PARA  PUBLIC 'DATA1'
M1      DB  45H  DUP(0)
DATA1   ENDS
DATA2   SEGMENT  PARA  COMMON 'DATA2'
N1      DB  102H  DUP(0)
DATA2   ENDS
END
```

模块 2：

```
        ⋮
DATA1   SEGMENT  PARA  PUBLIC 'DATA1'
M2      DB  104H  DUP(11H)
DATA1   ENDS
DATA2   SEGMENT  PARA  COMMON 'DATA2'
N2      DB  105H  DUP(0)
DATA2   ENDS
DATA3   SEGMENT
T1      DB  50H  DUP(20H)
DATA3   ENDS
END
```

该段的定位组合方式示意如图 4-4 所示。

2. 指定伪指令 ASSUME

格式：ASSUME 段寄存器：段名［，段寄存器：段名］

功能：建立段寄存器与已定义段之间的对应关系。该伪指令一般出现在代码段中。

说明：1）该伪指令只是指定某个段分配给哪一个段寄存器，并没有把段基值装入段寄存器中，还要完成相应的装填操作之后程序才能正常工作。DS、ES 必须在代码段进行装填；CS、SS 由系统在程序初始化时进行设置，其中 SS 也可在程序中完成装填。

2）通过使用 ASSUME NOTHING 伪指令可以取消前面由 ASSUME 所指定的段寄存器与段之间的对应关系。

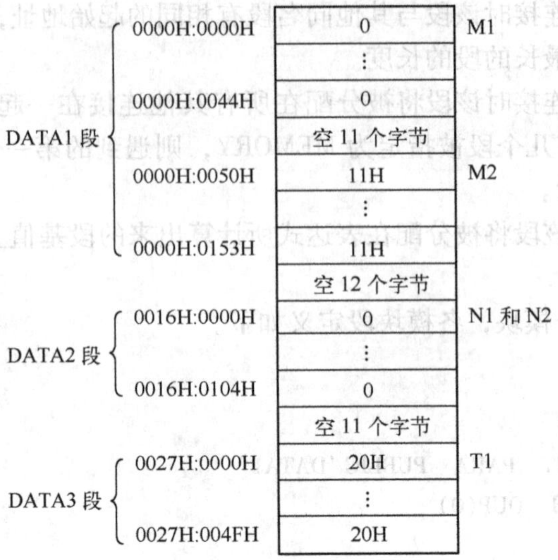

图 4-4　模块 1、模块 2 连接后段的定位组合方式示意图

【例 4-13】 用 ASSUME 伪指令建立代码段、堆栈段与 CS 和 SS 的对应关系。程序段如下：

```
DATA1   SEGMENT
A   DB  1,2,3
DATA1   ENDS
STACK   SEGMENT STACK
DB  200 DUP(0)
STACK   ENDS
DATA2   SGEMENT
B   DB  '123ABC'
DATA2   ENDS
DATA3   SEGMENT
C   DB  ?,?,?
DATA3   ENDS
CODE    SEGMENT
        ASSUME DS:DATA1,ES:DATA3,CS:CODE,SS:STACK
START:
        MOV   AX,DATA1
        MOV   DS,AX             ;DATA1→DS
        MOV   AX,DATA3
        MOV   ES,AX             ;DATA3→ES
              ⋮
Q1:     MOV   AL,A
Q2:     MOV   C,AL
        ASSUME   DS:DATA2           ;建立 DS 与 DATA2 段的对应关系
        MOV   AX,DATA2
```

```
        MOV   DS,AX
        MOV   AL,B
        MOV   C,AL
          ⋮
CODE  ENDS
      END   START
```

3. 源程序结束伪指令

格式：END　［表达式］

功能：该语句标志整个程序的结束，是源程序的最后一条语句。它通知汇编程序，源程序到此结束。

表达式为存储器地址，通常为程序入口指令的标号，用于通知汇编工具源程序的入口地址。在多模块程序结构中，表达式通常仅用在主程序模块中；如果整个程序只有一个模块，则入口标号是可选的。

4. 模块名伪指令 NAME

格式：NAME　模块名

功能：使用 NAME 伪指令命名一个程序模块。

汇编时，由 NAME 伪指令命名的模块作为一个独立的汇编单位，遇 END 结束。如果缺省 NAME 伪指令，则模块使用 TITLE 定义的页标题头 6 个字符，如果无 TITLE 伪指令，则使用源程序文件名作为模块名。

4.3.4　子程序（过程）定义伪指令

子程序定义伪指令用来定义一个子程序（过程）。

```
格式：子程序名  PROC   [NEAR]/FAR
                 ⋮
                RET
      子程序名  ENDP
```

功能：定义一个子程序。

说明：1）子程序名具有与标号一样的属性（段基值、偏移地址和类型），是子程序的入口地址，默认是 NEAR 类型。

2）汇编程序在汇编时根据子程序的类型生成段内（NEAR 类型）或段间（FAR 类型）的调用或返回指令代码。

3）一个子程序总是以 RET 指令返回。

4.3.5　其他伪指令

1. 置汇编地址计数器伪指令 ORG

格式：ORG　数值表达式

功能：将数值表达式的值赋给汇编地址计数器，用于指定在它之后的程序段或数据区所分配的存储空间的起始偏移地址。数值表达式的值必须为 0～65535 的非负整数。

在汇编程序对源程序进行汇编时，使用地址计数器来保证当前正在汇编的指令的地址，地址计数器的值可用 $ 来表示，汇编程序允许程序员直接用 $ 来引用地址计数器的值。当 $ 用在指令中时，它表示本条指令的第一个字节的地址；当 $ 用在伪指令的操作数字段时，表示地址计数器的当前值。$ 在参与运算的过程中，$ 本身并不被运算值改变，$ 始终根据存储空间地址变化。

【例 4-14】 给汇编地址计数器赋值。

程序段如下：

```
DATA   SEGMENT
ORG    10                        ;置 $ 值为 10
VAR1   DW   100H,200H            ;VAR1 占用 4 个字节的存储单元,其下一单元的地址为 14
ORG     $ +5                     ;置 $ 的值为 14 +5,即为 19( =13H)
VAR2   DW   1,2, $ +3, $ +4
;上式中,表达式" $ +3"中 $ 的值为 23(17H),故" $ +3"运算结果为 26(001AH),存放地址是
;23、24;表达式" $ +4"中 $ 的值为 25(19H),故" $ +4"运算结果为 29(001DH),存放地址是
;25、26
N EQU   $ - VAR2                 ;( $ ) =27(1BH),N =8
DATA   ENDS
```

2. 对准伪指令 EVEN

格式：EVEN

功能：使下一个字节地址成为偶数。

3. 基数控制伪指令 RADIX

汇编程序默认的数为十进制数，除非专门指定，否则汇编程序把程序中出现的数均看做十进制数。使用 RADIX 伪指令，可以把默认的基数改变为 2 ~ 16 的任意基数。

格式：·RADIX 表达式

表达式用来表示十进制的基数值。

在用·RADIX 16 把基数定为十六进制后，系统默认为十六进制数，十进制数后面应跟有后缀 D。此时，如果某个十六进制数的末字符为 D，则应在其后加字符 H，以免混淆。

4. 页定义伪指令 PAGE

格式：PAGE [行]，[列]

功能：在打印列表（清单）文件时，规定页的行数和每行的列数。行的取值范围为 10 ~ 255（默认值是 66），列的取值范围为 60 ~ 132（默认值是 80）。

5. 标题伪指令 TITLE 和 SUBTTL

格式：TITLE 标题正文

SUBTTL 子标题正文

功能：在打印列表文件时，使用 TITLE 伪指令在每页的第一行打印该标题（不超过 60 个字符），使用 SUBTTL 伪指令在每页打印标题后再打印子标题（字符数不限）。当 SUBTIL 不带正文时，则表示取消前面规定的子标题。

6. 注释说明伪指令 COMMENT

格式：COMMENT 定界符 注释 定界符

功能：使用该伪指令在程序中加入注释，定界符之间的内容均为注释（可以多行，由计算机自动换行，不能用〈Enter〉键强行换行）。

定界符为非空字符，它是跟在 COMMENT 之后的第一个非空字符。

7. 外部符号伪指令 PUBLIC/EXTRN

从连接的方面看，源程序中定义的符号可分为局部符号和外部符号。在本模块中定义，又在本模块中引用的符号称为局部符号；在某个模块中定义，而在另一个模块中引用的符号称为外部符号。

（1）定义外部符号伪指令 PUBLIC。

格式：PUBLIC 符号名［，…］

功能：在该模块中定义后的符号名（包括变量、符号常量、标号或子程序名等）可以提供给其他模块引用。

（2）引用外部符号伪指令 EXTRN。

格式：EXTRN 符号名：类型［，…］

功能：在本模块中引用已在另一个模块中定义了的符号名。类型可以是 BYTE、WORD、DWORD、NEAR 或 FAR，符号名的类型应与原模块中定义时的类型一致。

4.3.6 程序正常结束方式

在 DOS 环境下运行程序，是通过 COMMAND. COM 程序将被调用程序调入内存然后执行的，其形式是设置 CS：IP 指向被调用程序的入口地址。被 DOS 调用的程序有两种形式：EXE 文件和 COM 文件。

装入 EXE 文件时，系统在空闲内存中开辟一段空间，程序装入该内存空间后，DS 中存放着该内存空间的段基址，该内存空间的起始地址是 DS：0。在该空间的前面 100H（0000H～00FFH）的字节空间中创建程序段的前缀（PSP），系统自动设置 DS、ES 指向该段前缀 PSP 的起始处，DOS 通过 PSP 与被调用程序进行通信。从 100H 处开始装入程序段代码，因此程序段的起始地址为：DS × 10H + 0000H + 100H =（DS + 10H） × 10H + 0000H，即 DS + 10H：0000H。可见，在程序装入时，CS = DS + 10H。

在 DOS 环境下运行汇编语言程序，正常结束后应该返回 DOS 系统。用户程序正常返回 DOS 有下面几种方式。

1. 利用 21H 号功能调用

```
格式：MOV   AH，4CH    ；AH 功能号 4CH
      INT   21H        ；中断调用
```

2. 将程序定义为远过程

```
格式：CODESEG SEGMENT
      ASSUME ...
      主过程名  PROC   FAR
                PUSH   DS
                MOV AX，0
                PUSH   AX
                   ⋮
                RET
      主过程名  ENDP
```

```
⋮
CODESEG    ENDS
           END    主过程名
```

在主过程执行完后，通过 RET 指令返回时，系统将执行 INT 20H，正确地返回 DOS 系统。

INT 20H 是一条返回 DOS 的系统调用。在装入用户程序时，系统将它放在程序段前缀的头两个字节中（段前缀是存放该程序有关信息的 100H 字节的信息区，置放在程序段之前）。

为了使程序能自动返回 DOS，在主过程段的开始处，先将 DS 进栈，然后再将段内偏移量 0 进栈。在主过程执行完后，执行 RET 指令时，就将原 DS 中存放的量和 0 偏移量弹到 CS 和 IP 中，从而执行 INT 20H 指令，结束程序并返回 DOS 系统。

3. 利用 20H 号中断调用

格式：INT 20H

这种方式在产生扩展名为 EXE 的可执行文件中是不能使用的，可用于扩展名为 COM 的可执行文件中，作为返回 DOS 的一种方式。

4. 利用 0 号功能调用

格式：MOV AH，0

INT 21H

该方式只有在 COM 格式的文件中才能使用。

4.3.7 MASM 汇编语言源程序结构

1. 一般结构

```
NAME        模块名（可选）
EQU         定义区（根据需要选择）
EXTRN       外部符号名说明（根据需要选择）
PUBLIC      公共符号名说明（根据需要选择）
堆栈段名    SEGMENT [STACK]
            堆栈空间预置
堆栈段名    ENDS
数据段名    SEGMENT
            变量定义
            数据空间预置
数据段名    ENDS
附加段名    SEGMENT
            变量定义
            数据空间预置
附加段名    ENDS

代码段名    SEGMENT
            ASSUME  段寄存器指定
```

```
START:       段寄存器装填
             主程序体
子程序名1    PROC   类型说明
             子程序1
子程序名1    ENDP
             ⋮
子程序名N    PROC   类型说明
             子程序N
子程序名N    ENDP
代码段名     ENDS
             END   START
```

任何一个源程序至少要有一个代码段，其他段视需要而定。

2. 小模式结构

如果用户的程序（包括数据）可放在64 KB之内，则可将数据和指令代码均放在一个代码段内，这称为小模式的源程序。

```
PRG   SEGMENT
      ASSUME   CS:PRG;DS:PRG;ES:PRG;SS:PRG
      ORG   100H
BEG:  JMP   START
      VAR   DB...
            ⋮
START:段寄存器装填
        程序体
PRG     ENDS
        END BEG
```

源程序按照小模式编写之后，经汇编、连接之后产生的EXE文件可以用DOS提供的转换程序转换成COM文件。

编写COM格式文件时，程序不分段，其入口地址（开始运行的起始点）必须是100H（其前面的256 B为程序段前缀所在地）。在程序装入时，由系统自动把SP建立在该程序所在段之末，对于所有过程应定义为NEAR。

【例4-15】 阅读下列程序，指出此程序所完成的功能以及运行的结果。

```
DATA   SEGMENT
NUM    DB   01000101B
BUF    DB   0DH,0AH,'(NUM)='

STR    DB   4 DUP(?)
DATA   ENDS
STACK  SEGMENT STACK
       DB 200 DUP(0)
```

```
STACK  ENDS
CODE   SEGMENT
ASSUME  DS:DATA,SS:STACK,CS:CODE
START:MOVAX,DATA
MOV   DS,AX
LEA   DI,STR
MOV   AL,NUM
MOV   CL,4
SHR   AL,CL
OR    AL,30H
MOV   [DI],AL
INC   DI
MOV   AL,NUM
AND   AL,0FH
OR    AL,30H
MOV   [DI],AL
INC   DI
MOV   BYTE PTR [DI],'H'
INC   DI
MOV   BYTE PTR [DI],'$'
LEA   DX,BUF
MOV   AH,9
INT   21H
MOV   AH,4CH
INT   21H
CODE  ENDS
END   START
```

该程序把一个二进制数以十六进制的形式显示，结果为“45H”。

4.4 MASM 汇编语言程序的上机过程

掌握了汇编语言的指令和伪指令的有关知识以及汇编语言源程序的结构后，下面介绍程序的上机过程。

4.4.1 MASM 汇编程序的有关概念

1. 二次扫描

汇编程序的任务是把汇编语言源程序文件（ASM）转换为二进制的目标文件（OBJ、LST)，在转换过程中需要对源程序进行二次扫描。第一次扫描确定源程序每一行的偏移地址，建立一个符号表，该符号表记录源程序所定义符号的偏移地址。第二次扫描产生 OBJ、LST 和 CREF 文件。

2. 地址计数器

开始汇编或在每一段开始时，把地址计数器的值初始化为零，在扫描源程序的过程中，每处理一条指令地址计数器就增加一个值，此值为该指令所需要的字节数。在汇编过程中，地址计数器的值就是当前正被汇编指令的偏移地址。

3. 符号表

把用户所定义的符号赋予当前地址计数器的值。

4. 机器指令表

给出所有指令的助记符及其与之对应的机器代码信息。

5. 伪操作表

给出所有伪操作名及有关信息。

6. 向前引用

在汇编语句的操作数字段中出现变量或标号时，如果出现在操作数字段中的变量或标号是已经定义过的，称为向后引用，否则称为向前引用。

因为指令的长度与操作数类型有关，而操作数类型与变量或标号的类型有关，因此汇编程序在处理向前引用时会出现困难，故在程序中应明确说明变量或标号的类型。同样的道理，数据段定义应先于代码段的定义，以保证当指令引用到一些变量时变量已有了定义。EQU 语句则经常放在数据段和代码段之间，有时也放在数据段之前。

7. 浮动地址

在汇编过程中，每个段开始时地址计数器的值都置为 0，其后该段内所有偏移地址均为相对于零起始地址的相对地址。由于物理的 0 地址区域是由系统占用的，因而用户程序的各段都起始于某个非零地址，也即各个段的段起始地址要在 0 地址的基础上“浮动”一个值，这个值要在连接时才能确定。在连接之前，变量和标号表示的都是浮动的地址值，通常，汇编程序在这样的二进制指令后以 R 符号标记。

4.4.2 MASM 汇编语言程序的上机过程

1. 汇编语言的工作环境

（1）硬件环境。运行 80x86 汇编语言程序，机器只要具备基本配置即可。

（2）软件环境。软件环境主要是指支持汇编语言程序运行和帮助建立汇编语言源程序的一些软件，主要包括：

1）操作系统。

2）编辑程序 EDIT. COM 或其他编辑工具。

3）宏汇编程序 MASM. EXE。

4）连接程序 LINK. EXE。

5）调试程序 DEBUG. COM。

6）转换程序 EXE2BIN. EXE 或 X2B. COM。

2. 运行汇编语言程序的步骤

下面我们以 4. 5. 3 节中的【例 4-19】说明汇编语言程序的工作过程（假设当前路径为 C 盘根目录）。

（1）用编辑程序 EDIT. COM 建立扩展名为 ASM 的汇编语言源程序文件。

在 C 盘根目录下用 EDIT 建立文件名为 FLOWER. ASM 的源程序文件。

（2）用汇编程序 MASM. EXE（使用 VERSION 5. 10）将汇编语言源程序文件汇编成用

机器码表示的目标程序文件，其扩展名为 OBJ。MASM 操作过程如下：

```
C：> MASM
Microsoft (R) Macro Assembler Version 5.10
Copyright (C) Microsoft Corp 1981, 1988. All rights reserved.
Source filename [.ASM]: FLOWER
Object filename [FLOWER.OBJ]:
Source listing [NUL.LST]: FLOWER
Cross-reference [NUL.CRF]: FLOWER
  46560 + 412684 Bytes symbol space free
    0 Warning Errors
    0 Severe Errors
```

进入 MASM 后，按屏幕提示输入相关信息。其中 Source filename 要求提供源程序文件名（扩展名为 ASM，如果源程序文件在其他目录，则要有完整的路径），输入时可不输入扩展名 ASM，也可以在进入 MASM 时同时输入源文件名，即“C：> MASM FLOWER. ASM”的形式。Object filename 要求提供将要产生的目标程序名，方括号中为默认的文件名，如果认可则直接按回车键，如果要另起一个名字则在直接在提示处输入新的文件名。Source listing 要求提供将要产生的列表文件名，默认是不产生列表文件（NUL. LST），如果需要列表文件，则在提示处输入列表文件名，扩展名为 LST。Cross - reference 要求提供将要产生的交叉引用文件名，默认不产生，如果需要则在提示处输入交叉引用文件名，扩展名为 CRF。如果汇编过程中没有发现问题，汇编结束后程序会给出 0 个警告错误、0 个严重错误的信息。如果有错误，则汇编程序会列出错误的位置、错误代码、错误类型及错误的总数，以便修改，直到汇编程序不再报错。警告错误（Warning Errors）指出汇编程序的一般性错误，严重错误（Severe Errors）指出使汇编程序无法进行下去的错误。

如果准备使用汇编的默认值，则在汇编时直接在文件名后加分号“;”，就没有这些提示信息，直接完成汇编。

汇编结束后，当前目录处增加 3 个文件：目标文件 FLOWER. OBJ、列表文件 FLOWER. LST 和交叉引用文件 FLOWER. CRF。

汇编的主要目的是产生目标文件，在目标文件中指令语句已经变成二进制代码，但符号地址所代表的偏移地址是一个浮动地址，在其后标以 R 符号。

列表文件由两部分组成，同时显示出汇编源程序（包括注释）和汇编后的机器语言程序代码，并提供了符号表。列表文件的第一部分是源程序语句和对应的目标代码（十六进制形式），分列显示：第一列是各语句的行号；第二列是各行相对于段首址的偏移值；第三列是各语句的目标代码，其中与数据段、堆栈段对应的数字是分配给每个存储单元的值，与代码段对应的数字是指令的机器码；第四列显示的是源程序。列表文件的第二部分是段、组、符号的相关信息，有名字、大小、属性等参数。

FLOWER. LST 的内容如下（可用各种编辑程序查看）：

```
Microsoft (R) Macro Assembler Version 5.10          2/12/5
                                                     Page   1-1
      1  0000                    DATA SEGMENT
      2  0000  6E 52 94 52 6E    ATRI DB  6EH,52H,94H,52H,6EH
```

```
3   0005                  DATA ENDS
4   0000               STACK   SEGMENT      PARA    STACK   'STACK'
5   0000  00C8[                DB   200  DUP   (0)
6   00
7 ]
8
9   00C8               STACK   ENDS
10  0000                  CODE SEGMENT
11                                  ASSUME    CS:CODE,DS:DATA,SS:STACK
12  0000  B8 ---- R   START:MOV    AX,DATA
13  0003  8E D8               MOV    DS,AX
14  0005  B4 00               MOV    AH,0              ;设置 80×25 彩色文本方式
15  0007  B0 03               MOV    AL,3
16  0009  CD 10               INT    10H
17  000B  8D 36 0000 R        LEA    SI,ATRI           ;属性字节值表首址存 SI
18  000F  BF 0005             MOV    DI,5              ;显示 5 个字符
19  0012  BA 0A13             MOV    DX,0A13H          ;显示位置
20  0015  B4 0F               MOV    AH,15             ;取当前页号
21  0017  CD 10               INT    10H
22  0019  B4 02          LP:  MOV    AH,2              ;置光标位置
23  001B  FE C2               INC    DL
24  001D  CD 10               INT    10H
25  001F  B0 05               MOV    AL,5              ;显示梅花形字符
26  0021  8A 1C               MOV    BL,[SI]
27  0023  B9 0001             MOV    CX,1
28  0026  B4 09               MOV    AH,9
29  0028  CD 10               INT    10H
30  002A  46                  INC    SI                ;指向下一属性字节
31  002B  4F                  DEC    DI                ;判显示完否
32  002C  75 EB               JNZ    LP                ;未完转 LP 再显示
33  002E  B4 4C               MOV    AH,4CH            ;完,返回 DOS
34  0030  CD 21               INT    21H
35  0032              CODE ENDS
36                            END     START
Microsoft (R) Macro Assembler Version 5.10                  2/12/5
                                                            Symbols - 1
Segments and Groups:
N a m e                                   Length Align Combine Class
CODE . . . . . . . . . . . . . .          0032   PARA   NONE
DATA . . . . . . . . . . . . . .          0005   PARA   NONE
STACK  . . . . . . . . . . . . .          00C8   PARA   STACK    'STACK'
Symbols:
N a m e                                   Type    Value    Attr
```

```
ATRI . . . . . . . . . . . . . . . .  L BYTE   0000     DATA
LP . . . . . . . . . . . . . . . . .  L NEAR   0019     CODE
START  . . . . . . . . . . . . . . .  L NEAR   0000     CODE
@ CPU . . . . . . . . . . . . . . .   TEXT  0101h
@ FILENAME  . . . . . . . . . . . .   TEXT  FLOWER
@ VERSION . . . . . . . . . . . . .   TEXT  510
     33 Source   Lines
     33 Total    Lines
     11 Symbols
  46560 + 412684 Bytes symbol space free
      0 Warning Errors
      0 Severe  Errors
```

交叉引用文件用来产生交叉引用表文件（扩展名为 REF）。使用程序 CREF. EXE 可得到交叉引用表文件。过程为：

```
C: > cref  flower
Microsoft (R) Cross - Reference Utility  Version 5. 10
Copyright (C) Microsoft Corp 1981 - 1985, 1987.  All rights reserved.
Listing [flower. REF]:
8 Symbols
```

这样就得到一个名为 FLOWER. REF 的交叉引用表文件，其内容为（可用编辑程序查看）：

```
Microsoft Cross - Reference   Version 5. 10        Sat Feb 12 18:46:15 2005
  Symbol Cross - Reference       (# definition,  + modification) Cref - 1
@ CPU . . . . . . . . . . . . .        1#
@ VERSION . . . . . . . . . . .        1#
ATRI . . . . . . . . . . . . .         2#     17
CODE. . . . . . . . . . . . . .        10#    11     35
DATA . . . . . . . . . . . . .         1#     3      11      12
LP . . . . . . . . . . . . . .         22#    32
STACK. . . . . . . . . . . . .         4#     4      9       11
START. . . . . . . . . . . . .         12#    36
8 Symbols
```

交叉引用表文件列出了用户定义的所有符号，包括定义行（其后标记#号）和引用行。

（3）若在汇编过程中出现语法错误，根据错误信息提示（如位置、类型、说明），用编辑软件重新调入源程序进行修改，然后重新进行汇编，直至没有错误。

经汇编后产生的 OBJ 文件虽然是二进制文件，但并不是可执行文件，要使用连接程序（LINK. EXE）把 OBJ 文件转换为可执行的 EXE 文件，主要原因是“浮动地址”要经过连接之后才能确定，这一工作称为再定位。另外，通过连接程序可以把多个目标模块连接在一起，形成一个装入模块，此时，每个程序模块中可能有一些外部符号的值是汇编程序无法确定的，必须由连接程序来确定。连接程序的主要工作是：

1）找到所有要连接的目标模块。

2）对所有要连接的目标模块中的所有段分配存储单元，即确定所有段地址值。

3）确定所有汇编程序所不能确定的偏移地址值（包括浮动地址及外部符号所对应的地址）。

4）构成装入模块（即 EXE 文件）。

LINK 操作过程如下：

```
C：>link
Microsoft（R）Overlay Linker   Version 3. 64
Copyright（C）Microsoft Corp 1983 – 1988.   All rights reserved.
Object Modules［. OBJ］：flower
Run File［FLOWER. EXE］：
List File［NUL. MAP］：flower
Libraries［. LIB］：
```

除了汇编语言源程序可以编译成 OBJ 文件，其他多种计算机语言源程序也可以编译出 OBJ 文件，LINK 程序可以把不同语言源程序生成的 OBJ 文件连接成一个可执行文件。也就是说，我们可以把组成一个程序的各个模块分别用不同的语言编写源程序，然后各自编译（或汇编）成相应的 OBJ 文件，再用 LINK 程序连接成一个文件。

进入 LINK 环境后，需要提供信息的有 4 项。其中 Object Modules 是需要连接的目标文件，可以是一个或多个，在多个模块进行连接时，各个模块的连接顺序是由用户在调用连接程序时指定的，使用“+”号分隔。Run File 用来指定生成的可执行文件名，如果没有指定则以所连接的第一个模块名作为可执行文件名。Libraries 用来指定程序中需要用到的库文件，一般直接回车表示不使用库文件。List File 用来指定连接程序的列表文件（又称连接映象文件），它提供了各个段的名字、起止地址和长度，以及程序的入口地址等信息，用编辑程序可查看到其内容为：

```
Start     Stop      Length    Name           Class
00000H   00004H   00005H   DATA
00010H   00041H   00032H   CODE
00050H   00117H   000C8H   STACK          STACK
Program entry point at 0001:0000
```

在多个目标模块相连接时，只有主模块在模块结束的 END 语句后可以带启动地址（如 END START），其他模块只有用 END 结尾，不应该带有任何启动地址。

同样的，如果准备使用 LINK 的默认值，则直接在文件名后加分号“；”即可。

5）生成可执行文件后，在 DOS 命令状态下直接键入文件名就可执行该文件。如果程序运行没有得到我们所需要的结果，一般可通过调试程序纠正错误。经常使用的调试程序是 DEBUG 程序，参见附录 A。

6）如果源程序是用小模式结构，则经过汇编、连接形成 EXE 文件后，可通过 EXE2BIN 程序或 X2B 程序来建立 COM 文件。操作过程为：

C：>exe2bin filename1 filename2. com 或 C：>X2B filename1 filename2. com

其中，filename1 为已生成的 EXE 文件，可不带扩展名，filename2. com 为所要建立的 COM 文件，两个文件可以同名。

4.5 DOS 功能调用和 BIOS 功能调用

PC 系统中有两层内部例行程序供用户使用，即基本输入输出系统 BIOS 及 DOS 功能模块。这些例行程序对用户来说均为中断处理程序，它们的入口地址都在中断向量表中，用户可以使用中断调用指令直接调用它们。

BIOS 例行程序存储在存储器系统中从地址 0FE000H 开始的 8 KB ROM 中，提供了系统加电自检、引导装入、主要设备的处理程序以及接口控制等功能模块来处理所有的系统中断。使用 BIOS 功能调用，给程序员编程带来很大方便，程序员不必了解硬件 I/O 接口的特性，可直接用指令设置参数，然后用中断调用指令调用 BIOS 中的程序，实现 I/O 设备的 I/O 操作，使编写出的程序简洁、可读性强，而且易于移植。

对 8086 系列机来说，MS-DOS 操作系统是最主要的操作系统。MS-DOS 操作系统除了具有较为完整的文件管理功能之外，同时还为各种应用程序、外围设备等提供软件接口。它由三部分组成：IO. SYS、MSDOS. SYS 以及 COMMAND. COM。因为 DOS 提供了更多更必要的测试，使得 DOS 操作比使用相应功能的 BIOS 操作更简易，而且 DOS 对硬件的依赖性更少些。

IO. SYS 是一个 I/O 设备处理程序，它提供了 DOS 到 ROM BIOS 的低级接口，完成将数据从外设读入内存，或者把数据从内存写到外设的任务。MSDOS. SYS 包括一个文件管理程序和一些处理程序，在 DOS 下运行的程序可以调用这些处理程序。为了完成 DOS 功能调用，MSDOS. SYS 把信息传送给 IO. SYS，形成一个或多个 BIOS 调用。它们之间的关系如图 4-5 所示。

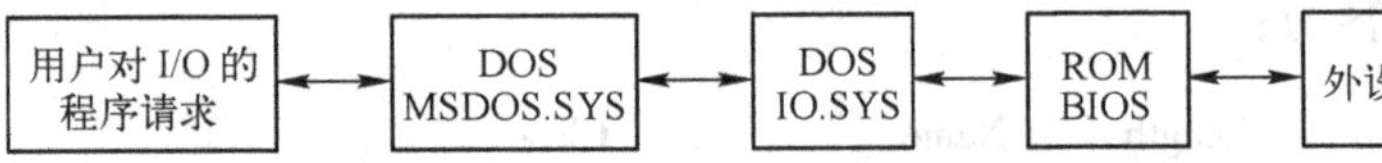

图 4-5　DOS 模块和 ROM BIOS 的关系

在一些情况下，既能选择 DOS 中断也能选择 BIOS 中断来执行同样的功能。例如打印机输出一个字符的操作，可用 DOS 中断 21H 的功能 5，也可用 BIOS 中断 17H 的功能 0。因为 BIOS 比 DOS 更靠近硬件，因此建议尽可能使用 DOS 功能。但在少数情况下必须使用 BIOS 功能，如 BIOS 中断 17H 的功能 2 为读打印机状态，它没有等效的 DOS 功能。DOS 中断能处理大多数的 I/O，但有些特殊的 I/O 操作没有相应的系统功能调用，就要用 I/O 指令在端口级进行编程，或使用高级语言进行编程。表 4-4 列出了 PC 的中断向量表。

表 4-4　PC 的中断向量表

类　别	向量地址	中断类型号	中断处理功能
内部中断	0~3	0	除以零
	4~7	1	单步（用于 DEBUG）
	8~B	2	非屏蔽中断
	C~F	3	断点指令（DEBUG）
	10~13	4	溢出
	14~17	5	打印屏幕
	18~1F	6，7	保留

（续）

类　别	向量地址	中断类型号	中断处理功能
8259中断	20～23	8	定时器
	24～27	9	键盘
	28～2B	A	彩色/图形
	2C～2F	B	异步通信（secondary）
	30～33	C	异步通信（primary）
	34～37	D	硬磁盘
	38～3B	E	软磁盘
	3C～3F	F	打印机中断处理
BIOS中断	40～43	10	屏幕显示
	44～47	11	设备检验
	48～4B	12	测定存储器容量
	4C～4F	13	磁盘I/O
	50～53	14	串行通信口I/O
	54～57	15	盒式磁带I/O
	58～5B	16	键盘输入
	5C～5F	17	打印机输出
	60～63	18	驻留BASIC入口代码
	64～67	19	引导装入程序
	68～6B	1A	时钟
给用户的中断	6C～6F	1B	Ctrl－Break控制的软中断
	70～73	1C	定时器控制的软中断
数据表指针	74～77	1D	显示器参量表
	78～7B	1E	软盘参量表
	7C～7F	1F	字符点阵结构参数表
DOS中断	80～83	20	程序结束
	84～87	21	系统功能调用
	88～8B	22	结束退出
	8C～8F	23	Ctrl－Break退出
	90～93	24	严重错误处理
	94～97	25	绝对磁盘读功能
	98～9B	26	绝对磁盘写功能
	9C～9F	27	驻留退出
	A0～BB	28～2E	DOS保留
	BC～BF	2F	打印机
	C0～FF	30～3F	DOS保留
其他中断	100～17F	40～5F	保留
	180～19F	60～67	用户软中断
	1A0～1FF	68～7F	保留
	200～217	80～85	由BASIC保留
	218～3C3	86～F0	BASIC中断
	3C4～3FF	F1～FF	保留

4.5.1 常用的DOS功能调用

常用的DOS功能调用有：单字符输入（1号调用）、单字符显示（2号调用）、打印输出（5号调用）、显示字符串（9号调用）、字符串输入（10号调用）和程序结束（4CH调用）。

1. 单字符输入（1号调用）

格式：MOV　AH，1

　　　INT　21H

功能：从键盘输入字符的ASCII码送入寄存器AL中，并送显示器显示。

2. 单字符显示（2 号调用）

格式：MOV　DL，待显示字符的 ASCII 码

　　　MOV　AH，2

　　　INT　21H

功能：将 DL 寄存器中的字符送显示器显示，如果 DL 中为〈Ctrl + Break〉的 ASCII 码，则退出。

3. 打印输出（5 号调用）

格式：MOV　DL，待打印字符的 ASCII 码

　　　MOV　AH，5

　　　INT　21H

功能：将 DL 寄存器中的字符送打印机打印。

4. 结束调用（4CH 号调用）

格式：MOV　AH，4CH

　　　INT　21H

功能：终止当前程序并返回调用程序。

5. 显示字符串（9 号调用）

格式：LEA　DX，待显示字符串首偏移地址

　　　MOV　AH，9

　　　INT　21H

功能：将当前数据区中以‘$’结尾的字符串送显示器显示。

6. 字符串输入（10 号调用）

格式：LEA　DX，缓冲区首偏移地址

　　　MOV　AH，10

　　　INT　21H

功能：从键盘上输入一字符串到用户定义的输入缓冲区中，并送显示器显示。

在使用 10 号功能调用时，首先要在内存中建立一个输入缓冲区。缓冲区的第 0 个字节存放用户定义的缓冲区长度（1～255）；第 1 个字节存放本次调用实际输入的字符个数（〈Enter〉键除外），这个数在该功能调用返回时系统自动填入；用户从键盘输入的字符从第 2 个字节开始存放，直到用户按〈Enter〉键为止，并将〈Enter〉键码（0DH）加在刚才输入字符串的末尾上，所以设置缓冲区最大长度时，要比所希望输入的最多字符多一个字节；若输入的字符数超过缓冲区最大容量，则后面输入的字符被略去，且响铃，直到输入一个〈Enter〉键才结束。调用时，由 DS 和 DX 提供输入缓冲区的段基值和偏移地址，如图 4-6 所示。

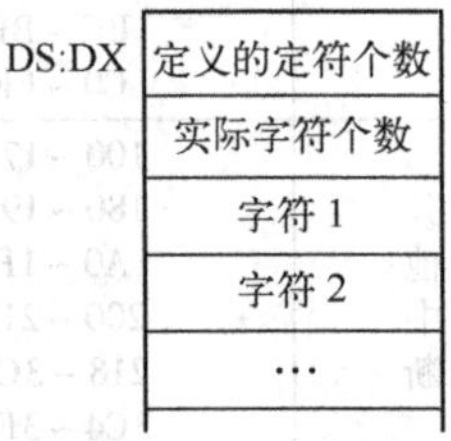

图 4-6　10 号功能调用时缓冲区中字符的存放形式

【例 4-16】　在屏幕上显示字符串“Example of string display!”

源程序如下：

```
DATA    SEGMENT
STR     DB  0DH,0AH,'Example  of  string  display!  $'
```

```
DATA      ENDS
STACK   SEGMENT   STACK
          DB 100 DUP(0)
STACK   ENDS
CODE    SEGMENT
          ASSUME   DS:DATA,CS:CODE,SS:STACK
BEGIN:MOV   AX ,DATA
        MOV   DS,AX
        LEA    DX,STR
        MOV   AH ,9
        INT    21H
        MOV   AH,4CH
        INT    21H
CODE ENDS
        END BEGIN
```

4.5.2 DOS 功能调用

DOS 功能模块位于 BIOS 的上层，它对硬件的依赖相对更少，DOS 功能既可用于操作系统管理，又可用于汇编程序的设计。DOS 功能模块的入口地址放在中断向量表中，占有 20H～3FH 中断类型号，通过软中断指令（INT n）进行调用，其中，22H、23H、24H 为 DOS 专用中断，20H、21H、25H、26H、27H、2FH 为用户可调用中断。DOS 系统功能调用的方法一般可分为以下几步：

1）设置所要调用功能的入口参数。

2）在 AH 寄存器中存入所要调用功能的功能号。

3）通过 INT n（系统功能调用用 INT 21H）指令自动转入中断子程序入口。

4）相应中断子程序运行完毕，可按规定取得出口参数。

1. 中断调用 20H（INT 20H）

结束程序的执行，控制返回给父进程。

入口参数：(CS)=程序段前缀的段地址

返回：无

说明：结束当前进程的执行，也可用中断调用 21H 的功能 4CH。

2. 中断调用 21H（INT 21H）

DOS 以中断调用 INT 21H 向用户提供了一组非常有用的系统功能，规定以中断指令 INT 21H 进入功能调用子程序的总入口，再为每个功能调用规定一个功能号以便进入相应的各个子程序的入口，向用户提供 00H～63H 共 84 个子功能（其中有部分子功能号保留），按其用途可分为：程序结束、字符 I/O、磁盘控制、文件操作、目录操作和日期时间等，具体参见表 4-5。若遇到 INT 21H 中的子功能与其他软功能有相同的情况，建议 DOS 系统功能调用的 INT 21H 中的子功能。

表 4–5　DOS 功能调用

AH	功能	调用参数	返回参数
00	程序终止（同 INT 20H）	CS = 程序段前缀	
01	键盘输入并回显		AL = 输入字符
02	显示输出	DL = 输出字符	
03	异步通信输入		AL = 输入数据
04	异步通信输出	DL = 输出数据	
05	打印机输出	DL = 输出字符	
06	直接控制台 I/O	DL = FF（输入） DL = 字符（输出）	AL = 输入字符
07	键盘输入（无回显）		AL = 输入字符
08	键盘输入（无回显） 检测 Ctrl – Break		AL = 输入字符
09	显示字符串	DS：DX = 串地址 '$'结束字符串	
0A	键盘输入到缓冲区	DS：DX = 缓冲区首地址 （DS：DX）= 缓冲区最大字符数	（DS：DX + 1）= 实际输入的字符数
0B	检验键盘状态		AL = 00 有输入；AL = FF 无输入
0C	清除输入缓冲区并请求指定的输入功能	AL = 输入功能号（允许为 01H，06H，07H，08H，0AH）	
0D	磁盘复位		清除文件缓冲区
0E	指定当前默认的磁盘驱动器	DL = 驱动器号 0 = A，1 = B，…	AL = 驱动器数
0F	打开文件	DS：DX = FCB 首地址	AL = 00 文件找到 AL = FF 文件未找到
10	关闭文件	DS：DX = FCB 首地址	AL = 00 目录修改成功 AL = FF 目录中未找到文件
11	查找第一个目录项	DS：DX = FCB 首地址	AL = 00 找到；AL = FF 未找到
12	查找下一个目录项	DS：DX = FCB 首地址 （文件中带有 * 或?）	AL = 00 找到 AL = FF 未找到
13	删除文件	DS：DX = FCB 首地址	AL = 00 删除成功 AL = FF 未找到
14	顺序读	DS：DX = FCB 首地址	AL = 00 读成功 AL = 01 文件结束，记录中无数据 AL = 02 DTA 空间不够 AL = 03 文件结束，记录不完整
15	顺序写	DS：DX = FCB 首地址	AL = 00 写成功 AL = 01 盘满 AL = 02 DTA 空间不够
16	建文件	DS：DX = FCB 首地址	AL = 00 建立成功 AL = FF 无磁盘空间

（续）

AH	功能	调用参数	返回参数
17	文件改名	DS：DX = FCB 首地址 （DS：DX + 1） = 旧文件名 （DS：DX + 17） = 新文件名	AL = 00 成功 AL = FF 未成功
19	取当前默认磁盘驱动器		AL = 默认的驱动器号 0 = A，1 = B，2 = C，…
1A	置 DTA 地址	DS：DX = DTA 地址	
1B	取默认驱动器 FAT 信息		AL = 每簇的扇区数 DS：BX = FAT 标识字节 CX = 物理扇区大小 DX = 默认驱动器的簇数
1C	取任一驱动器 FAT 信息	DL = 驱动器号	同上
21	随机读	DS：DX = FCB 首地址	AL = 00 读成功 AL = 01 文件结束 AL = 02 缓冲区溢出 AL = 03 缓冲区不满
22	随机写	DS：DX = FCB 首地址	AL = 00 写成功 AL = 01 盘满 AL = 02 缓冲区溢出
23	测定文件大小	DS：DX = FCB 首地址	AL = 00 成功（文件长度填入 FCB） AL = FF 未找到
24	设置随机记录号	DS：DX = FCB 首地址	
25	设置中断向量	DS：DX = 中断向量 AL = 中断类型号	
26	建立程序段前缀	DX = 新的程序段前缀	
27	随机分块读	DS：DX = FCB 首地址 CX = 记录数	AL = 00 读成功 AL = 01 文件结束 AL = 02 缓冲区太小，传输结束 AL = 03 缓冲区不满
28	随机分块写	DS：DX = FCB 首地址 CX = 记录数	AL = 00 写成功 AL = 01 盘满 AL = 02 缓冲区溢出
29	分析文件名	ES：DI = FCB 首地址 DS：SI = ASCII Z 串 AL = 控制分析标志	AL = 00 标准文件 AL = 01 多义文件 AL = 02 非法盘符
2A	取日期		CX = 年 DH：DL = 月：日（二进制）
2B	设置日期	CX：DH：DL = 年：月：日	AL = 00 成功 AL = FF 无效
2C	取时间		CH：CL = 时：分 DH：DL = 秒：1/100 秒
2D	设置时间	CH：CL = 时：分 DH：DL = 秒：1/100 秒	AL = 00 成功 AL = FF 无效
2E	置磁盘自动读写标志	AL = 00 关闭标志 AL = 01 打开标志	

（续）

AH	功能	调用参数	返回参数
2F	取磁盘缓冲区的首址		ES：BX = 缓冲区首址
30	取 DOS 版本号		AH = 发行号，AL = 版本
31	结束并驻留	AL = 返回码 DX = 驻留区大小	
33	Ctrl - Break 检测	AL = 00 取状态 AL = 01 置状态（DL） DL = 00 关闭检测 DL = 01 打开检测	DL = 00 关闭 Ctrl - Break 检测 DL = 01 打开 Ctrl - Break 检测
35	取中断向量	AL = 中断类型	ES：BX = 中断向量
36	取空闲磁盘空间	DL = 驱动器号 0 = 默认，1 = A，2 = B，…	成功：AX = 每簇扇区数 BX = 有效簇数 CX = 每扇区字节数 DX = 总簇数 失败：AX = FFFF
38	置/取国家信息	DS：DX = 信息区首地址	BX = 国家码（国际电话前缀码） AX = 错误码
39	建立子目录（MKDIR）	DS：DX = ASCII Z 串地址	AX = 错误码
3A	删除子目录（RMDIR）	DS：DX = ASCII Z 串地址	AX = 错误码
3B	改变当前目录（CHDIR）	DS：DX = ASCII Z 串地址	AX = 错误码
3C	建立文件	DS：DX = ASCII Z 串地址 CX = 文件属性	成功：AX = 文件代号 错误：AX = 错误码
3D	打开文件	DS：DX = ASCII Z 串地址 AL = 0 读 AL = 1 写 AL = 2 读/写	成功：AX = 文件代号 错误：AX = 错误码
3E	关闭文件	BX = 文件代号	失败：AX = 错误码
3F	读文件或设备	DS：DX = 数据缓冲区地址 BX = 文件代号 CX = 读取的字节数	读成功： AX = 实际读入的字节数 AX = 0 已到文件尾 读出错：AX = 错误码
40	写文件或设备	DS：DX = 数据缓冲区地址 BX = 文件代号 CX = 写入的字节数	写成功： AX = 实际写入的字节数 写出错：AX = 错误码
41	删除文件	DS：DX = ASCII Z 串地址	成功：AX = 00 出错：AX = 错误码（2，5）
42	移动文件指针	BX = 文件代号 CX：DX = 位移量 AL = 移动方式（0：从文件头绝对位移，1：从当前位置相对移动，2：从文件尾绝对位移）	成功：DX：AX = 新文件指针位置 出错：AX = 错误码
43	置/取文件属性	DS：DX = ASCII Z 串地址 AL = 0 取文件属性 AL = 1 置文件属性 CX = 文件属性	成功：CX = 文件属性 失败：CX = 错误码

（续）

AH	功能	调用参数	返回参数
44	设备文件 I/O 控制	BX = 文件代号 AL = 0 取状态 AL = 1 置状态 DX AL = 2 读数据 AL = 3 写数据 AL = 6 取输入状态 AL = 7 取输出状态	DX = 设备信息
45	复制文件代号	BX = 文件代号 1	成功：AX = 文件代号 2 失败：AX = 错误码
46	人工复制文件代号	BX = 文件代号 1 CX = 文件代号 2	失败：AX = 错误码
47	取当前目录路径名	DL = 驱动器号 DS：SI = ASCII Z 串地址	（DS：SI）= ASCII Z 串 失败：AX = 出错码
48	分配内存空间	BX = 申请内存容量	成功：AX = 分配内存首地 失败：BX = 最大可用内存
49	释放内容空间	ES = 内存起始段地址	失败：AX = 错误码
4A	调整已分配的存储块	ES = 原内存起始地址 BX = 再申请的容量	失败：BX = 最大可用空间 AX = 错误码
4B	装配/执行程序	DS：DX = ASCII Z 串地址 ES：BX = 参数区首地址 AL = 0 装入执行 AL = 3 装入不执行	失败：AX = 错误码
4C	带返回码结束	AL = 返回码	
4D	取返回代码		AX = 返回代码
4E	查找第一个匹配文件	DS：DX = ASCII Z 串地址 CX = 属性	AX = 出错代码（02，18）
4F	查找下一个匹配文件	DS：DX = ASCII Z 串地址 （文件名中带有？或 * ）	AX = 出错代码（18）
54	取盘自动读写标志		AL = 当前标志值
56	文件改名	DS：DX = ASCII Z 串（旧） ES：DI = ASCII Z 串（新）	AX = 出错码（03，05，17）
57	置/取文件日期和时间	BX = 文件代号 AL = 0 读取 AL = 1 设置（DX：CX）	成功：DX：CX = 日期和时间 失败：AX = 错误码
58	取/置分配策略码	AL = 0 取码 AL = 1 置码（BX）	成功：AX = 策略码 失败：AX = 错误码
59	取扩充错误码		AX = 扩充错误码 BH = 错误类型 BL = 建议的操作 CH = 错误场所
5A	建立临时文件	CX = 文件属性 DS：DX = ASCII Z 串地址	成功：AX = 文件代号 失败：AX = 错误码
5B	建立新文件	CX = 文件属性 DS：DX = ASCII Z 串地址	成功：AX = 文件代号 失败：AX = 错误码

（续）

AH	功能	调用参数	返回参数
5C	控制文件存取	AL =00 封锁 =01 开启 BX = 文件代号 CX：DX = 文件位移 SI：DI = 文件长度	失败：AX = 错误码
62	取程序段前缀		BX = PSP 地址

3. 中断调用 25H（INT 25H）

绝对磁盘读。

入口参数：(AL) = 驱动器号（0 = A，1 = B）

(CX) = 要读出的扇区数

(DX) = 开始的逻辑扇区号

(DS) = 缓冲区的段地址

(BX) = 缓冲区的偏移地址。

返回：传送成功时，进位位 =0

传送不成功时，进位位 =1

(AL) =80H：连接设备没有反应

40H：SEEK 操作失败

20H：控制器有问题

10H：磁盘 CRC 错误

08H：直接内存存取（DMA）错误

06H：不能用

04H：需要的扇区没有找到

03H：企图向保护磁盘写入

02H：找不到地址标记

4. 中断调用 26H（INT 26H）

绝对磁盘写。

入口参数：(AL) = 驱动器号（0 = A，1 = B）

(CX) = 要写入的扇区数

(DX) = 开始的逻辑扇区号

(DS) = 缓冲区的段地址

(BX) = 缓冲区的偏移地址。

返回：传送成功时，进位位 =0

传送不成功时，进位位 =1

(AL) =80H：连接设备没有反应

40H：SEEK 操作失败

20H：控制器有问题

10H：磁盘 CRC 错误

08H：直接内存存取（DMA）错误

06H：不能用

04H：需要的扇区没有找到

03H：企图向保护磁盘写入

02H：找不到地址标记

5. 中断调用27H（INT 27H）

终止并驻留程序于内存中。

入口参数：(CS) = 驻留在内存中程序最后地址的段地址

(DX) = 驻留在内存中程序最后地址的偏移地址

返回：无。

【例4-17】 从键盘上输入一串字符到输入缓冲区，然后将输入的字符串在显示器上以相反的顺序显示。

源程序如下：

```
DATA      SEGMENT
INFO1     DB      0DH,0AH,'INPUT STRING: $'
INFO2     DB      0DH,0AH,'OUTPUT STRING: $'
BUFA      DB      81
DB  ?
DB        80 DUP(0)
BUFB      DB      81 DUP(0)
DATA      ENDS
STACK     SEGMENT STACK
          DB  200 DUP(0)
STACK     ENDS
CODE      SEGMENT
ASSUME    DS:DATA,SS:STACK,CS:CODE
START:    MOV AX,DATA
MOV       DS,AX
LEA       DX,INFO1
MOV       AH,9                  ; 9 号调用,显示输入提示信息
INT       21H
LEA       DX,BUFA
MOV       AH,10
INT       21H
LEA       SI,BUFA + 1           ;10 号调用,键盘输入字符串到缓冲区 BUFA
MOV       CH,0                  ;取字符长度→CX
MOV       CL,[SI]
ADD       SI,CX                 ;SI 指向字符串尾部
LEA       DI,BUFB               ;DI 指向字符串变量 BUFB
NEXT:     MOV  AL,[SI]
MOV       [DI],AL
```

```
        DEC     SI
        INC     DI
        LOOP    NEXT
        MOV     BYTE PTR [DI],'$'

        LEA     DX,INFO2
        MOV     AH,9    ;9 号调用,显示输出提示信息
        INT     21H

        LEA     DX,BUFB
        MOV     AH,9    ;反向显示字符串
        INT     21H
        MOV     AH,4CH
        INT     21H
        CODE    ENDS
        END     START
```

4.5.3 BIOS 功能调用

BIOS 中的程序不但在操作系统中作为标准模块调用，完成各种 I/O 操作，也可以提供给程序设计人员使用。

BIOS 由功能模块组成，每个模块的入口地址放在中断向量表中，可以通过软中断指令（INT n）调用这些功能模块，BIOS 使用的中断类型号为 10H ~ 1AH。

BIOS 功能调用和 DOS 功能调用类似，一般有以下几个步骤：

1）将调用参数装入指定的寄存器。

2）如需功能调用号，把它装入 AH。

3）如需子功能调用号，把它装入 AL。

4）按中断号调用 BIOS。

5）检查返回参数是否正确。

下面介绍常用的 BIOS 功能调用。

1. 键盘输入中断调用（INT 16H）

键盘是计算机最基本的一种输入设备，用来输入信息，以达到人机对话的目的。键盘主要由 3 种基本类型的键组成：

1）字符数字键：如 A ~ Z，0 ~ 9 等。

2）扩展功能键：如 Home、End、Backspace、Delete、Insert、PgUp、PgD 以及功能键 F1 ~ F10 等。

3）和其他键组合使用的控制键：如 Alt、Ctrl、Shift 等。

键盘和主机通过 5 芯电缆相连，这 5 根线分别是电源线、地线、复位线以及键盘数据线和键盘时钟线。PC 系列的键盘触点电路按 16 行 ×8 列的矩阵来排列，用单片机 Intel 8048 来控制对键盘的扫描。按键的识别采用行列扫描法，即根据对行线和列线的扫描结果来确定闭合键的位置，这个位置值称为按键的扫描码，通过数据线将 8 位扫描码送往主机。当在键

盘上“按下”或“放开”一个键时，如果键盘中断是允许的（21H 端口的第一位等于 0），就会产生一个类型 9 的中断，并转入到 BIOS 的键盘中断处理程序。

该处理程序从 8255 可编程外围接口芯片的输入端口读取一个字节，这个字节的低 7 位是按键的扫描码。最高位为 0 或者为 1，分别表示键是“按下”状态还是“放开”状态。按下时，取得的字节称为通码，放开时取得的字节称为断码。如 ESC 键按下取得的通码为 01H（00000001B），放开 ESC 键时会产生一个断码 81H（10000001B）。BIOS 键盘处理程序将取得的扫描码转换成相应的字符码，大部分的字符码是一个标准的 ASCII 码；没有相应 ASCII 的键，如 Alt 和功能键（F1 ~ F10），字符码为 0；还有一些非 ASCII 码键产生一个指定的操作。

类型 16H 的中断提供了基本的键盘操作，它的中断处理程序包括 3 个不同的功能，分别根据 AH 寄存器中的子功能号来确定。

（1）功能 00H。本功能为从键盘读字符到 AL 寄存器中。如果键盘缓冲区中没有键入字符，则一直等待有一个键入字符为止。

入口参数：(AH) = 00H。

返回：(AL) = 键入的字符代码（ASCII 码、控制码、汉字内码）

(AH) = 键盘扫描码。

说明：返回时，如果(AH) = 90H，则表示 AL 为汉字第一个字节内码；如果(AH) = 91H，则表示 AL 为汉字第二个字节内码。

（2）功能 01H。本功能为读键盘缓冲区字符到 AL 寄存器中，并置 ZF 标志位。

入口参数：(AH) = 01H。

返回：如果有输入的字符，则零标志位清 0。

如果无输入的字符，则零标志位置 1。

（3）功能 02H。本功能为读取特殊功能键的状态。

入口参数：(AH) = 02H。

返回：(AL) = 特殊键状态

位 0 = 右侧 Shift 键按下

位 1 = 左侧 Shift 键按下

位 2 = Ctrl 键按下

位 3 = Alt 键按下

位 4 = Scroll Lock 键按下

位 5 = Num Lock 键打开

位 6 = Caps Lock 键打开

位 7 = Ins 键打开。

【例 4 - 18】 下面给出一个利用键盘 I/O 功能的程序例。用 INT 16H（AH = 0）调用实现键盘输入字符。

源程序如下：

```
DATA    SEGMENT
BUFF    DB 100 DUP(?)
MESS    DB 'NO CHARACTER! ',0DH,0AH,' $'
```

```
DATA      ENDS
  CODE      SEGMENT
  ASSUME CS:CODE,DS:DATA
  START:    MOV AX,DATA
            MOV DS,AX
            MOV CX,100
            MOV BX,OFFSET BUFF ;内存缓冲区首址
  LOP1:     MOV AH,1
            PUSH CX
            MOV CX,0
            MOV DX,0
            INT 1AH                  ;设置时间计数器值为0
  LOP2:     MOV AH,0
            INT 1AH                  ;读时间计数值
            CMP DL,100
            JNZ LOP2                 ;定时时间未到,等待
            MOV AH,1
            INT 16H                  ;判有无键入字符
            JZ DONE                  ;无键输入,则结束
            MOV AH,0
            INT 16H                  ;有键输入,则读出键的ASCII码
            MOV BL,AL                ;存入内存缓冲区
            INC BX
            POP CX
            LOOP LOP1                ;100个未输完
            JMP EN
  DONE:     MOV   DX,OFFSET MESS
            MOV AH, 09H
            INT21H                   ;显示提示信息
  EN:       MOV AH,4CH
            INT 21H
            CODE ENDS
            END START
```

2. 显示器输出中断调用（INT 10H）

10H 中断调用为显示器中断，共有 17 种功能，下面列出几种主要功能的使用情况。

1）功能 00H：设置显示方式。

入口参数：AH = 00H

AL = 设置方式（00 ~ 07），参见表 4 - 6。

返回：无。

说明：当返回时，屏幕画面变为黑色，各种控制数据重新设置，光标定位于左上角第一个字符位置，当前页为 0 页。

表 4–6　显示方式参数表

AL	显示方式
00	40×25 黑白文本方式
01	40×25 彩色文本方式
02	80×25 黑白文本方式
03	80×25 彩色文本方式
04	320×200 彩色图形方式
05	320×200 黑白图形方式
06	640×200 黑白图形方式
07	80×25 黑白文本方式（单色显示卡）

2）功能 01H：设置光标类型。

入口参数：AH =01H

CH 位 0 ~4 = 光标开始行

CL 位 0 ~4 = 光标结束行。

返回：无。

说明：根据 CX 给出光标的大小。

3）功能 02H：设置光标位置。

入口参数：AH =02H

BH = 页号

DH = 字符行号

DL = 字符列号。

返回：无。

说明：根据 DX 确定光标位置。

4）功能 03H：读当前光标位置和类型。

入口参数：AH =03H

BH = 页号。

返回：DH = 行号

DL = 列号

CX = 光标大小。

5）功能 06H：初始窗口或向上滚动。

入口参数：AH =6

AL = 上滚行数

CX = 上滚窗口左上角的行、列号

DX = 上滚窗口右下角的行、列号

BH = 空白行的属性。

返回：无。

说明：当滚动后，底部为空白输入行。

6）功能 07H：初始窗口或向下滚动。

入口参数：AH = 7

AL = 下滚行数

CX = 下滚窗口左上角的行、列号

DX = 下滚窗口右下角的行、列号

BH = 空白行的属性。

返回：无。

说明：当滚动后，顶部为空白输入行。

7）功能 08H：读当前光标位置的字符与属性。

入口参数：AH = 08H

BH = 页号。

返回：AL 为读出的字符，AH 为字符属性。

8）功能 09H：在当前光标位置写字符和属性。

入口参数：AH = 9

BH = 页号

AL = 字符的 ASCII 码

BL = 字符属性

CX = 写入字符数。

返回：无。

9）功能 0AH：在当前光标位置写字符。

入口参数：AH = 0AH

BH = 页号

AL = 字符的 ASCII 码

CX = 写入字符数。

返回：无。

10）功能 0BH：设置彩色组或背景颜色。

入口参数：AH = 0BH

当 BH = 0 时，设置背景颜色；

当 BH = 1 时，可设置彩色组，即为显示的像素点确定颜色组。

返回：无。

11）功能 0CH：写像素。

入口参数：AH = 0CH

DX = 行数

CX = 列数

AL = 彩色值（AL 的 D7 为 1，则彩色值与当前点内容作“异或”运算）。

返回：无。

12）功能 0DH：读像素。

入口参数：AH = 0DH

DX = 行数

CX = 列数

返回：AL = 彩色值。

13）功能 0EH：写字符并移光标位置。

入口参数：AH = 0EH

AL = 写入字符

BH = 页号

BL = 前景颜色（图形方式）。

返回：无。

14）功能 0FH：读当前显示状态。

入口参数：AH = 0FH。

返回：AL = 当前显示方式

BH = 页号

AL = 屏幕上字符列数。

【例 4 - 19】 在屏幕 10 行 20 ~ 24 列处显示 5 朵梅花，颜色各异，且要求中间一个朵能够闪烁。

源程序如下：

```
DATA      SEGMENT
ATRI  DB  6EH,52H,94H,52H,6EH
DATA      ENDS
STACK     SEGMENT     PARA     STACK   STACK
DB  200  DUP(0)
STACK     ENDS
CODE      SEGMENT
ASSUME CS:CODE,DS:DATA,SS:STACK
START:    MOV AX,DATA
          MOV DS,AX
          MOV AH,0              ;设置 80×25 彩色文本方式
          MOV AL,3
          INT 10H
          LEA SI,ATRI           ;属性字节值表首址存 SI
          MOV DI,5              ;显示 5 个字符
          MOV DX,0A13H          ;显示位置
          MOV AH,15             ;取当前页号
          INT 10H
          LP: MOV AH,2          ;置光标位置
          INC DL
          INT 10H
          MOV AL,5              ;显示梅花形字符
          MOV BL,[SI]
          MOV CX,1
          MOV AH,9
          INT 10H
```

```
INC SI              ;指向下一属性字节
DEC DI              ;判显示完否
JNZ LP              ;未完转 LP 再显示
MOV AH,4CH          ;完,返回 DOS
INT 21H
CODE ENDS
END START
```

3. **磁盘存取功能中断调用（INT 13H）**

BIOS 磁盘操作 INT 13H 处理的记录都是一个扇区的大小，都是以实际的磁道号和扇区号寻址的。读、写和检查磁盘文件之前，都要把下列寄存器初始化：

AH：子功能号（读、写、检查或格式化）。

AL：扇区数。

CH：柱面/磁道号（0 为起始号）。

CL：起始的扇区号（1 为起始号）。

DH：磁头/盘面号（对软盘是 0 或 1）。

DL：驱动器号（软盘：0 = 驱动器 A，1 = 驱动器 B，...；硬盘：80H = 驱动器 1，81H = 驱动器 2，…）。

ES：BX：数据区中 I/O 缓冲区的地址。

1）功能 00H：复位磁盘系统。

入口参数：（AH）=00H。

返回：无。

说明：这个操作执行对磁盘控制器的硬件复位。如果在其他磁盘操作之后调用这个功能，则返回一系列错误。

2）01H 功能：读磁盘状态。

入口参数：（AH）=01H。

返回：（AL）中返回状态字节。

3）功能 02H：从指定磁盘的指定位置读取数据。

入口参数：（AH）=02H
　　　　　（AL）= 扇区数
　　　　　（CH），（CL）= 磁道号，扇区号
　　　　　（DH），（DL）= 磁头号，驱动器号
　　　　　（ES：BX）：数据缓冲区地址。

返回：读成功时，（AH）=0，（AL）= 读出的扇区数；
　　　读失败时，（AH）= 出错代码。

4）功能 03H：向指定磁盘的指定位置写数据。

入口参数：（AH）=03H
　　　　　（AL）= 扇区数
　　　　　（CH），（CL）= 磁道号，扇区号
　　　　　（DH），（DL）= 磁头号，驱动器号

（ES：BX）：数据缓冲区地址。

返回：写成功时，（AH）=0，（AL）=写入的扇区数；

写失败时，（AH）=出错代码。

5）功能04：检验磁盘扇区。

入口参数：（AH）=04H

（AL）=扇区数

（CH），（CL）=磁道号，扇区号

（DH），（DL）=磁头号，驱动器号。

返回：检查成功时，（AH）=0，（AL）=检验的扇区数；

检查失败时，（AH）=出错代码。

4.6 习题

1. 简述指令语句和伪指令语句的区别。
2. 标号和变量各有哪几个属性，含义是什么？
3. 说明下列两条语句的区别。

（1）X DB 12H　　（2）X EQU 12H

4. 指出下列数据段定义后，各数据在内存储器中的分配情况。

```
DATA   SEGMENT
A  DB  1,2,3,4
B  DB'1','2','3','4'
C  DW 1,2,3,4
D  EQU 1234H
E  DD 1234H
DATA   ENDS
```

5. 设某数据段如下：

```
ORG  100H
A = 12H
B = A + 10H
STR1  DB  'DATASTRING'
NUM   EQU  $ - STR1
STR2  DB  'INFORMATION'
```

试指出：（1）STR1 的偏移地址。

(2) NUM 是多少？

（3）STR2 +3 的存储单元内容。

6. 下列程序段运行后，Y 单元开始的存储区存放的数据是什么？

```
X  DB  78H
Y  DB  3  DUP (?)
   …
```

```
        LEA   SI,Y
        MOV  CX,3
        MOV  AL,X
LOP:    SAR   AL,1
        MOV  [SI],AL
        INC   SI
        LOOP LOP
```

7. 下列程序段有何功能？

```
X   DB   300 DUP (?)
Y   DB   100 DUP (?)
        …
        MOV   CX,100
        MOV   BX,200
        MOV   SI,0
        MOV   DI,SI
LOP:    MOV   AL,X[BX+SI]
        MOV   Y[DI],AL
        INC   SI
        INC   DI
        LOOP  LOP
```

8. 下列程序段的功能是什么？如果运行该程序时从键盘上输入字符‘4’，则结果是什么？

```
STR   DB'ABCDEFGHI'
…
MOV  AH,01H
INT   21H
AND  AL,0FH
DEC  AL
XOR  AH,AH
MOV  BX,OFFSET STR
ADD  BX,AX
MOV  DL,[BX]
MOV  AH,02H
INT   21H
```

9. 已知数据定义为“WDAT DW 1234H，5678H”，并且 SI=2，写出下列指令单独执行后的结果：

（1）MOV　AX，WDAT

（2）MOV　AX，WDAT+2

（3）MOV　AX，WDAT［SI］

10. 在 ARRAY 开始的数据区存有 100 个字节的数据，现在程序要求对该数据区分别按字节和字存取。试定义一个满足该要求的数据区。

11. 分别用一个伪指令语句完成下列要求：

（1）将数据 12H、34H、56H、0ABH 依次存放在字节数组 ARRAY 中。

（2）在字数组 DARRAY 中依次存放数据 1234H、5678H 和 0ABCDH。

（3）将压缩的 BCD 码 1234 存放在 BCD 单元中。

（4）将字符串‘STRING’存放在数组 STR 中。

（5）在数据区 DATA1 中连续存放字节数据 12H、34H，字符数据‘A’、‘B’、‘C’，字数据 1234H、5678H、0ABCDH，预留 10 个存储单元。

12. 分别用一个指令语句完成下列要求：

（1）将栈顶内容弹至字变量 STAK 中。

（2）将双字变量 DVAR 存放的地址指针送到 ES 和 SI。

（3）把变量 VAR 的类型属性送到 AX 中。

（4）取字符串变量 VSTR 的首地址送到 AX 中。

13. 试写出多种方法，把 5050 存放到一个存储器字中。

14. 设有数据段定义如下：

```
DATA   SEGMENT
DAT1   DB  1,2,3,'123',?
DAT2   DW  1234H,1234,12H
LEN1   EQU  $-DAT1
LEN2   EQU DAT2-DAT1
BUF1   DB  100 DUP(?)
BUF2   DB  50 DUP(?)
DATA ENDS
```

试完成如下要求：

（1）用一条指令将 DATA1 的偏移地址送入 BX 寄存器中。

（2）将 DAT2 的第 3 个字节数据送入 CL 中。

（3）将数据 11H 送入 BUF1 的第 10 个字节单元中。

（4）写出 LEN1 和 LEN2 的值。

（5）用一组指令将 DAT1 开始 DAT2 结束的所有单元内容送到 BUF2 开始的存储单元中。

15. 有一个字符串定义为：STR DB‘COMPUTER’，试编写一组指令，将字符串中的第 1 个和第 7 个字符送到 DX 寄存器。

第 5 章　汇编语言程序设计

通过前面几章的学习，我们掌握了汇编语言的基础知识和编程指令，本章主要是综合运用前面的知识，结合程序实例，介绍汇编语言程序设计的方法和技术。

5.1　程序设计概述

传统意义上，一个好的程序除了能实现预定的功能，还要具有结构化、可读性好、容易调试修改、运行速度快、占用存储空间少等特点。随着计算机技术的发展，硬件成本的大幅度降低，对于存储空间的要求不像以前那样受到重视，但在有些场合，如仪器仪表，一般要求程序要短小，不能占用太多的空间，同时在实时控制领域，要求程序有足够的运行速度以适应参数的变化，否则会发生失控现象，造成严重后果。

所谓结构化程序设计是指程序的设计、编写和测试都采用一种规定的组织形式进行，而不是想怎么写就怎么写。这样，可使编制的程序结构清晰，易于读懂，易于调试和修改，充分显示出模块化程序设计的优点。

在 20 世纪 70 年代初，由 Boehm 和 Jacobi 提出并证明了结构定理：即任何程序都可以由 3 种基本结构程序构成结构化程序，这 3 种结构是：顺序结构、分支（条件选择）结构和循环结构，3 种基本程序结构图如图 5-1 所示，其中，图 5 - 1a 为顺序结构图，图 5 - 1b、c 为分支结构图，图 5 - 1d、e 为循环结构图。每一个结构只有一个入口和一个出口，3 种结构的任意组合和嵌套就构成了结构化的程序。

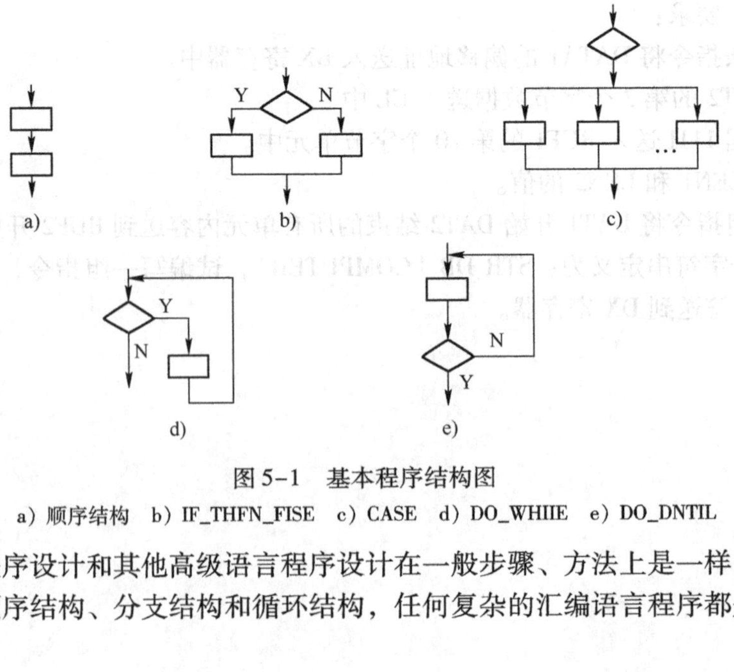

图 5-1　基本程序结构图

a）顺序结构　b）IF_THFN_FISE　c）CASE　d）DO_WHIIE　e）DO_DNTIL

汇编语言程序设计和其他高级语言程序设计在一般步骤、方法上是一样的，它的基本结构也是 3 种：顺序结构、分支结构和循环结构，任何复杂的汇编语言程序都是由这 3 种基本结构组成的。

5.1.1 汇编语言程序设计的一般步骤

1. 汇编语言程序设计的步骤

汇编语言程序设计一般有以下几个步骤：

1）分析问题，抽象出描述问题的数学模型。

2）确定解决问题的算法或解题思想。

3）绘制流程图和结构图 。

4）分配存储空间和工作单元。

5）根据流程图编制程序。

6）程序静态检查。

7）上机调试。

2. 程序的调试

静态检查可以发现一些错误，但对于复杂的程序很难通过静态检查发现问题，必须经过上机调试修改才能得到比较满意的程序。

源程序的错误可以分为两类：语法错误和逻辑错误。

(1) 语法错误。语法错误是指程序内容不符合程序语言的规定，计算机无法识别。大部分的语法错误在汇编时会被检查出来，其余部分在连接时也可查出，只要能生成可执行程序文件，就不会再出现语法错误了。

(2) 逻辑错误。逻辑错误是指程序设计中的错误，如对问题的理解错误、算法错误等，逻辑错误在汇编时是查不出来的，主要依靠程序设计人员进行各种试验，通过分析数据结果查找错误。DEBUG 调试命令是一种查找逻辑错误的常用工具，见附录 A。

3. 程序运行步骤及生成的文件

从一个源程序到生成一个可执行文件，要经过汇编、连接等过程，如图 5-2 所示。

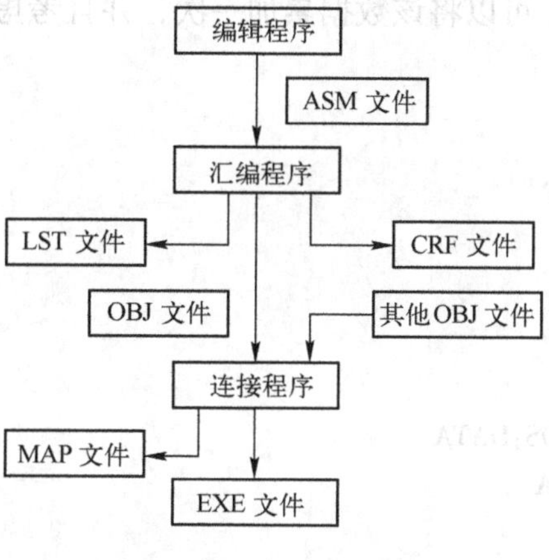

图 5-2　程序生成过程

5.1.2 流程图

1. 流程图的概念

流程图是由特定的几何图形、指向线、文字说明来表示数据处理的步骤，形象描述逻辑控制结构以及数据流程的示意图。流程图具有简洁、明了、直观的特点。

2. 流程图符号表示

各种流程图的符号如图 5-3 所示。

1）起止框表示程序的开始和结束。

2）判断框指出比较、判断的条件。

3）处理框指出要实现的功能。

4）调用框指出某种调用。

5）指向线指出程序执行的方向。

6）连接框用于连接流程图。

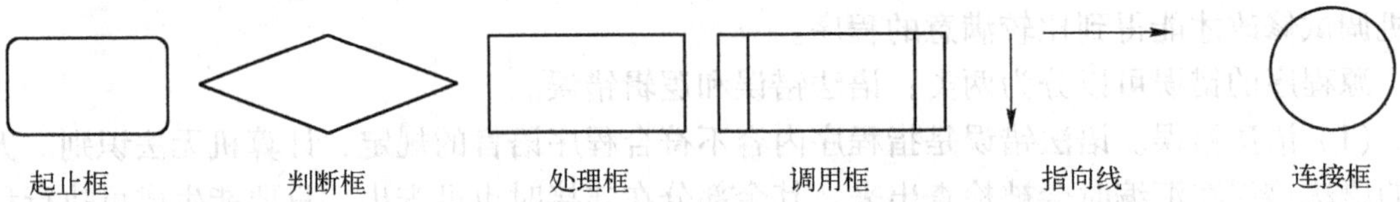

图 5-3 流程图符号

5.2 顺序程序设计

顺序结构是按照语句实现的先后次序执行一系列的操作，它没有分支、循环和转移。下面举例说明顺序程序的设计。

【例 5-1】 将字节变量 X 的数据乘以 2，结果存入 Y 中。

分析：要将数据乘以 2，可以将该数据累加一次，并且考虑可能的进位即可。程序流程图如图 5-4 所示。

源程序如下：

```
DATA    SEGMENT
        X      DB   28h
        Y      DW   ?
DATA ENDS
CODE SEGMENT
ASSUME   CS:CODE,DS:DATA
START:MOV AX,DATA
MOV DS,AX
MOV AL,X
ADD AL,AL
ADC AH,0            ;考虑进位
MOV Y,AX
```

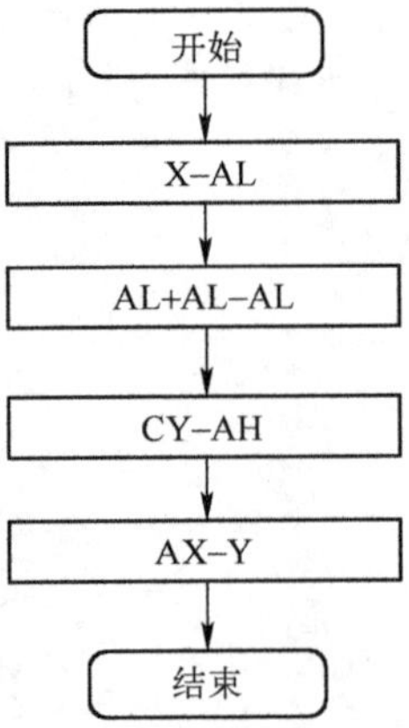

图5-4 例 5-1 程序流程图

```
MOV AH,4CH
INT 21H
CODE ENDS
END START
```

【例 5-2】试编写一个程序计算以下表达式的值：

W = (V - (X * Y + Z - 540))/X，式中 X、Y、Z、V 均为有符号字数据。

分析：设 X、Y、Z、V 的值存放在字变量 X、Y、Z、V 中，结果存放在双字变量 W 之中，两个字数据相乘得到双字数据，再把其余数据扩展为双字数据，然后进行加、减、除运算。程序的流程图如图 5-5 所示。

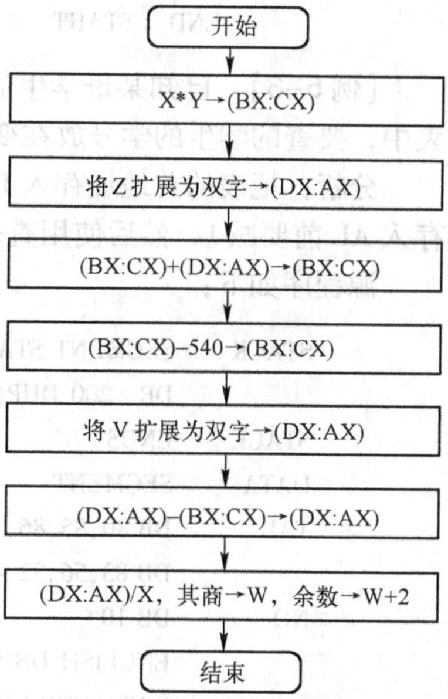

图 5-5　例 5-2 程序流程图

源程序如下：

```
DATA    SEGMENT
X    DW    200
Y    DW    100
Z    DW    3000
V    DW    10000
W    DW    2 DUP(?)
DATA    ENDS
STACK   SEGMENT   STACK
DB  200  DUP(0)
STACK   ENDS
CODE  SEGMENT
ASSUME  DS:DATA,CS:CODE,SS:STACK
START:MOV    AX,DATA
      MOV    DS,AX              ;DATA→AX
      MOV    AX,X
      IMUL   Y                  ;(X) * (Y)→DX:AX
      MOV    CX,AX
      MOV    BX,DX              ;(DX:AX)→(BX:CX)
      MOV    AX,Z
      CWD                       ;(Z)符号扩展
      ADD    CX,AX
      ADC    BX,DX              ;(BX:CX) + (DX:AX)→(BX:CX)
      SUB    CX,540
      SBB    BX,0               ;(BX:CX) - 540→(BX:CX)
      MOV    AX,V
      CWD                       ;(V)符号扩展
      SUB    AX,CX
      SBB    DX,BX              ;(DX:AX) - (BX:CX)→(DX:AX)
      IDIV   X                  ;(DX:AX)/X
```

```
        MOV   W,AX              ;商→W
        MOV   W+2,DX            ;余数 DX→W+2
        MOV   AH,4CH
        INT   21H
        CODE  ENDS              ;退出 DOS 状态
        END   START
```

【例 5-3】 已知某班学生的英语成绩按学号（从 1 开始）从小到大的顺序排列在 TAB 表中，要查的学生的学号放在变量 NO 中，查表结果放在变量 ENGLISH 中。

分析： 把表的首地址存入 BX，由于查表时学号 1 成绩的偏移地址为零，故要查的学号存入 AL 前要减 1，然后使用查表指令得到某学号学生的成绩。程序的流程图如图 5-6 所示。

源程序如下：

```
STACK     SEGMENT STACK
          DB   200 DUP(0)
STACK     ENDS
DATA      SEGMENT
TAB       DB 80,85,86,71,79,96
          DB 83,56,32,66,78,84
NO        DB 10
          ENGLISH DB ?
          DATA ENDS
          CODE SEGMENT
          ASSUME DS:DATA,SS:STACK,CS:CODE
BEGIN:    MOV AX,DATA
          MOV DS ,AX
          LEA BX,TAB        ;表的首地址给 BX
          MOVAL,NO
          DEC AL
          XLATTAB           ;查表指令,根据 BX、AL 的值
                            ;从表 TAB 得到英语成绩存入 AL 中
          MOVENGLISH,AL
          MOVAH,4CH
          INT 21H
CODE      ENDS
END BEGIN
```

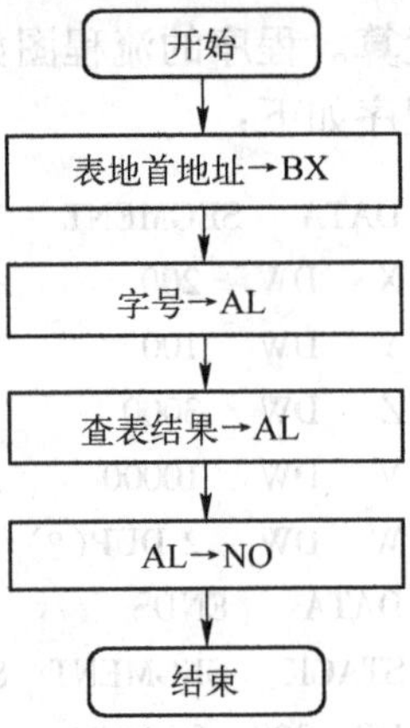

图 5-6　例 5-6 程序流程图

【例 5-4】 编制程序，将一位十六进制数 6 转换为它相应的 ASCII 码。

分析： 计算机保存字符时，是以 ASCII 码的形式保存的。先建立一个字符表，然后用查表的方式得到某个十六进制数所对应的字符，最后计算机保存的就是该数的 ASCII 码。程序流程图如图 5-7 所示。

源程序如下：

```
DATA      SEGMENT
```

```
TABLE    DB  '0123456789'
         DB  'ABCDEF'
HEX      DB  6
ASCII    DB  ?
DATA     ENDS
CODE     SEGMENT
ASSUME CS:CODE,DS:DATA
START:   MOV AX,DATA
MOV DS, AX
MOV BX, OFFSET TABLE    ;将表首地址给 BX
ADD BL,HEX
MOV AL,[BX]             ;查表
MOV ASCII,AL            ;保存结果
MOV AH,4CH
INT 21H
CODE     ENDS
END START
```

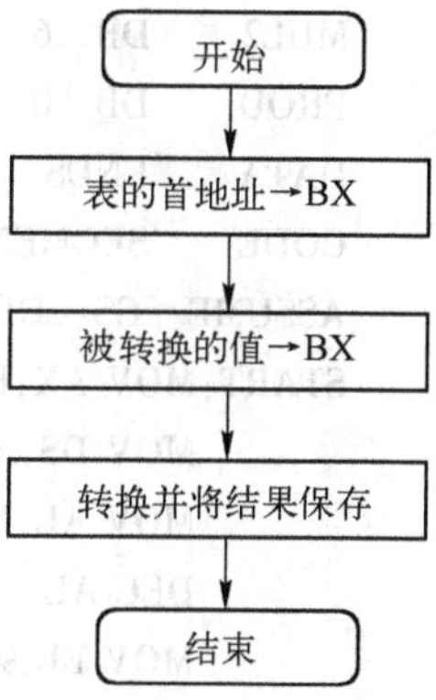

图5-7　例 5-4 程序流程图

上述程序中的的查表程序段也可以改用查表指令实现

```
LEA      BX,TABLE
MOV      AL,HEX
XLAT     TABLE
MOV      ASCII,AL
```

【例5-5】 在数据段 DATA（已定义）中有一个九九乘法表（TAB1 ~ TAB9），乘数和被乘数分别存放在 MUL1 和 MUL2 的字节单元中。试编写一个程序，用查表法求出(MUL1)×(MUL2)的乘积，并存放于 PROD 字节单元。

分析： 根据已定义的乘法表，先利用乘数确定结果在表中的行数（由于乘法表是从 0 行、0 列开始，故确定行、列时要先减 1），然后再利用被乘数确定结果在表中的列数，行、列所确定位置的数就是乘积。程序流程图如图 5-8 所示。

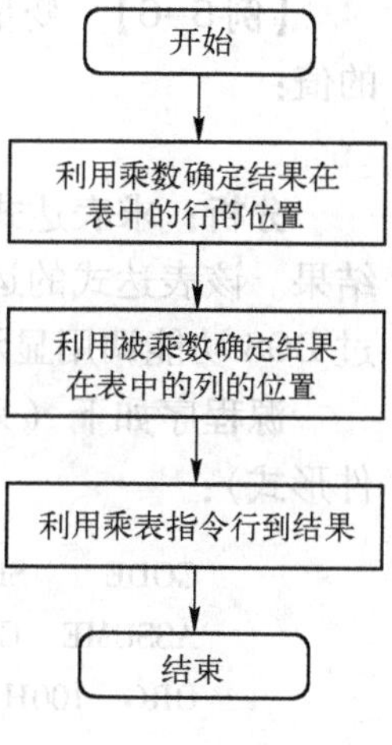

图 5-8　例 5-5 程序流程图

源程序如下：

```
DATA     SEGMENT
TAB1     DB  1, 2, 3, 4, 5, 6, 7, 8, 9
TAB2     DB  2, 4, 6, 8,10,12,14,16,18
TAB3     DB  3, 6, 9,12,15,18,21,24,27
TAB4     DB  4, 8,12,16,20,24,28,32,36
TAB5     DB  5,10,15,20,25,30,35,40,45
TAB6     DB  6,12,18,24,30,36,42,48,54
TAB7     DB  7,14,21,28,35,42,49,56,63
TAB8     DB  8,16,24,32,40,48,56,64,72
```

```
TAB9     DB  9,18,27,36,45,54,63,72,81
MUL1     DB  3
MUL2     DB  6
PROD     DB  0
DATA     ENDS
CODE     SEGMENT
ASSUME   CS:CODS,DS:DATA
START:MOV AX,DATA
      MOV DS,AX
      MOV AL,MUL1        ;取被乘数(3)
      DEC AL
      MOV BL,9
      MUL BL             ;将被乘数减 1 后乘以 9
      LEA BX,TAB1
      ADD BX,AX          ;加上数据区的首地址,到达结果所在的行
      MOV AL,MUL2        ;取出乘数(6)
      DEC AL
      XLAT
      MOV PROD,AL        ;查表后保存结果
      MOV AH,4CH
      INT 21H
CODE ENDS
END START
```

【例 5-6】 变量 X、Y 为两位数字的 ASCII 码串，编写一个程序计算并显示下列表达式的值：

$$X+(Y-15)\rightarrow Z$$

分析：求表达式的值时，一般是按照运算符的优先级顺序自左向右进行计算，得到最后结果。该表达式的运算是：先计算（Y-15），再与 X 相加，得到最后结果存放在 Z 中，通过 DOS 功能调用显示结果。程序流程图如图 5-9 所示。

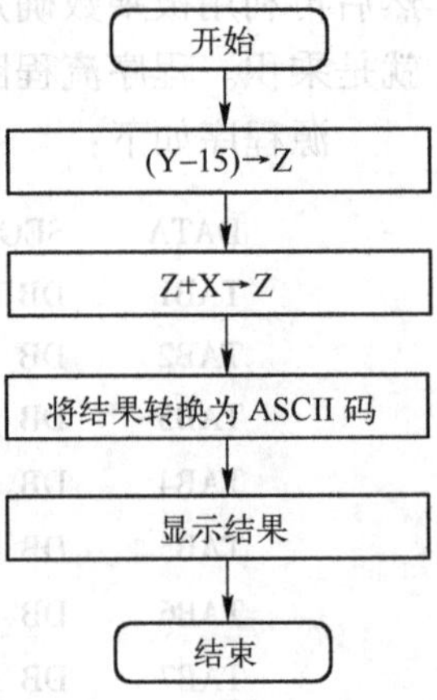

图 5-9　例 5-6 程序流程图

源程序如下（采用小模式结构，该程序最后可转换成 COM 文件形式）：

```
CODE    SEGMENT
ASSUME  CS:CODE,DS:CODE
ORG  100H
BEGIN: JMP  SHORT  MAIN
X  DB '60'
Y  DB '24'
Z  DB '000',' $'
MAIN    PROC   FAR
        PUSH   DS
        MOV    AX,0
```

```
        PUSH   AX
        PUSH   CS
        POP    DS
        MOV AH,0                ;以下实现个位减运算
        MOV AL,Y+1
        SUB  AL,05
        AAS
        MOV Z+2,AL
        MOV AL,Y                ;以下实现十位减运算
        MOV AH,0
        SBB  AL,01
        AAS
        XCHGAL,Z+2              ;以下实现个位加运算
        ADD  AL,X+1
        AAA
        XCHGAL,Z+2              ;以下实现十位加运算
        ADC  AL,X
        AAA
        MOV Z+1,AL
        MOV Z,AH
        OR    Z,30H             ;以下实现将数码转换为相应的 ASCII 码
        OR    Z+1,30H
        OR    Z+2,30H
        MOV DX,OFFSET Z         ;通过 DOS 功能调用显示结果
        MOV AH,9
        INT   21H
        RET
MAIN    ENDP
CODE    ENDS
END BEGIN
```

5.3 分支程序设计

在程序设计中，往往会要求计算机根据不同的条件进行不同的处理，这就要用到分支结构（条件选择结构）的程序设计方法。

分支结构是根据不同情况做出判断和选择，以便执行不同的程序段，也就是说，当条件满足时进行某种处理，当条件不满足时又进行另外一种处理。分支的意思是在两个或多个不同的操作中选择其中的一个，分为双分支结构和多分支结构，它们的共同特点是：运行方向是向前的，在某一种确定的条件下，只能执行多个分支中的一个分支。双分支结构有两种形式，如图 5-10 所示；多分支结构如图 5-11 所示。

在设计分支程序时，一般在条件转移语句之前使用会引起标志位变化的指令，然后用条

件转移指令来实现程序的分支。下面举例说明分支程序的设计过程。

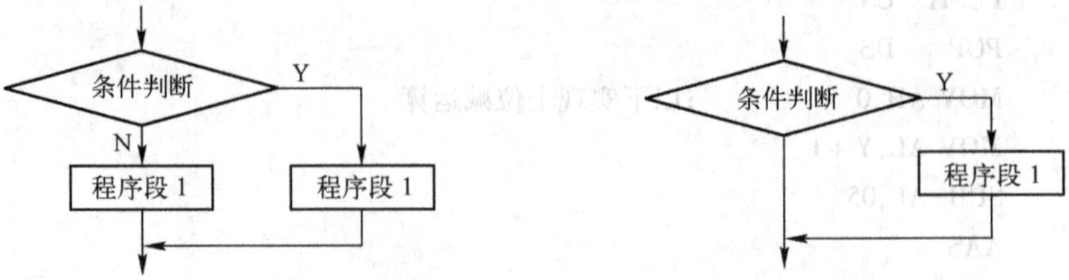

图 5-10　双分支结构

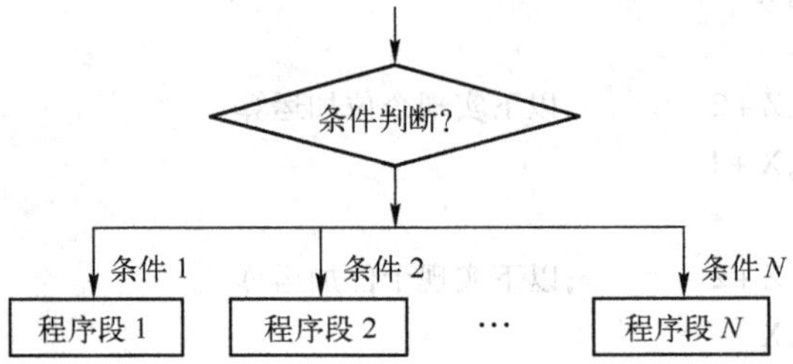

图 5-11　多分支结构

5.3.1　用条件转移指令实现程序分支

【例 5-7】 编写计算下面函数值的程序：

$$Y=\begin{cases}1 & X>0\\0 & X=0\\-1 & X<0\end{cases}$$

分析：设输入数据为 X、输出数据为 Y，且皆为字节变量，将 X 数据与 0 比较，根据比较结果赋予 Y 相应的值。程序流程图如图 5-12 所示。

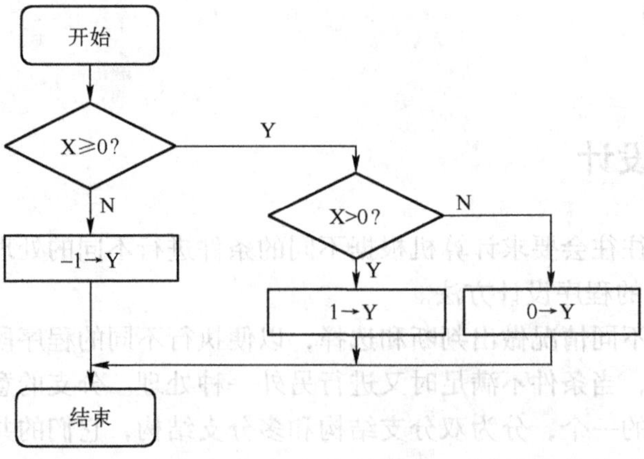

图 5-12　例 5-7 程序流程图

源程序如下：

```
DATA    SEGMENT
X   DB   -10
Y   DB   ?
DATA    ENDS
CODE    SEGMENT
ASSUME CS:CODE,DS:DATA
START:  MOV   AX,DATA
        MOV   DS,AX
        CMP   X,0       ;与0进行比较
        JGE   A1        ;X≥0 转 A1
        MOV   Y,-1      ;X<0 时,-1→Y
        JMP   EXIT
A1:     JG    A2        ;X>0 转 A2
        MOV   Y,0       ;X=0 时,0→Y
        JMP   EXIT
A2:     MOV   Y,1       ;X>0,1→Y
EXIT:   MOV   AH,4CH
        INT   21H
CODE    ENDS
END     START
```

【例 5-8】 试编一个程序，求 3 个带符号字数据中的最大值，并将最大值存入 MAX 字单元中。

分析：设 3 个带符号数分别在 3 个字变量 X、Y、Z 中存储，先比较 X、Y 的大小，再用其中较大的数与 Z 进行比较，得到最大数交给 MAX。程序流程图如图 5-13 所示。

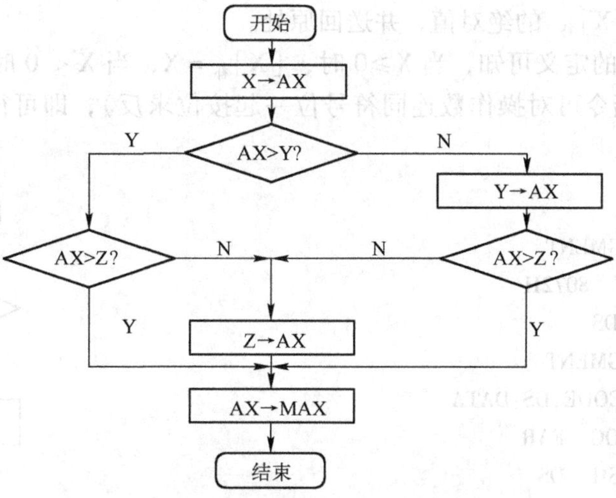

图 5-13　例 5-8 程序流程图

源程序如下：

```
        DATA    SEGMENT
        X       DW  00ABH
        Y       DW  -5
        Z       DW  200
        MAX     DW  ?
        DATA    ENDS
        STACK   SEGMENT STACK
                DB  200 DUP(0)
        STACK   ENDS
        CODE    SEGMENT
        ASSUME CS:CODE,DS:DATA,SS:STACK
START:          MOV  AX,DATA
                MOV  DS,AX
                MOV  AX,X
                CMP  AX,Y       ;X>Y?
                JG   L1
                MOV  AX,Y       ;Y>Z?
L1:             CMP  AX,Z       ;X>Z?
                JG   EXIT
                MOV  AX,Z
EXIT:           MOV  MAX,AX
                MOV  AH,4CH
                INT  21H
CODE            ENDS
END             START
```

【例 5-9】 求 $[X]_{补}$ 的绝对值，并送回原处。

分析：根据补码的定义可知，当 X≥0 时，$[X]_{补}=X$，当 $X<0$ 时，对 $[X]_{补}$ 进行求补运算（NEG 求补指令可对操作数连同符号位一起按位求反），即可得到 $|X|$。程序流程图如图 5-14 所示。

源程序如下：

```
DATA    SEGMENT
NUM     DW   8072H
DATA    ENDS
CODE    SEGMENT
ASSUME CS:CODE,DS:DATA
START   PROC  FAR
        PUSH  DS
        XOR   AX,AX
        PUSH  AX            ;保存返回地址
        MOV   AX,DATA
```

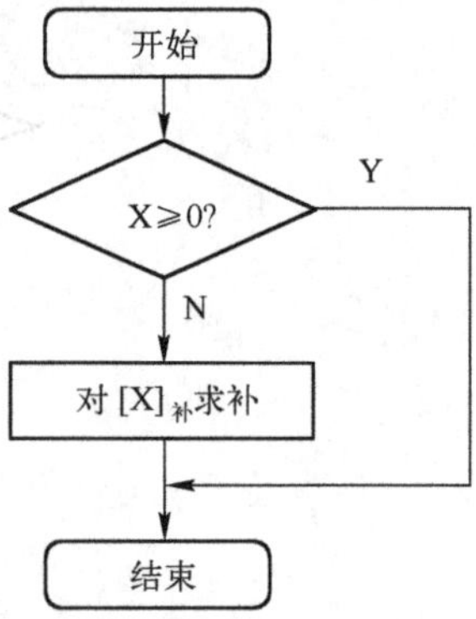

图 5-14　例 5-9 程序流程图

```
        MOV    DS,AX
        MOV    AX,NUM     ;AX←X
        OR     AX,AX      ;产生条件标志
        JNS    DONE       ;若 X≥0 则转入 DONE
        NEG    AX         ;X<0,则对 X 求补,得到|X|
        MOV    NUM,AX     ;将 X 送回原处
DONE: RET
START ENDP
CODE  ENDS
END START
```

5.3.2 用跳转表实现多路分支

分支程序的两种结构形式都可以用上述方法来实现，但在处理多分支结构时往往显得复杂。设计多分支程序的关键是如何按条件对多分支进行判断，从而根据不同的条件转移到不同的入口去执行相应的程序段，我们经常使用跳转表法来实现多分支结构的程序设计。

跳转表法是把各分支程序段的入口地址存放在数据段的一个表中，此入口地址可以是各分支程序段的偏移地址，也可以同时包括各分支程序段的偏移地址和段基值，前者用于实现段内转移，后者可实现段间转移，这个表就称为跳转表。跳转表中，每个地址项占用两字节单元，因此任意一个序号 N 的分支入口地址在表中的地址为：

$$地址表首地址 + (N-1) \times 2。$$

【例 5-10】 字单元 DATA1 存放着有符号数 9754H，字单元 DATA2 存放着有符号数 7ABCH，试比较 DATA1、DATA2 的大小，并用大数减去小数，其差存放在单元 DATA3 中。

分析： 比较 DATA1、DATA2 的大小，把大数放在 AX 中，小数放在 BX 中，最后 AX 减 BX 的结果存放于 DATA3 中。程序流程图如图 5-15 所示。

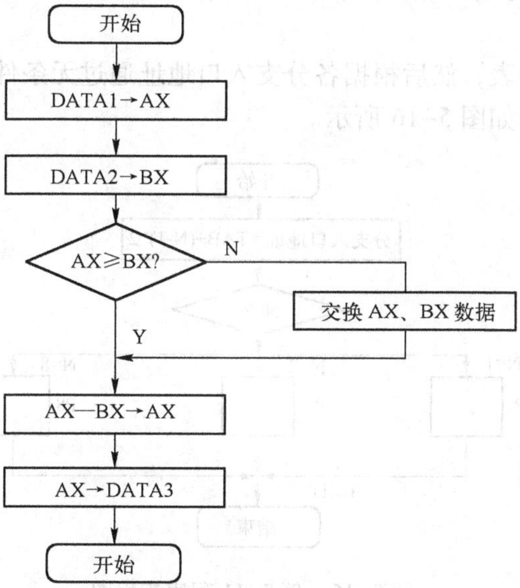

图 5-15 例 5-10 程序流程图

源程序如下：

```
DATA    SEGMENT
  DATA1  DW  9754H
  DATA2  DW  7ABCH
  DATA3  DW  ?
DATA    ENDS
STACK   SEGMENT STACK
  DW  100 DUP(0)
STACK   ENDS
CODE    SEGMENT
ASSUME  CS:CODE,DS:DATA,SS:STACK
START:  MOV   AX,DATA
        MOV   DS,AX
        MOV   AX,DATA1
        MOV   BX,DATA2
        CMP   AX,BX
        JG    DA
        XCHG  AX,BX
DA:     SUB   AX,BX
        MOV   DATA3,AX
        MOV   AH,4CH
        INT   21H
CODE    ENDS
END START
```

【例5-11】 设某程序有8路分支，试根据给定的N值（1~8），将程序的执行转移到其中的一路分支。

分析：首先建立跳转表，然后根据各分支入口地址通过无条件转移语句使程序跳到相应程序段去执行。程序流程如图5-16所示。

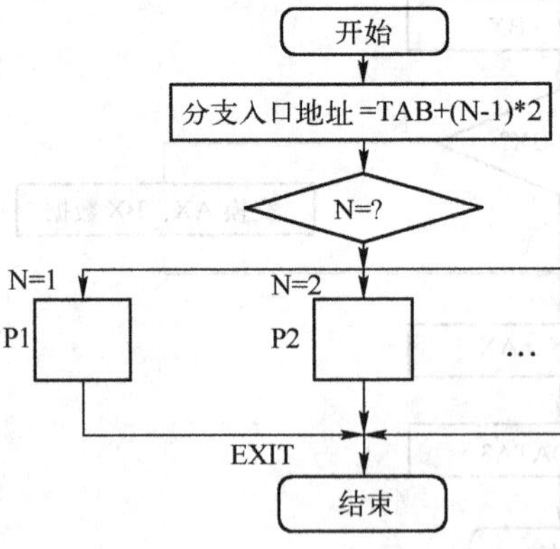

图5-16　例5-11程序流程图

源程序如下：

```
DATA   SEGMENT
TAB    DW P1,P2,P3,P4,P5,P6,P7,P8
DATA   ENDS
STACK  SEGMENT STACK
DB  200 DUP(0)
STACK ENDS
CODE  SEGMENT
ASSUME CS:CODE,DS:DATA,SS:STACK
START: MOV AX,DATA
       MOV DS,AX
       MOV AH,1
       INT 21H
       AND AL,0FH
       DEC AL
       ADD AL,AL
       MOV BL,AL
       MOV BH,0
       JMP TAB[BX]
P1:    DL ='1'
       JMP EXIT
P2:    DL ='2'
       JMP EXIT
P3:    DL ='3'
       JMP EXIT
P4:    DL ='4'
       JMP EXIT
P5:    DL ='5'
       JMP EXIT
P6 :   DL ='6'
       JMP EXIT
P7 :   DL ='7'
       JMP EXIT
P8:    DL ='8'
EXIT:  MOV AH,2
       INT 21H
       MOV AH,4CH
       INT 21H
CODE   ENDS
END START
```

上述程序中的无条件转移指令的转移地址采用的是变址寻址。同理，转移地址也可以用寄存器间接寻址或基址加变址寻址，读者可自行考虑。

【例 5-12】 在 DAT 单元内有一个带符号的数 X，试编写程序，根据 X 的情况进行如下处理，并将结果保存在 BUF 中。

1）若 X 为正奇数，则将 X 与 BUF 单元内容相加。

2）若 X 为正偶数，则将 X 与 BUF 单元内容相“与”。

3）若 X 为负奇数，则将 X 与 BUF 单元内容相“或”。

4）若 X 为负偶数，则将 X 与 BUF 单元内容相“异或”。

分析：这是一个多分支结构程序，要判断正负数，还要对奇偶数进行判断。在判断正负数时，只要判断最高位是否为“1”，为“1”是负数，否则是正数；在判断奇偶数时，只要判断最低位是否为“1”，若为“1”是奇数，否则是偶数。程序流程图如图 5-17 所示。

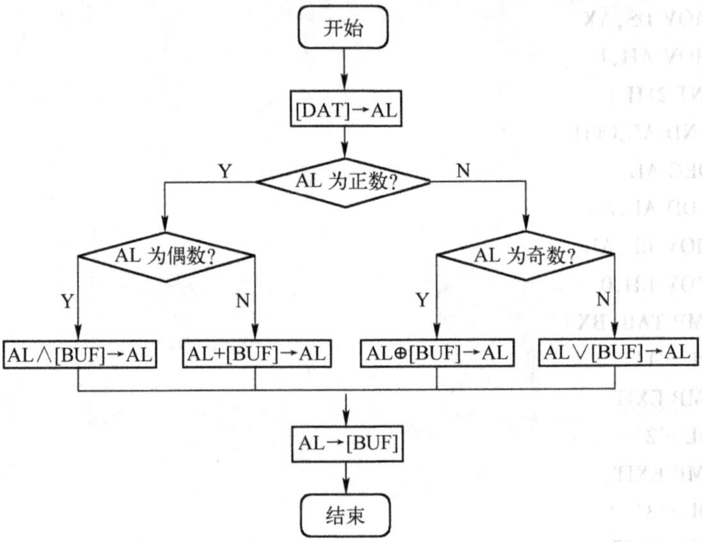

图 5-17 例 5-12 程序流程图

源程序如下：

```
DATA   SEGMENT
DAT    DB   12H
BUF    DB   23H
DATA   ENDS
STACK  SEGMENT STACK
DB   100 DUP(0)
STACK  ENDS
CODE   SEGMENT
ASSUME CS:CODE,DS:DATA,SS:STACK
START: MOV AX,DATA
       MOV DS,AX
       MOV AL,DAT
       AND AL,DAT
       JNS POST
       TEST AL,01H
```

```
        JZ M
        OR AL,BUF
        JMP DONE
M:      XOR AL,BUF
        JMP DONE
POST:   TEST AL,01H
        JZ N
        ADD AL,BUF
        JMP DONE
N:      AND AL,BUF
DONE:   MOV BUF,AL
        MOV AH,4CH
        INT 21H
CODE ENDS
END START
```

5.4 循环程序设计

循环程序结构是重复执行某一程序段，直到满足某个条件或达到重复的次数为止。循环结构实际上是分支结构的一种扩展，循环是否继续是依靠条件判断语句来完成的。按照条件判断的位置，可以把循环分为“直到型循环（DO_UNTIL）”和“当型循环（DO_WHILE）”。第一种情况是先执行一次循环，然后判断是否继续循环，不满足条件就继续循环，一旦条件满足就退出循环，如图 5-18a 所示；第二种情况是先进行循环条件的判断，满足条件就执行循环体，否则就退出循环，如图 5-18b 所示。这两种结构可以根据具体情况选择使用，一般来说，如果有循环次数等于 0 的可能则应选择 DO_WHILE 结构，否则就使用 DO_UNTIL 结构。

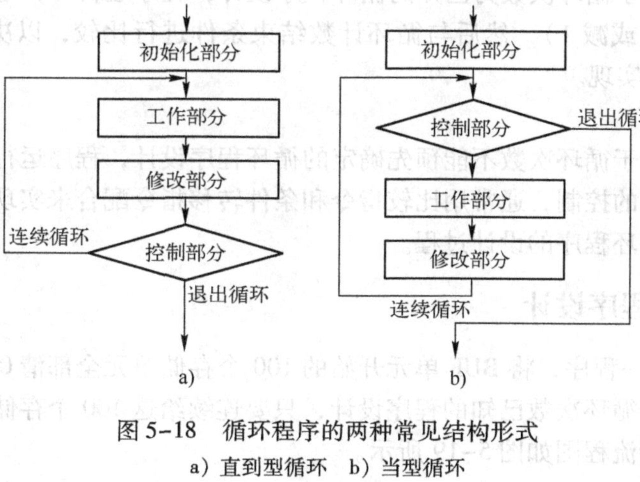

图 5-18　循环程序的两种常见结构形式
a）直到型循环　b）当型循环

5.4.1 循环程序的结构

循环程序一般由 4 个部分组成：初始化部分、循环工作部分、循环修改部分和循环控制部分。

1. 初始化部分

这部分程序段为实现循环程序做准备，如设置循环次数、为循环体正常工作建立初始状态。

2. 循环工作部分

这部分程序段是为完成程序功能而设计的主要程序段。组成循环程序工作部分的可以是顺序结构，或是分支结构，也可以是又一个循环结构。如果循环工作部分只有顺序结构或分支结构，这样的循环结构称为重单循环结构，如果工作部分又是一个循环程序结构，则该程序为多重循环结构。

3. 循环修改部分

这部分程序段是为保证每一次循环时，参加执行的信息能发生有规律的变化而建立的，如修改循环控制参数以控制循环的次数。

4. 循环控制部分

这部分程序段用于控制循环的次数，检测循环结束的条件。当循环结束条件不满足时，继续重复执行循环，当循环结束条件满足时，则退出循环去执行循环结构外的程序。每个循环程序必须选择一个循环控制条件来控制循环的运行和结束，如果循环次数是已知的，此时可以用循环次数作为循环的控制条件，一般用 LOOP 指令。有时循环次数是已知的，但有可能使用其他条件来使循环结束，一般用 LOOPE/LOOPNE 指令。有时循环次数是未知的，就需要根据具体情况找出控制循环结束的条件。

5.4.2 循环控制的方法

循环程序设计的关键是循环的控制，基本方法有计数控制法和条件控制法。

1. 计数控制法

计数控制法适用于循环次数为已知的循环程序设计，程序运行时，每执行一次循环使计数器变化一次（加 1 或减 1），然后与循环计数结束条件进行比较，以决定是否继续循环。通常用 LOOP 指令来实现。

2. 条件控制法

条件控制法适用于循环次数不能预先确定的循环程序设计，程序运行时，通过测试特定的条件来实现对循环的控制，通常用比较指令和条件转移指令配合来实现。

下面举例说明循环程序的设计过程。

5.4.3 单重循环程序设计

【例 5-13】 编一程序，将 BUF 单元开始的 100 个存储单元全部清 0。

分析：这是一个循环次数已知的程序设计，只要连续给这 100 个存储单元赋以 0 就可以实现清 0 操作。程序流程图如图 5-19 所示。

源程序如下：

```
DATA   SEGMENT
BUF    DB  100  (?)
DATA   ENDS
```

```
CODE   SEGMENT
       ASSUME CS:CODE,DS:DATA
START: MOV AX,DATA
       MOV DS,AX
       LEA BX,BUF               ;数据区首地址给 BX
       MOV CL,100               ;设置循环次数
LP:    MOV BYTE PTR [BX],0      ;对存储单元清0
       INC BX                   ;到下一存储单元
       DEC CL
       JNZ LP
       MOV AH,4CH
       INT 21H
CODE   ENDS
END START
```

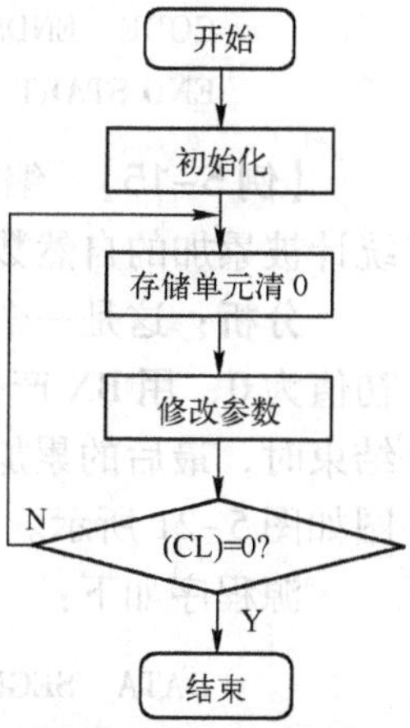

图 5-19　例 5-13 程序流程图

【例 5-14】 在存储器中有一个首地址为 DAT 的 100 个字数据，要求对每个字数据求补，仍放回原地址中。

分析： 由于由于次数已知，只要逐个对存储单元进行求补并存放在原处即可。对字数据求补时，可先对低字节求补，然后对高字节求补并考虑低位来的进位。程序流程图如图 5-20所示。

源程序如下：

```
DATA   SEGMENT
DAT    DW  …
DATA   ENDS
STACK  SEGMENT  STACK
DW  200(?)
STACK  ENDS
CODE   SEGMENT
ASSUME CS:CODE,DS:DATA,SS:STACK
START: MOV AX,DATA
       MOV DS,AX
       MOV SI,OFFSET DAT
       MOV CX,100
LP:    NOT BYTE PTR [SI]
       ADD BYTE PTR [SI],1      ;对低字节求补
       INC SI
       NOT BYTE PTR [SI]
       ADC BYTE PTR [SI],0      ;对高字节求补
       INC SI
       LOOP LP                  ;循环重复求补
       MOV AH,4CH
       INT 21H
```

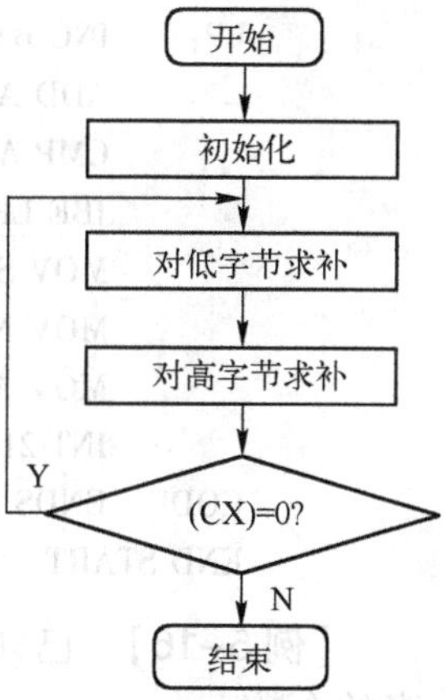

图 5-20　例 5-14 程序流程图

```
CODE   ENDS
END START
```

【例 5-15】 编写程序完成求 1 +2 +3 + ⋯ + N 的累加和，直到累加和超过 1000 为止。统计被累加的自然数的个数送 CN 单元，累加和送 SUM。

分析：这是一个计算自然数累加和的问题，但累加的项数不确定，用 AX 作为累加器，初值为 0，用 BX 产生累加项，初值为 0，每累加一次 BX 增加 1 以产生下一个累加项，循环结束时，最后的累加和存放在 AX 中，同时 BX 的值便是被累加的自然数的个数。程序流程图如图 5-21 所示。

源程序如下：

```
DATA   SEGMENT
SUM    DW  ?
N      DW  ?
DATA   ENDS
CODE   SEGMENT
ASSUME CS:CODE,DS:DATA
START: MOV AX,DATA
       MOV DS,AX
       MOV AX,0             ;0 送 AX
       MOV BX,0             ;0 送 BX
LP:    INC BX               ;BX 加 1
       ADD AX,BX            ;计算累加和
       CMP AX,1000
       JBE LP               ;累加和≤1000 则继续循环
       MOV SUM,AX
       MOV N,BX             ;送结果
       MOV AH,4CH
       INT 21H
CODE   ENDS
END START
```

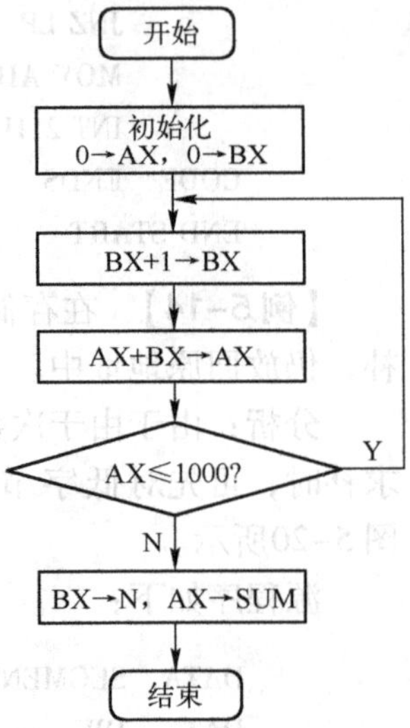

图 5-21　例 5-15 程序流程图

【例 5-16】 已知有几个元素存放在以 BUF 为首地址的字节存储区中，试统计其中正元素的个数。

分析：显然，每个元素为 8 位有符号的二进制数，统计其中正元素的个数可用循环程序实现。设元素个数为 N 个，放在 CX 中，从 BUF 取出的数据放在 DX 中，正元素的个数为 NUM 个。程序流程图如图 5-22 所示。

源程序如下：

```
DATA   SEGMENT
  BUF      DB ⋯
  N        EQU $—BUF        ;计算元素个数
  NUM   DW  ?
DATA   ENDS
START: MOV AX,DATA
CODE   SEGMENT
```

```
ASSUME CS:CODE,DS:DATA
        MOV DS,AX
        MOV AX,0
        LEA BX,BUF
        MOV CX,N
LOP1:   MOV DL,BYTE PTR [BX]
        CMP DL,0
        JLE LOP2          ;元素≤0 则不统计
        INC AX            ;为正数则 AX 加 1
LOP2:   INC BX
        LOOP LOP1
        MOV NUM,AX        ;结果放入 NUM 中
        MOV AH,4CH
        INT 21H
CODE    ENDS
END     START
```

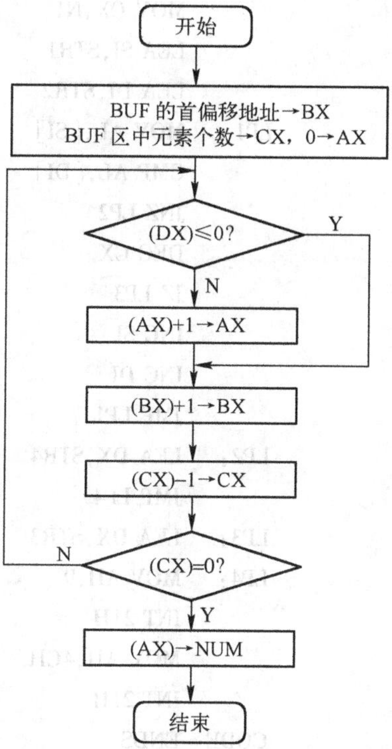

图 5-22　例 5-16 程序流程图

【例 5-17】 试编写一程序，要求比较两个字符串 STR1 和 STR2 所含字符是否相同，若相同则显示“MATCH!”，若不相同则显示“NO MATCH!”。

分析：首先比较两个字符串是否相等，若不等则直接显示“NO MATCH!”，若相等再自左到右逐个比较两个字符串对应字符是否相同，一旦出现不同则显示“NO MATCH!”，否则显示“MATCH!”。流程图如图 5-23 所示。

源程序如下：

```
DATA    SEGMENT
STR1    DB'……'
N1      EQU  $—STR1
STR2    DB'……'
N2      EQU  $—STR2
STR3    DB'MATCH!  $'
STR4    DB'NO MATCH!  $'
DATA    ENDS
STACK  SEGMENT STACK
DB   100 DUP (0)
STACK  ENDS
CODE    SEGMENT
ASSUME CS:CODE,DS:DATA,SS:STACK
START:MOV AX,DATA
        MOV DS,AX
        MOV AL,N1
        CMP AL,N2
        JNZ LP2
```

```
        MOV CX,N1
        LEA SI,STR1
        LEA DI,STR2
LP1:    MOV AL,[SI]
        CMP AL,[DI]
        JNZ LP2
        DEC CX
        JZ LP3
        INC SI
        INC DI
        JMP LP1
LP2:    LEA DX,STR4
        JMP LP4
LP3:    LEA DX,STR3
LP4:    MOV AH,9
        INT 21H
        MOV AH,4CH
        INT 21H
CODE    ENDS
END     START
```

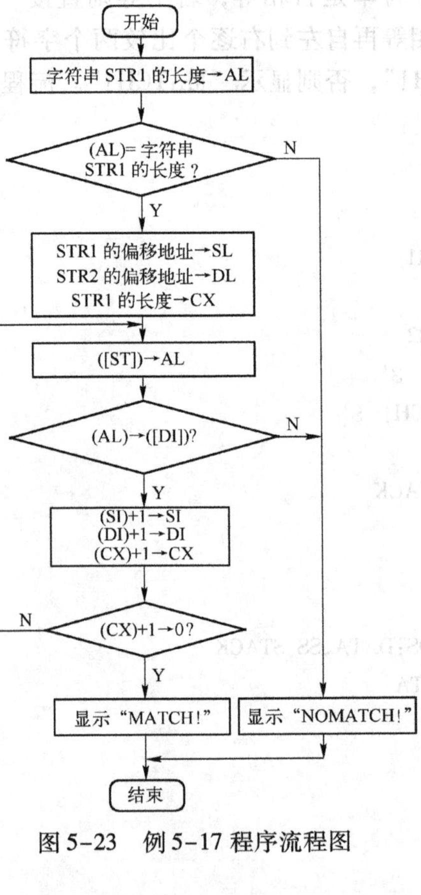

图 5-23　例 5-17 程序流程图

上述程序中的 22～29 行语句（LP1 开始的连续 8 行），如果将 STR2 定义在 ES 段，就可以用下列两条语句代替：

```
REPE   CMPSB
JZ     LP3
```

或者：

```
REPE   CMPS   STR1,STR2
JZ     LP3
```

【例 5-18】 试编一个程序将字单元 BUF 中所含 1 的个数存入 COUNT 单元中。

分析：要测出 BUF 字单元所含 1 的个数，首先将 BUF 中的数送给寄存器 AX，然后将 AX 寄存器逻辑左移一次，如果 CF＝1，则表明 AX 中的最高位为 1，则计数器 CL 计数 1 次，如果 CF＝0，表明 AX 最高位为 0，这样依次将最高位移入 CF 中去测试。移位之后，判断 AX 的值是否为 0，如果为 0，则结束循环，不为 0，则继续循环。程序流程图如图 5-24 所示。

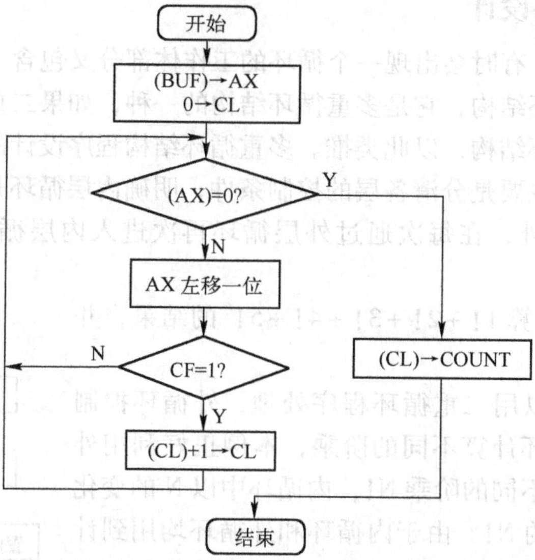

图 5-24　例 5-18 程序流程图

源程序如下：

```
DATA   SEGMENT
  BUF   DW 0011110010101011B
  COUNT   DB ?
DATA   ENDS
STACK  SEGMENT STACK
DB   200   DUP(0)
STACK  ENDS
CODE   SEGMENT
ASSUME DS:DATA,CS:CODE,SS:STACK
START: MOV AX,DATA
```

```
        MOV DS,AX
        MOV AX,BUF
        MOV CL,0          ;计数器为0
LOPA:   AND AX,AX
        JE EXIT           ;(AX)=0,结束循环
        SHL AX,1          ;AX 左移一位
        JNC LOPA
        INC CL            ;产生进位,(CL)+1→CL
        JMP LOPA
EXIT:   MOV COUNT,CL
        MOV AH,4CH
        INT 21H
CODE    ENDS
END     START
```

5.4.4 多重循环程序设计

在循环程序设计中，有时会出现一个循环的工作体部分又包含一个循环结构的情况，这种循环结构称为二重循环结构，它是多重循环结构的一种，如果二重循环结构的内层又有循环结构，则构成三重循环结构，以此类推。多重循环结构程序设计的基本方法和单重循环结构程序设计是一样的，主要是分清各层的控制条件，明确内层循环是外层的循环工作体，避免内外层出现交叉。另外，在每次通过外层循环再次进入内层循环时，必须重新进行初始化。

【例5-19】 编程计算1!+2!+3!+4!+5! 的结果，并存放在SUM单元中。

分析：这个问题可以用二重循环程序处理，外循环控制计算阶乘的次数，内循环计算不同的阶乘，本例正好利用外循环次数N的变化求得不同的阶乘N!，内循环中以N的变化通过连续相乘得到相应的N!，由于内循环和外循环均用到计数器，因此在进入内循环之前要先保存外循环的计数值。程序流程图如图5-25所示。

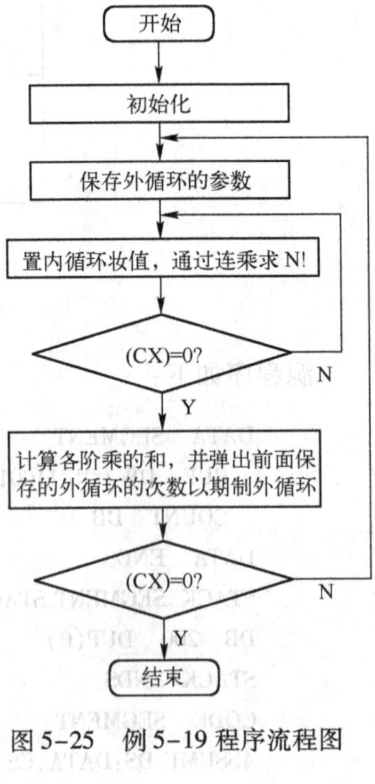

图5-25 例5-19程序流程图

源程序如下：

```
DATA   SEGMENT
SUM    DW  0
DATA   ENDS
STACK SEGMENT   STACK
DB   100 DUP (?)
STACK  ENDS
CODE   SEGMENT
ASSUME CS:CODE,DS:DATA,SS:STACK
START:MOV AX,DATA
```

```
        MOV DS,AX
        MOV CL,5
        XOR AX,AX
LP1:    MOV DL,CL        ;保存控制外循环的数据,避免被内循环修改
        MOV AL,1         ;设置内循环初值
LP2:    MUL CL           ;内循环求 N!
        LOOP LP2         ;修改内循环次数,并判断是否继续循环
        ADD SUM,AX       ;累加 N! 的值
        MOV CL,DL        ;恢复 CL 的值,准备修改外循环的次数
        LOOP LP1         ;修改外循环次数,并判断是否继续循环
        MOV AH,4CH
        INT 21H
CODE    ENDS
END     START
```

【例 5-20】 在以 BUF 为首址的字存储区中存放有 N 个有符号数，现需将它们按大到小的顺序排列在 BUF 存储区中，试编写其程序。

分析：我们采用冒泡排序算法从第一个数开始依次对相邻两个数进行比较，如次序对，则不交换两个数位置；如次序不对则使这两个数交换位置。可以看出，第一遍需比较（N－1）次，此时，最小的数已经放到了最后；第二遍比较只需考虑剩下的（N－1）个数，即只需比较（N－2）次；第三遍只需比较（N－3）次，……整个排序过程最多需（N－1）遍。如下面的 5 个数即是采用冒泡排序比较的例子。

数	10	8	16	90	32
第一遍	10	16	90	32	8
第二遍	16	90	32	10	8
第三遍	90	32	16	10	8

程序流程图如图 5-26 所示。

源程序如下：

```
DATA    SEGMENT
BUF     DW 3, -4,6,7,9,2,0, -8, -9, -10,20
N       EQU ( $ - BUF)/2
DATA    ENDS
STACK  SEGNMENT STACK
        DB 200 DUP(0)
STACK  ENDS
CODE    SEGMENT
ASSUME CS:CODE,DS:DATA,SS:STACK
START: MOV AX,DATA
        MOV DS,AX
        MOV CX,N
        DEC CX
```

```
LP1:   MOV DX,CX
       MOV BX,0
LP2:   MOV AX,BUF[BX]
       CMP AX,BUF[BX+2]
       JGE LP3
       XCHG AX,BUF[BX+2]
       MOV BUF[BX],AX
LP3:   ADD BX,2
       DEC CX
       JNE LP2
       MOV CX,DX
       LOOP LP1
       MOV AH,4CH
       INT 21H
CODE   ENDS
END    START
```

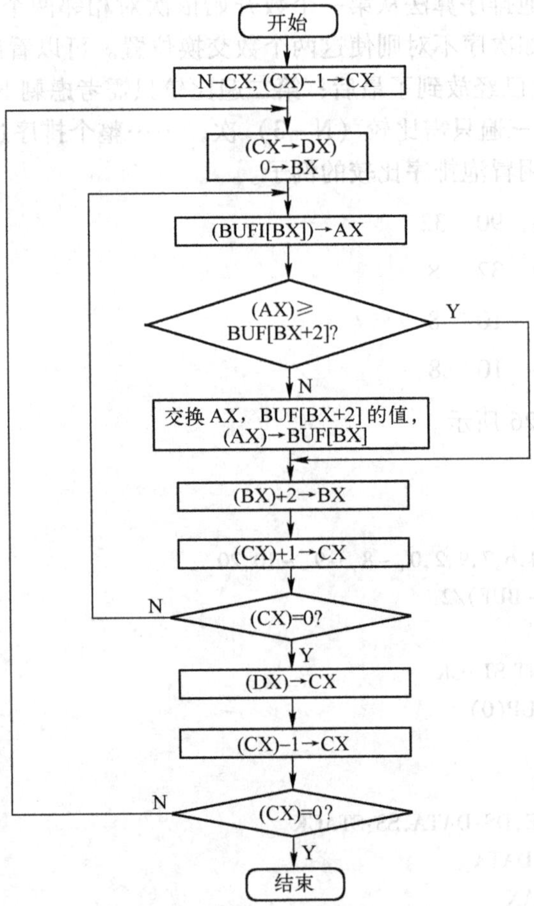

图 5-26　例 5-20 程序流程图

程序运行后，BUF 区中的内容如下：

20,9,7,6,3,2,0,-4,-8,-9,-10

若要对 N 个无符号数按由大到小的顺序排列，只需将指令“JGE L”改为“JAE L”即可。

【例 5-21】 在附加段中有一个字数组，其首地址存放在 DI 寄存器中，在数组的第一个字中存放着该数组的长度，现需要使该数组中的无符号数按从小到大的次序排列，试编写程序。

分析：例 5-20 中，采用了冒泡排序算法，它的特点是不管数组的原始排列情况如何，只要进行（N-1）遍比较就可实现排序。这种排序方法的缺点是必须运行（N-1）遍才结束，而事实上，对于很多数组来说，比较遍数未达到（N-1）遍就已经排列整齐。为此，可以采用设立标志位的方法：设立一个交换标志位，每次进入外循环就将交换标志位置 1，在内循环中只要进行了交换操作就将交换标志位置 0，在每次内循环结束后测试交换标志，如该位为 0 则重复循环，如该位为 1，说明数组已经排序完毕，就可以结束排序循环。程序流程图如图 5-27 所示。

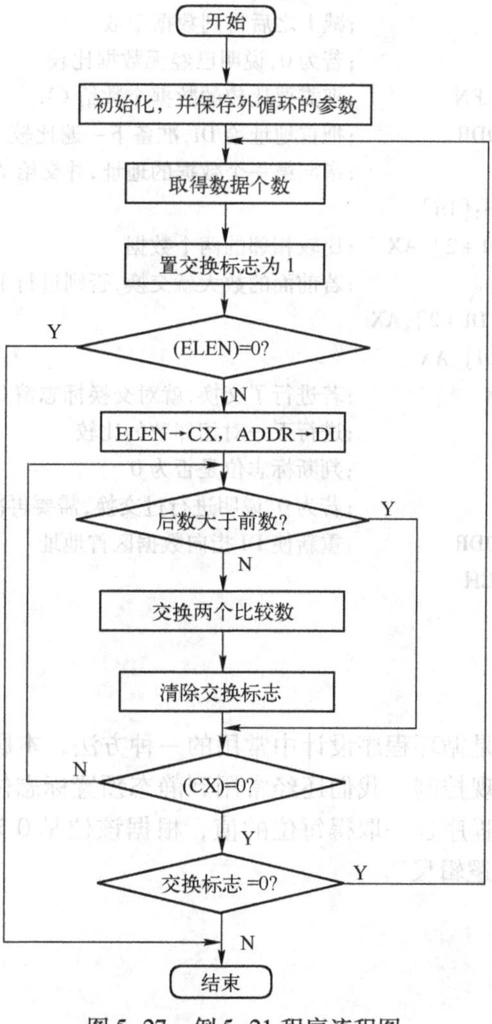

图 5-27 例 5-21 程序流程图

源程序如下：

```
DATA   SEGMENT
ELEN   DW  ?                ;该存储单元用于存放每遍需比较元素的个数
ADDR   DW  ?                ;该存储单元用于存放数据区首地址
DATA   ENDS
CODE   SEGMENT
       ASSUME CS:CODE,DS:DATA
START: MOV AX,DATA
       MOV DS,AX
       MOV ADDR,DI
                            ;因为程序运行过程中,DI 的值会改变,故把数据区首地址放
                            ;在 ADDR 单元中
       MOV CX,ES:[DI]       ;取出数组元素个数给 CX,然后保存在 ELEN 单元
       MOV ELEN,CX
LP1:   MOV BX,1             ;把交换标志放在 BX 中,置初值为 1
       DEC ELEN             ;减 1 之后得到数据个数
       JZ LP4               ;若为 0,说明已经无数据比较
       MOV CX,ELEN          ;把需要比较的数据个数给 CX
       MOV DI,ADDR          ;把首地址给 DI,准备下一遍比较
LP2:   ADD DI,2             ;指向第一个数据的地址,并交给 AX
       MOV AX,ES:[DI]
       CMP ES:[DI+2],AX     ;比较相邻的两个数据
       JAE LP3              ;若前面的数大就交换,否则进行下一对相邻数的比较
       XCHG ES:[DI+2],AX
       MOV ES:[DI],AX
       XOR BX,BX            ;若进行了交换,就对交换标志清 0
LP3:   LOOP LP2             ;进行下一对相邻数的比较
       CMP BX,0             ;判断标志位是否为 0
       JE LP1               ;若为 0,说明进行过交换,需要再次循环,否则说明排序完毕
LP4:   MOV DI,ADDR          ;重新使 DI 指向数据区首地址
       MOV AH,4CH
       INT 21H
CODE   ENDS
END    START
```

设立测试标志的方法是循环程序设计中常用的一种方法，本题所用的方法是在程序中动态地修改标志位的值以实现控制。我们还经常用到静态预置标志位的方法：在某存储单元中设立一定位数的标志位，程序逐一取得每位的值，根据该位是 0 还是 1 决定下一步和操作，这种存储单元一般称为“逻辑尺”。

5.5 子程序设计

在程序设计中，我们会发现一些多次无规律重复的程序段或语句序列，解决此类问题一

个行之有效的方法就是将它们设计成可供反复调用的独立的子程序结构，以便在需要时调用。

5.5.1 子程序的概念

在汇编语言中，子程序又称为过程。子程序是一种基本的程序结构形式，也是一种常用的程序结构形式，子程序可以简化程序设计，便于模块化程序设计。

调用子程序的程序称为主调程序或主程序。主程序向子程序转移称为子程序调用或过程调用，简称为转子。子程序执行完毕后，通过返回指令返回到主程序的调用处称为返回主程序，简称为返主。

5.5.2 子程序的定义

子程序（过程）的定义是由子程序定义伪指令 PROC 和 ENDP 来完成的。其格式如下：

```
子程序名   PROC [NEAR/FAR]
                ⋮
子程序名   ENDP
```

其中，PROC 表示子程序定义开始，ENDP 表示子程序定义结束。子程序名是子程序入口地址的符号表示。

一般子程序名同标号一样，具有 3 种属性，即段属性、偏移地址属性和类型属性，其中类型属性可以是 NEAR 或 FAR。子程序的属性决定了 CALL 指令和 RET 指令的属性：如果所定义的子程序是 FAR 属性的，那么它的调用和返回一定是 FAR 属性的；如果所定义的子程序是 NEAR 属性的，那么它的调用和返回一定是 NEAR 属性的。用户只需在定义子程序时考虑属性，CALL 指令和 RET 指令的属性可以由汇编程序来确定。如果调用程序和子程序在一个代码段中，子程序使用 NEAR 属性，如果调用程序和子程序不在同一个代码段中，则子程序使用 FAR 属性。一般来说，主程序应定义为了 FAR 属性。

子程序可以嵌套，一个子程序中可以包含多个子程序。

5.5.3 子程序的设计方法

编写子程序时需要注意几个问题：

1）子程序应利用伪指令 PROC/ENDP 声明。

2）子程序中可进行现场信息的保护与恢复（也可以在主程序中进行）。

3）子程序利用返回指令 RET 返回主程序，主程序执行 CALL 指令调用子程序。

4）为便于主程序调用，应提供适当的说明。

5）选择主程序与子程序之间的参数传递方式，主要有寄存器、存储单元（共享变量）和堆栈，这是编写子程序的重点和难点。

子程序的说明一般应包含以下几个方面的内容：

1）子程序名。

2）子程序所实现的功能。

3）子程序的入口参数。

4）子程序的出口参数。

5）子程序所使用的寄存器、存储单元。

1. 信息的保护与恢复

由于主程序和子程序往往是分别编写的，因此它们所使用的寄存器或存储单元经常会发生冲突。如果主程序在调用子程序以前的某个寄存器的内容在从子程序返回后还有用，而子程序又恰好用到了同一寄存器，这就改变了该寄存器的内容，从而使程序运行出现错误。为了避免发生这种错误，必须在调用子程序之前或一进入子程序就将这些内容保存起来，在子程序执行之后把这些内容恢复出来。通常使用堆栈实现信息的保护与恢复，由于堆栈的特点，要注意保护时的进栈顺序和恢复时的出栈顺序是相反的。

例如，若子程序 PROG 中改变了寄存器 AX，BX，CX，DX 的值，则可采用如下方法保护和恢复现场：

```
PROG    PROC
PUSH    AX
PUSH    BX
PUSH    CX              ;保护现场
PUSH    DX
  ⋮
POP     DX
POP     CX
POP     BX              ;恢复现场
POP     AX
RET                     ;返回断点处
PROG    ENDP
```

2. 主程序与子程序参数传送方式

主程序调用子程序时，一般要向子程序传送有关参数，以便子程序根据这些参数完成有关功能，我们称这些参数为子程序的入口参数，入口参数由主程序填入；子程序执行完毕后经常要向主程序返回一些结果，这些结果称为子程序的出口参数。当然，并不是所有子程序都要入口参数或出口参数。这种主程序和子程序之间的信息传送称为参数传送（或称为变量传送、过程通信）。主要有 3 种方式：约定寄存器法、约定存储单元法和堆栈法。

前面说到，在子程序设计时要注意保护有关信息，为了避免破坏程序运行，在子程序中用到的寄存器内容都应该保存起来，但是如果是使用寄存器在主程序与子程序之间传送参数，这种寄存器内容就不一定要保存，特别是用来向主程序返回结果的寄存器，否则就因为保存和恢复寄存器而破坏了应该向主程序传送的信息。

（1）约定寄存器法。利用寄存器在主程序、子程序之间传送参数是最常用的一种方式，使用方便，由于寄存器数量有限，它只适合于传送的参数较少的情况。它的工作过程是：主程序把子程序所需的入口参数预先存放在指定的寄存器中，进入子程序后，子程序直接对这些寄存器的内容进行处理，并把处理的结果存放在指定的寄存器中，作为返回到主程序的参数，主程序从这些指定的寄存器中取得所需的结果。

（2）约定存储单元法。这种方法是利用预先定义的内存空间来存放入口参数或出口参数，主程序将入口参数存放在预定的内存空间中，进入子程序后，由子程序到预定的内存空间取出参数进行处理，处理完毕后，子程序将处理结果依然存放在预定的内存空间中返回主程序，主程序再从中取出进行处理。由于内存空间较大，这种方法适合于传送参数较多的情况。

(3) 堆栈法。这种方法的工作过程是：主程序在调用子程序之前先将入口参数压入堆栈，进入子程序之后，使用出栈指令弹出参数进行处理，子程序处理完毕后将结果压入堆栈，返回主程序之后，在主程序中使用出栈指令弹出子程序的处理结果。由于现场的保护和恢复也要用到堆栈，因此使用堆栈法时要注意进栈和出栈的情况，避免出现混乱。

5.5.4 子程序应用举例

【例 5-22】 用主、子程序结构编写一个程序，计算 SUM =1! +2! +⋯ +5!。

分析：本题只要编写一个求阶乘的子程序，然后利用主程序循环调用并求和，便可实现。

源程序如下：

```
DATA   SEGMENT
SUM    DW  0
DATA   ENDS
CODE   SEGMENT
ASSUME CS:CODE,DS:DATA
START: MOV AX,DATA
       MOV DS,AX
       XOR AX,AX
       XOR CX,CX
       MOV CL,5          ;给出调用程序的次数
LOP1:  CALL FACT         ;调用子程序
       ADD SUM,AX        ;累加各阶乘的值
       DEC CL
       JNZ LOP1
       MOV AH,4CH
       INT 21H
;子程序名:FACT
;功能:求 N 的阶乘
;入口参数:CX 存放 N 的值
;出口参数:AX 存放 N! 的值
;使用寄存器:AX、CX
FACT   PROC
PUSH   CX                ;保存调用次数,以免在求阶乘时被修改
       MOV AX,1
LOP2:  MUL CL            ;利用循环连续相乘求阶乘
       LOOP LOP2
       POP CX            ;恢复调用次数
       RET
```

```
FACT   ENDP
CODE   ENDS
END    START
```

【例 5-23】 将一个给定的二进制数按位转换成相应的 ASCII 码字符串，送到指定的存储单元并显示，如二进制数 10010011 转换成字符串为'10010011'。要求将转换过程写成子程序，且子程序应具有较好的通用性，能实现对 8 位和 16 位二进制数的转换。

分析：编写一个子程序，该子程序实现把二进制数转换为相应的 ASCII 码字符串，主程序把准备转换的二进制数通过参数的形式传送给子程序，子程序转换完毕后把字符串放在存储空间，主程序直接到该存储空间取出字符串输出。子程序进行转换时，逐个把二进制数码取出，并加上 30H，转换为对应的 ASCII 码。

源程序如下：

```
DATA     SEGMENT
NUM8     DB   93H
NUM16    DW   0ABCDH
ASCBUF   DB   20   DUP(0)
DATA     ENDS
STACK    SEGMENT STSCK
         DB 200 DUP(?)
STACK    ENDS
CODE     SEGMENT
ASSUME DS:DATA,CS:CODE, SS:STACK
START:   MOV AX,DATA
         MOV DS,AX
         MOV DX,0
         MOV DL,NUM8                        ;转换二进制数送 DX
         MOV CX,8                           ;置位数 8
         LEA DI,ASCBUF                      ;字符串首址→DI
         CALL BTASC                         ;调用子程序 BTASC
         MOV [DI],BYTE PTR 0DH
         MOV [DI+1],BYTE PTR 0AH
         MOV [DI+2],BYTE PTR '$'
         LEA DX,ASCBUF
         MOV AH,9
         INT 21H                            ; 显示转换后的字符串
         MOV DX,NUM16
         MOV CX,16                          ;置位数 16
         LEA DI,ASCBUF
         CALL BTASC
         MOV [DL],BYTE PTR 0DH
         MOV [DL+1],BYTE PTR 0AH
         MOV [DL+2],BYTE PTR '$'
         LEA DX, ASCBUF
```

```
        MOV AH,9
        INT 21H                         ; 显示转换后的字符串
        MOV AH,4CH
        INT 21H
;子程序名:BTASC
;功能:将一个给定的二进制数按位转换成相应的 ASCII 码字符串
;入口参数:DX 存放待转换的二进制数
;         CX 存放待转换数的位数(8 位或 16 位)
;         DI 存放 ASCII 码首地址
;出口参数:转换后的字符串存放在以 DI 作指针的字节存储区中
;使用寄存器:AX、CX、DX、DI
BTASC   PROC
        PUSH AX                         ;保存 AX
        MOV AL,0
        CMP CX,8                        ;比较 8 位数
        JNE L1                          ;直接转换 16 位数
        MOV DH,DL                       ;8 位数转换送 DH
L1:     XOR AL,AL
        ROL DX,1                        ;DX 最高位移入 CF
        RCL AL,1                        ;CF 移入 AL 最低位
        ADD AL,30H
        MOV [DI],AL
        INC DI
        LOOP L1
        POP AX
        RET
BTASC   ENDP
CODE    ENDS
        END START
```

该程序中，下列代码实现了对 8 位二进制数的转换。

```
MOV     DL,NUM8                 ;转换二进制数送 DX
MOV     CX,8                    ;置位数 8
LEA     DI,ASCBUF               ;字符串首址→DI
CALL    BTASC                   ;调用子程序 BTASC
MOV     [DI],BYTE  PTR  0DH
MOV     [DI+1],BYTE  PTR  0AH
MOV     [DI+2],BYTE  PTR'$'
LEA     DX,ASCBUF
MOV     AH,9
INT     21H                     ; 显示转换后的字符串
```

该程序中，下列代码实现了对 16 位二进制数的转换。

```
MOV     DX,NUM16
```

```
MOV     CX,16              ;置位数 16
LEA     DI,ASCBUF
CALL    BTASC
MOV     [DL],BYTE  PTR  0DH
MOV     [DL+1],BYTE  PTR  0AH
MOV     [DL+2],BYTE  PTR'$'
LEA     DX,ASCBUF
MOV     AH,9
INT     21H                ;显示转换后的字符串
```

【例 5-24】 用存储单元传送参数，编写一个子程序，将两位十六进制数转换为对应的 ASCII 码，并说明主程序是如何调用这个子程序的。

分析：将每个十六进制数码转换为 ASCII 码，其实就是把 0～9 转换为 30H～39H、A～F 转换为 41H～46H，转换方法是把数码 0～9 加上 30H，数码 A～F 加上 37H 即可。由于题目要求是两位十六进制数，因此主程序传送给子程序的入口参数是一个字节的数据，而子程序返回给主程序的出口参数是两个字节（两位 ASCII 码）的数据。本题要求使用存储单元传送参数，可以使主程序和子程序使用同一个存储单元（即同一个数据段中的变量数据）来实现，存储单元在数据段中定义如下：

```
DATA        SEGMENT
HEXDATA     DB ?
ASCDATA     DB 2 DUP (?)
DATA        ENDS
```

主程序调用该子程序时，提供的入口参数是存放在存储单元中的两位十六进制数，形式如下：

```
MOV HEXDATA,××H                 ;提供一个两位十六进制数
CALL HEXTOASC                   ;调用转换子程序
```

子程序如下：

```
;子程序名:HEXTOASC
;功能:十六进制数转换为对应的 ASCII 码
;入口参数:存储区 HEXDATA 存放待转换的两位十六进制数
;出口参数:存储区 ASCDATA 存放转换后的 ASCII 码(高字节放高位,低字节放低位)
;使用寄存器:CX
        HEXTOASC   PROC
            PUSH   CX              ;保护现场
            MOV    CH,HEXDATA      ;把入口参数值交给 CH
            AND    CH,0FH          ;把低位转换后交给 CH
            ADD    CH,30H          ;0～9 转换为 30H～39H
            CMP    CH,39H
            JNA    HEX1
            ADD    CH,7            ;A～F 转换为 41H～46H
        HEX1: MOV   ASCDATA,CH
```

```
        MOV   CH,HEXDATA
        MOV   CL,4
        SHR   CH,CL              ;把高位转换后交给 CH
        ADD   CH,30H             ;0 ~9 转换为 30H ~39H
        CMP   CH,39H
        JNA   HEX2
        ADD   CH,7               ;A ~F 转换为 41H ~46H
HEX2：MOV   ASCDATA +1,CH
        POP   CX
        RET                      ;出口参数放在 DX 中返回主程序
HEXTOASC   ENDP
```

【例 5-25】 用堆栈传送参数，编程实现例 5-24 要求。

分析：利用堆栈传送参数也是一种常用的方法，通常以 BP 寄存器相对寻址方式从堆栈中取得数据。本例利用堆栈传送入口参数，出口参数采用寄存器 DX。主程序调用该子程序时，将入口参数压入堆栈，形式如下：

```
XOR   AX,AX
MOV   AL,××H
PUSH  AX
CALL  HEXTOASC
```

子程序如下：

```
;子程序名:HEXTOASC
;功能:十六进制数转换为对应的 ASCII 码
;入口参数:堆栈中存放待转换的两位十六进制数
;出口参数:DX 存放转换后的 ASCII 码(高字节放高位,低字节放低位)
;使用寄存器:CX、DX、BP、SP
    HEXTOASC  PROC
        PUSH    BP
        MOV     BP,SP
        PUSH    CX
        MOV     DL,[BP +4]      ;把入口参数值交给 DL
        AND     DL,0FH          ;把低位转换后交给 DL
        ADD     DL,30H          ;0 ~9 转换为 30H ~39H
        CMP     DL,39H
        JNA     HEX1
        ADD     DL,7            ;A ~F 转换为 41H ~46H
    HEX1：MOV   DH,[BP +4]      ;把入口参数值交给 DH
          MOV   CL,4
          SHR   DH,CL           ;把高位转换后交给 CH
          ADD   DH,30H          ;0 ~9 转换为 30H ~39H
          CMP   DH,39H
          JNA   HEX2
```

```
        ADD   DH,7                ;A~F转换为41H~46H
HEX2：  POP   CX
        POP   BP
        RET   2                   ;出口参数放在DX中返回主程序
HEXTOASC   ENDP
```

子程序结束处的"RET 2"用于把主程序压入的AX内容弹出，因为该数据已是无用的参数，也可以在主程序中使用"POP AX"来实现，以便返回主程序后堆栈能恢复到原先的状态。

5.5.5 子程序的嵌套与递归调用

1. 子程序的嵌套

子程序不但可以被主程序调用，而且也可以被其他子程序调用。我们把一个子程序调用另一个子程序称为子程序的嵌套调用。只要有足够的堆栈空间，嵌套的层数不限，该层数称为嵌套深度。由于子程序的调用和返回是通过堆栈自动进行的，它们按照先进后出的原则依次存取返回地址，所以不会因为嵌套而造成混乱，关键是要注意各子程序所用的寄存器内容的保存和恢复，避免冲突。同时，由于嵌套的返回地址是由堆栈保存和恢复的，此时使用堆栈传送参数要格外小心，避免因堆栈的使用而造成子程序不能正确返回。

2. 子程序的递归调用

子程序的递归调用是指一个子程序直接或间接地调用自己，这样的子程序称为递归子程序。子程序直接调用自己称为直接递归调用，间接调用自己称为间接递归调用。递归子程序一般对应于数学上对函数的递归定义，它往往能设计出效率较高的程序，完成相当复杂的计算，因而是很有用的。

递归调用一定要有递归结束条件，在满足递归结束条件时，必须有一条转移指令实现嵌套退出，保证能按反向次序退出并返回主程序。

【例5-26】 分析利用递归方式计算N!(N≥0)的程序流程，N!=N∗(N−1)∗⋯∗1。

其递归定义如下：

0!=1

N!=N∗(N−1)!　(N>1)

计算N!的子程序FACT的流程图如图5-28所示。

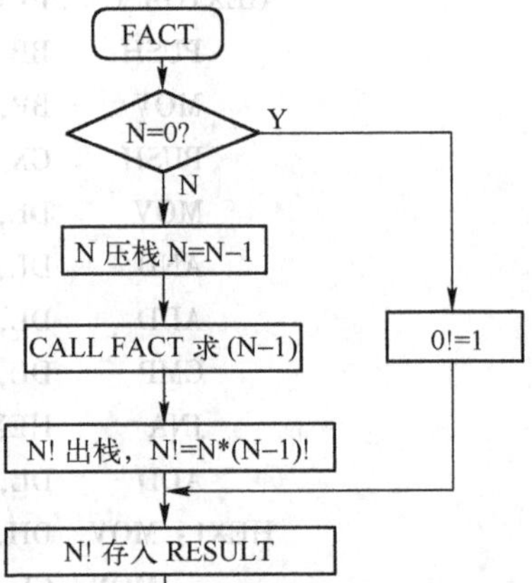

图5-28　例5-26程序流程图

【例5-27】 编写程序计算5!的值，并将结果保存在RESULT存储单元中。

源程序如下：

```
STACK   SEGMENT  STACK
           DB   200  DUP(0)
STACK   ENDS
DATA    SEGMENT
N          DW   5
RESULT  DW   ?
```

```
        DATA    ENDS
        CODE    SEGMENT
                ASSUME CS:CODE, SS:STACK,DS:DATA
        START:  MOV     AX,DATA
                MOV     DS,AX
                MOV     AX,N
                CALL    FACT
                MOV     AX,RESULT
                MOV     AH,4CH
                INT     21H
;子程序名:FACT
;功能:用递归方式求 N 的阶乘
;入口参数:AX 存放 N 的值
;出口参数:RESULT 存放 N! 的值
;使用寄存器:AX
        FACT    PROC
                CMP     AX,0
                JNE     L1
                MOV     RESULT,1
                JMP     EXIT
        L1:     PUSH    AX
                DEC     AX
                CALL    FACT
                POP     AX
                MUL     RESULT
                MOV     RESULT,AX
        EXIT:   RET
        FACT    ENDP
        CODE    ENDS
        END     START
```

【例 5-28】 编写一个递归子程序，完成自然数 1 ~ 100 的求和运算。

源程序如下：

```
        DATA    SEGMENT
        N       DW  100
        M       DW  0
        TOTAL   DW  ?
        DATA    ENDS
        CODE    SEGMENT
        ASSUME CS:CODE,DS:DATA
        START:MOV AX,DATA
        MOV  DS,AX
        MOV  AX,N
```

```
        CALL   SUM
        MOV   AX,M
        MOV   TOTAL,AX
        MOV   AH,4CH
        INT   21H
;子程序名:SUM
;功能:用递归方式求和
;入口参数:AX 存放 N 的值
;出口参数:M 存放求和结果
;使用寄存器:AX
        SUM         PROC
                    PUSH   AX
                    DEC    AX
                    CMP    AX,0
                    JNE    LP2
        LP1:        POP    AX
                    ADD    M,AX
                    RET
        LP2:        CALL   SUM
                    JMP    LP1
        SUM         ENDP
        CODE        ENDS
        END         START
```

5.6 模块化程序设计

把一个设计任务分成多个任务明确的独立模块，分别编程、调试完成后再将它们连接起来得到一个完整的程序，这种程序设计方法称为模块化程序设计。它是解决大的程序设计的主要方法，通常采用自上而下、逐步求精的设计方法，把一个任务划分成一个主模块和多个子模块，并且规定好各模块之间的调用关系以及参数的传送。划分模块使用的主要工具有层次图和模块说明。模块划分的主要原则是：

1）子模块的任务要适中。

2）共用的程序段尽量划分为一个模块。

3）模块之间的耦合程序要低。

由于汇编程序是将每个模块作为一个汇编单位，汇编之后得到一个目标程序，因此多个模块就被汇编成多个目标模块，连接程序在连接这些目标模块时需要进行段间的组合以简化程序结构。

模块化程序设计存在一个模块间数据交流的问题，我们把在本模块中定义又在本模块中引用的符号称为局部符号，在一个模块中定义而会被其他模块所访问的符号名称为公共符号名，在一个模块中定义而又在另一个模块中引用的符号称为外部符号。对这类符号，MASM提供了 PUBLIC 和 EXTRN 两个伪指令进行说明，这两个伪指令相互关联，在程序中必须响应。

1. PUBLIC 伪指令

格式：PUBLIC 符号［,符号］

功能：说明其后的符号是全局符号，全局符号能被其他模块引用，这些符号可以是变量、符号常量、标号或过程名。

2. EXTRN 伪指令

格式：EXTRN 符号:类型［,符号:类型］

功能：说明其后的符号是在本模块中需要引用的、由其他模块定义的符号，即外部符号，类型是该符号名原先被定义的类型。变量的类型有 BYTE、WORD、DWORD；标号的类型有 NEAR、FAR；符号名若为常量，类型为 ABS。

【例 5-29】 用模块化程序设计方法建立两个模块 MOD1. ASM 和 MOD2. ASM 的数据通信。

源程序如下：

```
NAME     MOD1
EXTRN    DISP:FAR
PUBLIC   STR1,N ,BUF
DATA1    SEGMENT
STR1     DB'HOW DO YOU DO? '
N        EQU  $ - STR1
BUF      DB'THIS IS AN EXAMPLE OF MODULES PROGRAM  $'
DATA1    ENDS
STACK    SEGMENT STACK
DB   200 DUP(0)
STACK    ENDS
CODE1    SEGMENT
ASSUME CS:CODE1,DS:DATA1,SS:STACK
START:   MOV AX,DATA1
         MOV DS,AX
         CALL DISP
         MOV AH,4CH
         INT 21H
CODE1    ENDS
END      START
NAME     MOD2
EXTRN    STR1:BYTE,N:ABS,BUF:BYTE
PUBLIC   DISP
DATA2    SEGMENT
STR2     DB 81 DUP(0)
DATA2    ENDS
CODE2    SEGMENT
ASSUME CS:CODE2,ES:DATA2
```

```
DISP    PROC FAR
        MOV AX,DATA2
        MOV ES,AX
        LEA BX,STR1
        MOV CX,N
        LEA SI,STR2
NEXT:   MOV AL,[BX]
        MOV ES:[SI],AL
        INC BX
        INC SI
        LOOP NEXT
        LEA DX,BUF
        MOV AH,9
        INT 21H
        RET
DISP    ENDP
CODE2   ENDS
END
```

5.7 习题

1. 简述汇编语言程序设计的基本步骤。
2. 程序的基本结构分为哪几种？
3. 简述分支程序结构的特点。
4. 简述循环程序结构的特点、循环控制的方法。
5. 简述主程序与子程序的参数传送方法。
6. 什么是递归子程序？设计的关键是什么？
7. 有程序段如下：

```
MOV  AL,NUM
NOT  AL
AND  NUM,AL
```

（1）上述程序段的功能是什么？

（2）设 NUM 的内容为 76H，执行上述程序段后，AL 和 NUM 的内容分别是多少？

8. 有程序段如下：

```
LEA  BX,DAT
MOV  AX,0
MOV  AL,[BX]
MUL  DAT
INC  BX
MOV  [BX],AL
```

```
HLT
```

（1）上述程序段的功能是什么？

（2）若 DAT 的内容为 9，则 DAT +1 的内容是多少？

9. 有程序段如下：

```
MOV   AL,DAT
AND   AL,70H
OR    AL,8AH
MOV   DAT,AL
HLT
```

（1）上述程序段的功能是什么？

（2）若 DAT 原先的内容为 54H，则程序执行后 DAT 的内容为多少？

10. 如下程序段执行后，AL 的内容为多少？

```
MOV   AL,54H
SAL   AL,1
SAR   AL,1
```

11. 指出下列程序段的功能。

```
(1)MOV   AX,DAT1
   ADD   AX,DAT2
   MOV   DAT3,AX
   MOV   AX,DAT1 +2
   ADC   AX,DAT2 +2
   MOV   DAT4,AX
   HLT
```

```
(2) MOV   AL,49H
    SUB   AL,58H
    DAS
    MOV   DL,AL
    MOV   AL,46H
    SBB   AL,27H
    DAS
    MOV   DH,AL
    HLT
```

12. 指出下列程序段的功能。

```
(1)LEA   BX,BUF
   MOV   AL,0FFH
LP:CMP   AL,[BX]
   JE    NEXT
   MOV   BYTE PTR [BX],0
```

```
        INC   BX
        JMP   LP
        NEXT:HLT
```

```
(2) MOV   AL,0
    MOV   CX,000AH
    LEA   BX,BUF
LP: ADD   AL,[BX]
    INC   BX
    DEC   CX
    JNZ   LP
    HLT
```

```
(3) MOV   CX,10
    LEA   BX,DAT
    MOV   AX,0
    MOV   DX,AX
LP: MOV   DL,[BX]
    ADD   AX,DX
    INC   BX
    DEC   CX
    JNZ   LP
    MOV   BUF,AX
    HLT
```

```
(4) MOV   CX,100
    MOV   AL,KEY
    LEA   DI,BLOCK
    CLD
    REPNE SCASB
    JE    FOUND
    MOV   DI,0
    JMP   NEXT
FOUND:DEC DI
    MOV   ADDR,DI
NEXT:HLT
```

13. 有程序段如下：

```
    MOV   AL,DAT
    OR    AL,AL
    JE    L1
    JNS   L2
    DEC   AL
    JMP   L1
```

```
L2:INC     AL
L1:MOV     RES,AL
HLT
```

14. 下列程序段的功能分别是什么？

```
(1) LEA  BX,DAT
    MOV  AL,0
    MOV  RES,AL
    MOV  CX,10
LP:MOV   AL,[BX]
    ADD  RES,AL
    INC  BX
    LOOP LP
    HLT

(2) XOR  AX,AX
    MOV  RES,AX
    LEA  BX,DAT
    MOV  CX,10
LP:MOV   AL,[BX]
    CBW
    ADD  RES,AX
    MOV  AX,0
    INC  BX
    LOOP LP
HLT

(3) MOV  CX,63H
    MOV  AX,1
    MOV  BX,2
LP:ADD   AX,BX
    INC  BX
    LOOP LP
HLT

(4) XOR  BX,BX
    MOV  DX,BX
    MOV  CX,10
LP:INC   BX
    MOV  AX,BX
    MUL  AL
    ADD  DX,AX
    LOOP LP
HLT
```

```
(5) MOV   AX,1A2BH
    MOV   BL,0
LP: CMP   AX,0
    JE    NEXT
    SHR   AX,1
    JNC   LP
    INC   BL
    JMP   LP
NEXT: HLT
```

15. 下列程序段执行后，DAT2 的前 5 个单元的内容是什么？

```
      DAT1   DB '123456789'
      DAT2   DB 10 DUP(?)
      …
      LEA    SI,DAT1
      LEA    DI,DAT2
      MOV    CX,DAT2 - DAT1
      ADD    SI,CX
      DEC    SI
LP:   MOV    AL,[SI]
      MOV    [DI],AL
      DEC    SI
      INC    DI
      LOOP   LP
HLT
```

16. 在数据段中，字变量 DAT1 有两个数据：1122H 和 3344H，字变量 DAT2 有两个数据：5566H 和 7788H，字变量 DAT3 为两个空的存储单元，写出完成下列功能的程序段：

(1) 将 DAT1 的第二个数据传送给 AX。

(2) 将 AX 的内容与 DAT1 的第一个数据相减，将结果存入 DAT3 的第一个字单元中。

(3) 将 DAT2 的第一个字数据送到 AX 中，并与 DAT2 的第二个字相加，结果存入 DAT3 的第二个字单元中。

17. 有 3 个十六位的无符号数 X、Y 和 Z，存放在 DAT 开始的 6 个存储单元中，且 X + Y 依然是十六位数，要求编程计算 X + Y - Z，并将结果存放到 DAT + 6 开始的存储单元中。

18. 在 DDAT 开始的字单元中存放着一个 32 位的有符号数，求这个数的负数，并存放在原单元中。

19. 编写一个程序，将一位十六进制数年转换为相应的 ASCII 码。

20. 已知 AL 中存放了一个八位二进制数 7BH，将其分为三组，即低三位、中间三位和最高二位，分别存放到 DAT1、DAT2 和 DAT3 三个单元中，编程实现。

21. 在 A、B 单元中各有一个无符号数，比较两个数的大小，在屏幕上显示 A >B 或 A <B。

22. 编写一个程序，从一个字符串中查找 ASCII 码值最大的字符，并将其显示在屏幕上。

23. 有若干个有符号数，试编程统计正数和负数的个数。

24. 将 DAT 开始的 3 个单元的无符号数排序，并放回原存储区。

25. 在 AX 中有一个无符号的二进制数，将其转换为压缩的 BCD 码，并放回 AX 中。

26. 有 5 个程序段，它们分别完成不同的功能，将这 5 个程序段的入口地址形成一个表，表的入口地址为 TABLE，使得从键盘上按下 A、B、C、D、E 中的任意一个字符时，程序转向不同的程序段执行相应的程序，试编程实现。

27. 数组 DAT 中存放有 100 个字数据，要求对每个字数据求补，并放回原地址中。

28. 将数据段 STR1 单元开始的 20 个字符移到 STR2 开始的存储区中，若 STR1 + 20 > STR2，而 STR2 > STR1，试编程实现（不使用串操作指令）。

29. 从 NUM 开始的 100 个存储单元中存放着 ASCII 码表示的十六进制数，试编程将其转换为十六进制数，并放回原存储单元。

30. 数据段中有一个字符串 STR，长度为 100，试编程将其中的‘*’字符用‘#’字符替换。

31. 有一个字符串，编程统计字符串中包含了多少个‘AB’，将统计结果送入 RESULT 单元中。

32. 将 DAT 单元中的两位十六进制数拆分为两个十六进制数，并分别转换为相应的 ASCII 码，存放在 B 单元和 C 单元中，编写该子程序，并说明主程序如何调用这个子程序。

33. 在一个数组 DAT 中存放着学生的成绩，试编写一个子程序统计 0 ~ 59 分、60 ~ 69 分、70 ~ 79 分、80 ~ 89 分和 90 ~ 100 分的人数，分别存放到 DAT1、DAT2、DAT3、DAT4、DAT5 中，并编写调用该子程序的主程序。

第6章　高级汇编语言程序设计

为了使汇编语言的编程更加灵活、高效，MASM 提供了结构和联合、记录等数据类型，以及宏和重复块等操作，并且支持与高级语言的连接，本章前面两节介绍了这部分的内容，后面两节着重介绍了 80x86 的编程技术。

6.1　高级汇编技术

结构和联合、记录等数据类型以及宏操作、重复汇编、条件汇编的引入，可以使程序设计得到简化。本节介绍这些编程技术。

6.1.1　结构和联合

结构伪指令 STRUCT 是 MASM 支持的一种操作，它把各种不同类型的数据放在同一个数据结构里，得到一种称为结构的数据类型，以便某些处理的需要。联合和结构基本相同，只是联合中的数据区间可以在内存重叠。

1. 结构和联合的定义

格式：结构名|联合名　STRUCT|UNION

　　[字段名] 数据定义语句

　　　　⋮

结构名|联合名 ENDS

其中，结构名的命名规则与变量名命名规则相同；数据定义语句是指 DB、DW、DD 等伪指令语句的序列，其定义的变量名在结构中称为字段名，表示所定义字段的首地址。

功能：定义一个结构，把逻辑上互相关联而类型不同的一组数据以某种形式组织在一起，以便进行数据处理。

说明：

1）字段名可选，但至少要有一个字段。

2）通过数据定义语句，可以定义不同类型的数据。

3）定义结构时可以给各个字段赋初值，也可以不赋初值，已赋的初值还可以在结构变量定义时被修改。例如：

```
STUD   STRUCT
C1     DB'ABCDE'
C2     DW ?
C3     DW 85
C4     DB 10 DUP (?)
STUD   ENDS
```

2. 结构和联合变量的定义

结构和联合定义只是定义了一种结构模式，汇编程序并未给它分配存储单元，还不能把有关信息存入存储器，只有定义了结构和联合变量，才能分配存储空间。

格式：变量名　结构名|联合名 <字段值表>

功能：定义一个结构变量，并可以通过字段值表为结构变量赋初值。

说明：

1）结构名是 STRUC 伪指令已经定义了的，结构变量名表示分配给该结构的存储空间的起始地址，通过字段值表可以对结构中的各字段分配存储空间及初值，结构变量名可以在程序中直接引用。

2）联合中的任何一个变量名，其首地址是相同的。

3）字段值表用于为结构变量赋初值或修改初值。字段值表中各数值的排列顺序必须与结构定义中的字段相一致，字段值之间用逗号“，”分隔。可以使用结构定义中数据定义语句所定义的数据作为字段值，如果全部采用 STRUC 伪指令所定义的数据，则 <字段值表> 可以用 < > 来表示。在一定条件下，可以修改 STRUC 伪指令所定义的数据，这个条件就是：如果 STRUC 伪指令所定义的数据中一个字段只有一个字符串或一个预置的数值，则可以修改，如果一个字段中有多个值则不允许修改。未修改的部分使用 STRUC 伪指令所定义的数据，此时字段值表中相应字段值处以逗号“，”表示即可。

4）结构定义之后，可以用结构名定义多个结构变量，也可以使用 DUP 伪指令同时定义一组结构变量，也即定义了一个结构类型的数组。例如：

```
N1   STUD   < ,10 >
N2   STUD   < ,20, >
N3   STUD   100 dup( < > )
N4   STUD   <'GOOD',90,90 >
N5   STUD   < ,30,40,50 >
```

其中，N1 ~ N4 这几种形式是允许的，N5 这种形式是不允许的，因为结构定义时字段 C4 有多个值，不允许修改。

3. 结构变量的使用

结构变量的使用分两种，一是直接引用结构变量名来使用整个结构类型数据；二是通过引用结构变量名及其字段名来使用结构类型数据中的字段，形式为：结构变量名．字段名。例如：

```
MOV AL,N1. C1      ;引用结构变量 N1 中的 C1 字段的数值
```

结构的定义、结构变量的定义在数据段中进行，结构变量的引用在代码段中进行。

【例 6-1】 计算若干学生某两门课程的总成绩。

源程序如下：

```
DATA     SEGMENT
STUD     STRUCT                          ;定义结构,包含 3 个字段
C1       DB  ?
C2       DB  ?
```

```
SUM      DB  ?
STUD     ENDS
N1       STUD  <85,90>        ;定义4个结构变量,并赋初值
N2       STUD  <77,65>
N3       STUD  <68,73>
N4       STUD  <69,97>
DATA     ENDS
STACK    SEGMENT STACK
         DB  100 DUP(?)
STACK    ENDS
CODE     SEGMENT
ASSUME CS:CODE,DS:DATA,SS:STACK
START:MOV AX,DATA
MOV   DS,AX
MOV   AL,N1.C1          ;取第一个学生第一门课成绩
ADD   AL,N1.C2          ;与第一个学生第二门课成绩相加
MOV   N1.SUM,AL         ;保存第一个学生总成绩
MOV   AL,N2.C1          ;取第二个学生第一门课成绩
ADD   AL,N2.C2          ;与第二个学生第二门课成绩相加
MOV   N2.SUM,AL         ;保存第二个学生总成绩
MOV   AL,N3.C1          ;取第三个学生第一门课成绩
ADD   AL,N3.C2          ;与第三个学生第二门课成绩相加
MOV   N3.SUM,AL         ;保存第三个学生总成绩
MOV   AL,N4.C1          ;取第四个学生第一门课成绩
ADD   AL,N4.C2          ;与第四个学生第二门课成绩相加
MOV   N4.SUM,AL         ;保存第四个学生总成绩
MOV   AH,4CH
INT   21H
CODE  ENDS
END   START
```

6.1.2 记录

记录数据类型和结构数据类型有些相似，但记录是以二进制位为基本单位组成字段，以位作为数据的存储和处理单位。记录也需要先定义和赋值，然后才能引用，定义记录的伪指令是 RECORD。

1. 记录的定义

格式：记录名 RECORD 字段名:宽度[=表达式][,…]

其中，记录名的命名规则与变量名的命名规则一样；宽度为该字段所占有的位数，表达式是一个可选项，用于为字段预置初值；字段名是记录中定义的变量名。

功能：定义一个记录，并设置记录的字段。

说明：

1）字段至少要有一个。

2）使用表达式对字段赋初值时，应取正整数，并且不能超过给定位数所能表示的范围，若未赋初值，则默认为0。

3）记录中各字段的宽度之和不能超过32位（对于8086/8088，则不能超过16位），如果不是正好为8位、16位或32位，则向右看齐，在高端用0填充。

例如，定义一个人的个人情况，包括年龄YEAR、性别SEX（男=1，女=0）、婚否MARR（已婚=1，否婚=0）、是否在职WORK（在职=1，待业=0）、学历EDU（中学=00，大专=01，本科=10，研究生=11），定义如下：

PERSON RECORD YEAR：5，SEX：1=1，MARR：1，WORK：1，EDU：2

2. 记录变量的定义

和结构一样，记录定义只是定义了一种结构模式，汇编程序并未给它分配存储单元，还不能把有关信息存入存储器，只有定义了记录变量，才能分配存储空间。

格式：记录变量名　记录名 <字段值表>

功能：定义一个记录变量，并可以通过字段值表为记录变量赋初值。

说明：

1）记录名是RECORD伪指令已经定义了的，记录变量名表示分配给该记录的存储空间的符号地址，通过字段值表可以对记录中的各字段分配存储空间及初值，记录变量名可以在程序中直接引用。

2）字段值表用于为记录变量赋初值。字段值表中各数值的排列顺序必须与记录定义中的字段相一致，字段值之间用逗号“,”分隔。可以使用记录定义时所定义的数据作为字段值，此时在字段值表中相应字段值处以逗号“,”表示即可，不必重写初值；如果全部采用RECORD伪指令所定义的数据，则<字段值表>可以用< >来表示；可以修改RECORD伪指令所定义的数据。

3）记录定义之后，可以用记录名定义多个记录变量，也可以使用DUP伪指令同时定义一组记录变量，也即定义了一个记录类型的数组。例如：

```
PER1 PERSON <26,,1>           ;表示是一个26岁已婚待业中学学历的男性
PER2 PERSON <33,0,1,1,11>     ;表示是一个33岁已婚研究生学历的在职女性
```

3. 记录操作符

（1）WIDTH操作符。

格式：WIDTH　字段名（或记录名）

功能：记录宽度操作符WIDTH用于回送记录字段或记录名所占用的位数，用在指令的操作数中。例如：

```
MOV   AL,WIDTH YEAR          ;AL=5
MOV   AL,WIDTH WORK          ;AL=1
    MOV   AX,WIDTH PERSON    ;AX=16
```

（2）MASK操作符。

格式：MASK 字段名

功能：记录屏蔽操作符MASK用于将记录中所指定的字段从记录中整体分离出来，该

字段所占用的位均为 1，其他的位均为 0。用在指令的操作数中。例如：

```
MOV   AX,MASK YEAR            ;AX = 03E0H
MOV   AX,MASK WORK            ;AX = 0004H
```

（3）取字段移位次数。

格式：记录字段名

功能：将记录的字段名作为指令的操作数，回送一个立即数，表示该字段所在的位置移向最右边时所需的移位次数。例如：

```
MOV   AL,YEAR          ;AL = 5
MOV   AL,WORK          ;AL = 2
```

4. 记录变量的使用

记录变量不能直接使用，要利用各种记录操作符和逻辑运算、移位操作等相关指令进行操作。

记录的定义、记录变量的定义在数据段中进行，记录变量的引用在代码段中进行。

【例 6-2】 编程验证上述各操作符的操作结果。

```
DATA     SEGMENT
PERSON   RECORD YEAR:5,SEX:1 = 1,MARR:1,WORK:1,EDU:2
DATA     ENDS
STACK    SEGMENT STACK
         DB  100 DUP (?)
STACK    ENDS
CODE     SEGMENT
ASSUME   CS:CODE,DS:DATA,SS:STACK
START:MOV    AX,DATA
      MOV    DS,AX
      MOV    AL,WIDTH YEAR
      MOV    AL,WIDTH WORK
      MOV    AX,WIDTH PERSON
      MOV    AX,MASK YEAR
      MOV    AX,MASK WORK
      MOV    AL,YEAR
      MOV    AL,WORK
      MOV    AH,4CH
      INT    21H
CODE  ENDS
END   START
```

6.1.3 宏

在编制汇编语言程序过程中，有些功能程序段需要多次重复使用，所不同的只是参与操作的操作数。为了减少编程的工作量，通常采用两种方法：

1）将程序段编写为独立的子程序。

2）将程序段定义成宏。

1. 宏指令

宏（或宏指令）是源程序中一段有独立功能的程序代码，只需定义一次，可以多次调用。宏和子程序一样，经过定义命名后，就可以在程序中通过宏名对该程序段进行调用，调用时只要用一个宏指令就可以了。

在汇编语言程序设计过程中，可以将具有一定功能，需多次重复使用，且比较短的程序段定义成一条宏指令。使用宏指令语句可以减少程序书写错误，缩短源程序长度，使源程序编写像高级语言一样清晰、简洁，特别是使用宏库后，可以提高编程效率。

宏定义是为汇编程序服务的，它只是告诉汇编程序用一个名字来代替一段语句，为宏调用宏扩展做准备，它本身并不被汇编。

2. 宏指令的使用过程

（1）宏定义。

```
格式：宏指令名 MACRO    [形参1，形参2，...，形参n]
              ：（宏体）
          ENDM
```

说明：

1）MACRO 必须与 ENDM 成对出现，MACRO 标识宏定义的开始。

2）宏指令名是该宏定义的名称，调用时使用宏指令名对该宏定义进行调用。

3）宏指令的命名规则与变量名的命名规则一样。宏指令名不能重复，但可以和源程序中的其他变量、标号、指令、伪指令名相同，在这种情况下宏指令的优先级最高。

4）形式参数（即形参，也称哑元、虚参）是可选项，宏可以不带参数；带参数时，多个形参间用逗号分隔，形参的规定与标识符的规定是一致的。

5）宏体是一组有独立功能的代码，可以是汇编语言所允许的任意语句（指令或伪指令）序列。

6）宏定义允许嵌套，在宏体中可以定义或调用另一个宏。在宏定义中调用另一个宏之前，必须先定义另外这个宏。

7）宏可以在它被调用前的任何地方定，一般是定义在程序的开始部分。

① 带参宏定义。

```
格式：宏指令名   MACRO 形参1，形参2，…
                 宏体
                 ENDM
```

② 无参宏定义。

```
格式：宏指令   MACRO
               宏体
               ENDM
```

【例6-3】 BCD码和ASCII码之间的转换，可将AL中的内容左移或右移定义成宏指令，假设左移4位。

宏定义如下：

```
SHIFT  MACRO
       MOV   CL,4
       SAL   AL,CL
       ENDM
```

【例6-4】 写出在程序中定义大小及初值不同的堆栈段的宏定义。

宏定义如下：

```
DSTACKMACRO  A
STACKSEGMENT  STACK
    DBA
STACKENDS
    ENDM
```

（2）宏调用。宏指令经定义之后就可以在源程序中调用，对宏指令的调用称为宏调用。

格式：宏指令名［实参1，实参2，…］

例如，对于【例6-3】的宏定义，编程时宏调用语句为

```
    ⋮
  SHIFT
    ⋮
```

宏调用时，实际参数的类型和顺序应与宏定义时的形参一一对应。

例如，对于【例6-4】的宏定义，编程时宏调用语句为

```
DSTACK〈100 DUP(?)〉
```

【例6-5】 将寄存器内容移位的操作定义为宏指令，并宏调用。

设一个参数时，移位次数为参数CN：

```
SHIFT  MACRO  CN
       MOV    CL,CN
       SHL  AX,CL
ENDM
```

宏调用时提供相应的实参数值：SHIFT CONST

设两个参数时，参数为寄存器和移位次数：

```
SHIFT  MACRO  CN,R
       MOV    CL,CN
       SHL  R,CL
ENDM
```

宏调用提供移位次数和寄存器：SHIFT CONST，REG

（3）宏扩展。宏展开将宏指令语句用宏定义中宏体的程序段目标代码替换。汇编源程序时，宏汇编程序将对每条宏指令语句进行宏展开，用实参替代相应的形参，对宏体目标代码做相应改变。

宏汇编程序在所展开的指令前标识以 '+'号以示区别。

例如，对于【例 6-6】的宏定义，经过宏调用 DSTACK〈100 DUP（?)〉，它的宏展开为

```
+   STACK SEGMENT STACK
+           DB   100 DUP(?)
+   STACK   ENDS
```

（4）形参和实参。宏定义中可以不带任何形参，宏调用时不需提供实参（即使有实参，也不处理），宏展开后宏体中的所有指令不做修改原样插入到宏调用的宏指令处。

形参可以出现在宏体的任何位置，可以是操作码或操作数。形参也可以是操作码或操作数的一部分，但在宏定义体中必须使用分隔符 &，即 & 是操作符，在宏定义中可作为形参的前缀，展开时把 & 前后的两个符号连接起来，形成操作码、操作数或字符串，参见【例 6-8】。

实参可以是常数、寄存器、存储单元以及用寻址方式能找到的地址或表达式，还可以是指令的助记符或助记符的一部分，参见【例 6-9】。

在宏调用中的实参如果自身是带有间隔符（如逗号、空格），必须使用文本操作符〈 〉将它括起来，作为单一的完整的实参，参见【例 6-6】。

3. 宏操作符

（1）文本操作符。在宏调用中的实参如果自身是带有间隔符（如逗号、空格），必须使用文本操作符〈 〉将它括起来，作为单一的完整的实参。

【例 6-6】 在程序设计中，对堆栈段的定义语句基本相同，只是堆栈段的长度和初值不同。可以先定义一个宏（放在宏库中），供随时取用，为编程带来很大方便，试写出宏定义及宏展开的情况。

宏定义如下：

```
MSTACK   MACRO XYZ
STACK   SEGMENT STACK
    DB      XYZ
STACK   ENDS
    ENDM
宏调用时：MSTACK 〈100 DUP(?)〉
宏展开为：+   STACK SEGMENT STACK
          +   DB  100 DUP(?)
          +   STACK ENDS
```

（2）% 操作符。在宏定义中，伪操作% 不能出现在形参的前面，通常用在宏调用中，将跟在它后面的表达式的值转换成以当前基数下的数，在宏展开时，用转换后的值代替形参。

【例 6-7】 有宏定义如下：

```
DATA1   MACRO   A, B, C, D
    DW  A, B, C
    DBD  DUP(0)
    ENDM
```

如果宏调用为

```
X = 10
Y = 20
DATA1   %X +2, 5,%X + Y, %Y -5
DATA1   X +2, 5, X + Y, Y -5
```

则相应的宏扩展为

```
+DW   12, 5, 30
+DB   15 DUP(0)
+DW   X +2, 5, X + Y
+DB   Y -5 DUP (0)
```

(3) & 操作符。

格式：& 形式参数

功能：在宏定义时作为形参的前缀，展开时可把 & 前后两个符号合并成一个符号，这个符号可以是操作码、操作数或是一个字符串。& 只能出现在宏定义中，在宏扩展后它就不存在了。

【例 6-8】 宏定义如下：

```
SHIFT   MARCO   X,Y,Z
        MOV     CL,X
        S&Z     Y,CL
        ENDM
```

其中，形参 Z 是操作码的一部分。宏汇编中规定，若宏定义体中的形参没有适当的分隔符，就不被当做形参，调用时也不会被实参代替。【例 6-7】被调用时：

```
                        SHIFT   4,CL,AL
                        SHIFT   6,BX,AR
则宏展开时的目标代码：+   MOV     CL,4
+                          SAL     AL,CL
+                          MOV     CL,6
+                          SAR     BX,CL
```

【例 6-9】 宏定义如下：

```
MAKER    MACRO       COUNT,STR
            MAKER&COUNT  DB   STR
            ENDM
ERRMA    MACRO           TEXT
              CNTR = CNTR +1
              MAKER       %CNTR,TEXT
              ENDM
```

经宏调用：

```
CNTR =0
```

```
ERRMA  'SYNTAX ERROR'
              ⋮
ERRMA  'INVALID OPERAND'
              ⋮
```

宏展开：

```
              ⋮
  +      MAKER1 DB 'SYNTAX ERROR'
              ⋮
  +      MAKER2 DB 'INVALID OPERAND'
              ⋮
```

(4);; 操作符。

格式:;; 文本

功能：表示宏注释，用在宏定义或重复语句中，它不被宏展开。

在宏定义中也可以使用单分号的注释，但这种注释在宏展开时可能会出现在列表文件中。

4. 宏的伪指令

(1) .XALL 操作符。这是默认的伪操作，用来控制汇编清单中宏展开的情况，不产生代码的语句在清单中并不列出。

(2) .LALL 操作符。用来控制汇编清单中宏展开的情况，在清单中将列出宏展开后所有的语句。

(3) .SALL 操作符。用来控制汇编清单中宏展开的情况，在清单中不列出任何展开后的信息。

【例 6-10】 将两个用压缩的 BCD 码表示的 4 位十进制数相加，结果存入 RESULT 单元中。

源程序如下：

```
;;对两数相加功能进行宏定义
BCDADD  MACRO VARX,VARY,RESULT
            MOV AL,VARX
            ADD AL,VARY
            DAA               ;低位相加、调整
            MOV RESULT,AL
            MOV AL,VARX+1
            ADC AL,VARY+1
            DAA               ;;高位相加、调整
            MOV RESULT+1,AL
            ENDM
DATA    SEGMENT
A1  DB  30H,11H
A2  DB  79H,47H
A3  DB  2 DUP(?)
B1  DB  32H,23H
B2  DB  71H,62H
```

```
B3   DB   2 DUP(?)
DATA   ENDS
CODE   SEGMENT
ASSUME CS:CODE,DS:DATA
START: PUSH DS
        MOV   AX,0
        PUSH AX
        MOV   AX,DATA
        MOV   DS,AX
        .SALL
        BCDADD A1,A2,A3           ;宏调用
        .LALL
        BCDADD B1,B2,B3           ;再次宏调用
        RET
CODE   ENDS
END    START
```

经宏展开后代码段的内容为

```
PUSH      DS
MOV       AX,0
PUSH      AX
MOV       AX,DATA
MOV       DS,AX
.SALL
BCDADD  A1,A2,A3                  ;宏调用
.LALL
BCDADD  B1,B2,B3                  ;再次宏调用
 +        MOV   AL,B1
 +        ADD   AL,B2
 +        DAA                     ;低位相加、调整
 +        MOV   B3,AL
 +        MOV   AL,B1+1
 +        ADC   AL,B2+1
 +        DAA
 +        MOV   B3+1,AL
```

从展开后的内容看，使用.SALL后展开信息不显示，使用.LALL后显示全部信息；使用;操作符时显示注释，使用;;操作符时不显示注释。

【例6-11】 某个包含宏定义嵌套的源程序如下：

```
DIFML  MACRO OPRAND,OPRAT
        OPRAND  MACRO   X,Y,Z
                PUSH    AX
                MOV     Al,X
```

```
                OPRAT   Al,Y
                MOV     Z,Al
                POP     AX
                ENDM
        ENDM
DATA    SEGMENT
A1      DB  30H
A2      DB  79H
A3      DB  ?
B1      DB  32H
B2      DB  71H
B3      DB  ?
DATA    ENDS
CODE    SEGMENT
ASSUME CS:CODE,DS:DATA
START:  PUSH DS
        MOV     AX,0
        PUSH    AX
        MOV     AX,DATA
        MOV     DS,AX
        .SALL
        DIFML       ADDITION,ADD
        ADDITION A1,A2,A3
        .LALL
        DIFML       ADDITION,ADD
        ADDITION B1,B2,B3       ;再次宏调用
        RET
CODE    ENDS
END     START
```

宏展开后代码段的内容如下：

```
CODE    SEGMENT
ASSUME CS:CODE,DS:DATA
START:  PUSH DS
        MOV     AX,0
        PUSH    AX
        MOV     AX,DATA
        MOV     DS,AX
        .sall
        DIFML   ADDITION,ADD
        ADDITION A1,A2,A3
        .lall
DIFML   ADDITION,ADD
```

```
   +ADDITION    MACRO X,Y,Z
   +            PUSH AX
   +            MOV Al,X
   +            ADD Al,Y
   +            MOV Z,Al
   +            POP AX
   +            ENDM
ADDITION B1,B2,B3          ;再次宏调用
   +            PUSH AX
   +            MOV Al,B1
   +            ADD Al,B2
   +            MOV B3,Al
   +            POP AX
       RET
CODE        ENDS
            END     START
```

为实现对 ADDITION 的调用，需要连续两条宏调用语句：

```
DIFML     ADDITION,ADD
ADDITION X,Y,Z
```

(4) 局部符号伪指令 LOCAL。宏定义体内可以使用标号，对于使用了标号的宏定义，若多次调用，则势必产生标号的多重定义，汇编时出错。解决这一问题可使用伪指令 LOCAL。

格式：LOCAL 局部标号 1，局部标号 2，...

功能：定义只在宏内部使用的符号。宏汇编程序将为标号分别生成格式为"?? XXXX"的唯一的符号以代替各局部标号。XXXX 代表 4 位十六进制数 0000 ~ FFFF。这样，在汇编源程序中，避免了多次宏调用时生成的标号重复。

注意：LOCAL 伪操作只能用在宏定义体内，而且必须是 MACRO 伪操作后的第一个语句，在 MACRO 与 LOCAL 不能出现注释和分号标志。

【例 6-12】 定义取绝对值的宏指令如下：

```
ABS  MACRO OPS
     LOCAL  PLUS
     CMP    OPS,0
     JGE    PLUS
     NEG    OPS
     PLUS:MOV   AX,OPS
     ENDM
```

宏调用：

```
ABS  CX
MOV  BX,AX
```

```
ABS  DX
```

宏展开后的指令为

```
+          CMP  CX,0
+          JGE  ?? 0000
+          NEG  CX
+?? 0000:MOV  AX,CX
           MOV  BX,AX
+          CMP  DX,0
+          JGE  ?? 0001
+          NEG  DX
+?? 0001:MOV  AX,DX
```

【例6-13】 局部符号伪指令 LOCAL 应用如下：

```
SUMMACROX,Y
LOCALL
MOVCX,X
MOVBX,Y
MOVAX,0
L:ADDAX,BX
INCBX
LOOPL
ENDM
```

如果两次调用宏指令如下：

```
⋮
SUM100,1
⋮
SUM50,1
⋮
```

则宏扩展形式为

```
      ⋮
MOVCX,100
MOVBX,1
MOVAX,0
?? 0000:ADDAX,BX
INCBX
LOOP ?? 0000
      ⋮
MOVCX,50
MOVBX,10
MOVAX,0
```

```
?? 0001:ADDAX,BX
INCBX
LOOP ?? 0001
        ⋮
```

（5）宏删除伪指令 PURGE。宏指令名可以和源程序中的其他变量名、标号、指令助记符、伪操作名相同，此时宏指令的优先级别最高，使其他同名的指令或伪操作无效。为了使这些指令或伪指令恢复功能，服从机器指令的定义，宏汇编程序提供了伪操作 PURGE，用来在适当的时候取消宏定义。

格式：

```
PURGE 宏定义名[,...]
```

方括号表示 PURGE 可以取消多个宏定义，宏名之间用逗号隔开。如宏定义：

```
SUB   MACRO   VARX,VARY,RESULT
      ⋮
      ENDM
```

宏调用：SUB　X，Y，Z

PURGE SUB

“PURGE SUB”语句后的 SUB 恢复减法功能。

（6）INCLUDE 伪指令。

格式：INCLUDE［盘符:］［路径］文件名

功能：将 INCLUDE 伪指令指出的文件插入到当前源程序中的 INCLUDE 伪指令处。

通常用于插入存放了宏的库文件。

5. 宏库的使用

对于一些通用的宏定义，可以将它们放在一起形成一个独立的文件，称之为宏库。建立了宏库之后，在程序中需要某个宏时可从宏库中直接调用。

语句格式：INCLUDE 库文件名

【例 6-14】 假设已建立一名为 MACRO. LIB 的宏库，其内容如下：

```
INPUT   MACRO  A
        LEA   DX,A
        MOV   AH,10                   ;10 号系统功能调用
        INT   21H
        ENDM
PRINT   MACRO  A
        LEA   DX,A
        MOV   AH,9                    ;9 号系统功能调用
        INT   21H
        ENDM
RETURN   MACRO
        MOV   AH,2
```

```
        MOV   DL,0AH
        INT   21H
        MOV   DL,0DH              ;按〈Enter〉键换行
        INT   21H
        ENDM
OUT2    MACRO   A
        MOV   DL,A
        MOV   AH,2                ;2 号系统功能调用
        INT   21H
        ENDM
STACK0   MACRO   A
STACK   SEGMENT   STACK
        DB   A
STACK   ENDS
        ENDM
```

现要从键盘输入一串字符到系统缓冲区，然后将字符按相反顺序打印，采用调用宏库的办法，其程序如下：

```
INCLUDE   MACRO.LIB
STACK0   〈200   DUP (0)〉                ;定义堆栈段
DATA   SEGMENT
INF01   DB   'INPUT STRING: $'
INF02   DB   'OUTPUT STRING: $'
BUFA   DB   81
    DB   ?
    DB   80 DUP(0)
BUFB   DB 81 DUP(0)
DATA   ENDS
CODE   SEGMENT
ASSUME DS:DATA,SS:STACK,CS:CODE
START:MOV   AX,DATA
    MOV   DS,AX
    RETURN                              ;输出按〈Enter〉键换行
    PRINT   INF01                       ;输出字符变量 INF01 代表的字符串
    INPUT   BUFA                        ;键盘输入字符中到缓冲区
    LEA   SI,BUFA + 1
    MOV   CH,0
    MOV   CL,[SI]
    ADD   SI,CX
    LEA   DI,BUFB
NEXT:   MOV   AL,[SI]
    MOV   [DI],AL
    DEC   SI
```

```
    INC  DI
    LOOP  NEXT
    MOV  BYTE PTR [DI],'$'
    RETURN                          ;输出按〈Enter〉键换行
    PRINT  INF02                    ;输出的字符串变量 INF02 代表
    PRINT  BUFB                     ;反向输出输入字符串
    MOV  AH,4CH
    INT  21H
CODE  ENDS
END  START
```

6. 宏和子程序的区别

1）宏指令由汇编程序在汇编期间处理，处理时把宏体插入到宏调用处，在源程序中有多少次调用同一个宏，在宏扩展时就有多少次目标代码的插入，不能减少目标代码；而子程序是在执行期间由 CPU 处理，若源程序中主程序多次调用同一个子程序，在生成目标代码时主程序仍只有调用指令的目标代码，子程序的代码仍只有一段。

2）宏指令可以直接传送参数，而子程序的调用不能直接带参数。

3）宏指令没有现场的保护和恢复过程，执行速度较快；子程序调用由于要进行现场的保护和恢复，执行速度较慢。

6.1.4 重复汇编

重复汇编是宏的一种特殊形式，有时汇编语言源程序需要重复相同的一组代码，此时就可以使用重复汇编。

重复汇编经常用在宏中，以便执行宏体中重复的语句，但也可以单独使用。重复汇编没有名字，因此不能调用，但可以带有形式参数，并且在汇编过程中被实际参数所替换。

（1）给定次数的重复汇编伪指令。

格式：REPT　表达式
　　　重复块
　　　ENDM

功能：宏汇编程序将重复块连续地汇编表达式给定的次数。

其中，REPT 和 ENDM 必须成对出现，两者间的重复块是要重复汇编的部分。表达式的值用来表示重复块的重复汇编次数。定重复伪操作不一定要用在宏定义体内。

【例 6-15】 有下列语句：

```
NUM =0
REPT  10
NUM = NUM +1
DB      NUM
ENDM
```

汇编后，将数据 1，2，3，...，10 分配给 10 个连续的字节单元，结果如下：

```
+   DB  1
```

```
+   DB  2
+   DB  3
⋮
+   DB  10
```

（2）不定次数的重复汇编伪指令，有 IRP 和 IRPC 两种伪指令。

1）IRP 伪指令。

格式：IRP　　形参，〈参数 1，参数 2，...〉

　　⋮（重复块）

　　ENDM

此伪指令重复执行重复块中所包含的语句，重复的次数由参数表中的参数个数决定。重复汇编时，依次用参数表中的参数取代形参，直到表中的参数用完为止。参数表中的参数必须用两个三角号括起来，参数可以是常数、符号、字符串等，各参数间用逗号隔开。

【例 6-16】 某一源程序需要多次将 AX，BX，CX，DX 寄存器的内容压入堆栈，则可定义如下宏指令：

```
PUSHR   MACRO
IRP   REG,〈AX,BX,CX,DX〉
        PUSH REG
        ENDM
        ENDM
```

汇编时，调用上述宏定义后，将展开成下列语句：

```
+       PUSH AX
+       PUSH BX
+       PUSH CX
+       PUSH DX
```

又如：

```
IR   PW,〈1122H,3344H,5566H,7788H〉
DW W
ENDM
```

汇编程序在汇编时将产生语句：

```
+ DW 1122H,3344H,5566H,7788H。
```

2）IRPC 伪指令。

格式：IRPC　　形参，字符串（或〈字符串〉）

⋮（重复块）

ENDM

此伪指令重复执行重复块中的语句，重复汇编的次数等于字符串中字符的个数。每次重复执行时，依次用字符串中的一个字符取代形参，直到字符串结束。可见 IRPC 伪指令与 IRP 伪指令类似，只是 IRPC 用字符串（其三角括号可以有也可以无）代替了 IRP 伪指令中的参数表。

【例6-17】 如【例6-16】可用IRPC实现：

```
PUSHR   MACRO
        IRPC REG,ABCD
        PUSH REG&X
        ENDM
        ENDM
```

同样，汇编后也可得到：

```
+    PUSH   AX
+    PUSH   BX
+    PUSH   CX
+    PUSH   DX
```

6.1.5 条件汇编

条件汇编指在汇编期间，宏汇编程序根据条件是否成立决定是否汇编某一程序段，通常用在宏定义中。条件汇编用条件汇编伪指令来定义，见表6-1。

表6-1 条件汇编伪指令

伪 指 令	汇 编 条 件
IF 表达式	表达式≠0，则条件为真
IFE 表达式	表达式=0，则条件为真
IF1	汇编是第一次扫描为真
IF2	汇编是第二次扫描为真
IFDEF 符号	符号已定义或被说明为外部符号，条件为真
IFNDEF 符号	符号未定义或没被说明为外部符号，条件为真
IFB 变量	变量为空格，则条件为真
IFNB 变量	变量不为空格，则条件为真
IFIDN 变量1，变量2	字符串变量1与字符串变量2相等，条件为真
IFNIDN 变量1，变量2	字符串变量1与字符串变量2不相等，条件为真

格式：IF ×× 表达式

条件块1

[ELSE

条件块2]

ENDIF

【例6-18】 试用条件汇编编写一宏定义，能完成多种DOS系统功能调用。

源程序如下：

```
DOSYS  MACRO  N,BUF
    IFE  N
    EXIT
```

```
        END   IF
        IFDEF   BUF
        LEA   DX,BUF
        MOV   AH,N
        INT   21H
        ELSE
        MOV   AH,N
        INT   21H
        END   IF
        ENDM
;..............................
DATA   SEGMENT
MSG   DB 'INPUT STRING: $'
BUF   DB  81,0,80 DUP(0)
DATA   ENDS
STACK   SEGMENT STACK
DB   200 DUP(0)
STACK   ENDS
CODE   SEGMENT
ASSUME DS:DATA,CS:CODE,SS:STACK
BEGIN:  MOV   AX,DATA
MOV   DS,AX
DOSYS   9,MSG
DOSYS   10 ,BUF
DOSYS   4CH
CODE   ENDS
END   START
```

则以上 3 条宏指令展开后的语句为：

```
⋮
DOSYS   9,MSG
+ LEA   DX,MSG
+ MOV   AH,9
+ INT   21H
DOSYS   10 ,BUF
+ LEA   DX,BUF
+ MOV   AH,10
+ INT   21H
DOSYS   4CH
+ MOV   AH,4CH
+ INT   21H
⋮
```

6.2　MASM 汇编语言与高级语言的连接

由于汇编语言程序的编写比较复杂，因此汇编语言的应用没有高级语言广泛，但由于汇编语言自身的特点，在有些场合应用汇编语言编写的程序是不可缺少的，有时会出现同一程序大部分是用高级语言编写，有一部分则是用汇编语言编写的情况，这样就要解决高级语言程序与汇编语言程序的连接问题，连接中要解决以下几个问题。

1）需要说明和建立调用者与被调用者间的关系：被调用的过程或函数应预先说明为外部类型，如汇编子程序，应用 PUBLIC 说明其可被外部模块引用；调用程序则应预先说明要引用的外部模块名。

2）参数传递问题：在汇编子程序之间通常采用寄存器作为参数传递的工具，汇编语言与高级语言程序间的参数传递，一般采用堆栈来传递，即调用程序将参数依次压入堆栈中，当被转调用程序后，再从堆栈中依次弹出参数作为操作数使用。为此，必须了解各种语言的堆栈结构、生成方式和入栈方式等。BASIC、FORTRAN、PASCAL 等语言其参数进栈顺序是与参数在参数表中出现的顺序相同，即从右到左，而 C 语言则相反。

6.2.1　PASCAL 语言程序与汇编语言程序的连接

1. PASCAL 语言程序与汇编语言连接的开发过程

首先将 PASCAL 语言程序和汇编语言程序编写成为独立的程序模块，并且分别用它们的编译程序将程序模块单独地编译成目标模块，即生成 OBJ 文件，然后用 LINK 程序将 PASCAL 的目标模块和汇编语言的目标模块以及 PASCAL 的库文件连接起来，生成一个可执行文件（EXE 文件）。

2. 采用外部方式与汇编语言程序相连接

将汇编语言程序单独编写、汇编、连接生成 EXE 文件后，再转换成 COM 或 BIN 文件，供 PASCAL 程序以外部过程或函数的形式调用。这时，需要在 PASCAL 程序和汇编语言程序中分别按语言约定进行说明。

（1）PASCAL 程序中的说明。

```
FUNCTION 函数名(变量名:变量类型;...;变量名:变量类型);函数类型;EXTERNAL;
PROCEDURE 过程名(变量名:变量类型;...;变量名:变量类型);EXTERNAL;
```

（2）建立汇编过程。建立一个可被 PASCAL 程序调用的汇编过程是进行混合编程和程序调用的另一个主要任务，步骤如下：

1）汇编过程的建立。

2）汇编过程的进入。

3）分配局部变量（可选择）。

4）保护现场（即保护相关寄存器的值）。

5）参数访问。

6）结果和值的返回（可选择）。

7）退出汇编语言过程。

（3）PASCAL 调用汇编语言过程的步骤。

1）编写并汇编一个汇编语言过程，如 TEST. ASM，连接并形成一个可执行文件 TEST. EXE。

2）由于 PASCAL 程序所调用的外部过程是以二进制文件形式（如 BIN 或 COM）包含在外部说明中的，故需要把一个汇编语言过程的 EXE 文件转换为 BIN 或 COM 文件，这个转换可以用实用程序 EXE2BIN 来实现。

3）编写 PASCAL 程序，进行外部说明。

4）在集成环境下编译后执行 PASCAL 程序。

6.2.2 C 语言程序与汇编语言程序的连接

（1）C 语言调用汇编子程序。

1）在 C 程序中使用关键字“extern”对函数进行显式说明。

2）参数传递顺序是按其在参数表中出现的顺序的反序被压入堆栈中，即第一个参数最后进入堆栈，它在栈中的地址最低。

3）对不同的存储模式（极小、小、紧凑、中、大、巨大）要选用不同的汇编语言格式，如 C 程序为小模式，汇编就用近过程，C 程序为大模式，则汇编用远过程。

4）汇编程序取 C 的参数：远过程返回地址占 4 个字节，BP 压入占两个字节，所以第一个参数在 BP +6 所指向的单元，对于近过程第一个参数在 BP +4 所指向的单元。

5）汇编程序中寄存器的保护：Turbo C 允许子过程使用 SI 和 DI 存放局部变量，当寄存器变量多于两个时，多余部分会自动转到堆栈中存储，因此，汇编过程的格式为：

```
PUSH   BP
MOV    BP,SP
PUSH   DI
PUSH   SI
...
语 句
...
POP    SI
POP    DI
POP    BP
RET
```

6）返回值：每种 C 数据类型都有一个标准的返回位置，一般在 AX 中（极小、小、中模式），DX：AX（紧凑、大、巨大模式），如：char，unsigned char，enum，short int 等，返回值位置为 AX，且返回数据必须放置在 RET 指令之前。一般汇编子程序要定义为远过程，并用 PUBLIC 伪指令把过程名定义为公共。

【例 6-19】 C 语言和汇编语言的混合编程。

```
#INCLUDE "STDIO. H"
#INCLUDE "STDLIB. H"
CHAR MESSAGE[ ] =“INTERFACE INFORMATION";
```

```
EXTERN {INT FAR REVSTR(CHAR FAR STR)};
VOID MAIN(VOID)
{REVSTR((CHAR FAR)MESSAGE);
PRINTF("%S",MESSAGE);
}
;REVSTR. ASM
...
PUBLIC _REVSTR
_REVSTR PROC
PUSH BP
MOV BP,SP
PUSH DS
PUSH SI
PUSH DI
...
POP DI
POP SI
POP AX
MOV DS,AX
POP BP
MOV AX,CX
RET
_REVSTR ENDP
END
```

（2）C 语言嵌入汇编语言。在 C 程序中允许直接编写汇编语言代码，这称作嵌入汇编。C 程序中嵌入汇编后可以无分号（C 语言的语句以分号结束，汇编语句是 C 语言中唯一以换行结束的语句），以关键词 ASM 嵌入汇编指令，如需多个 ASM 语句，可以将它们放在花括号内。如：

```
_ASM MOV,DX /注释/
```

又如：

```
_ASM{
PUSH AX
⋮
POP AX
}/ 注释 /
```

C 语言允许嵌入 4 类汇编命令：一般指令、串指令、跳转指令、数据分配和定义指令，嵌入汇编比调用汇编子程序更方便、灵活、功能也更强。但嵌入汇编不是一个完整的汇编程序，所以许多错误不能马上检查出来。

6.3 80x86 的寻址方式和扩充的指令

随着计算机技术的发展，CPU 经历了 8086、80286、80386、80486，一直到 Pentium 时代，不仅能够向上兼容，而且工作方式和功能不断增强，本节主要介绍 8086 之后的各种 CPU 所增强或增加了的命令功能，以及在寻址方式上的变化。

在实地址模式和保护模式下，80286 CPU 和 8086 CPU 使用的基本指令系统相同，使用的寄存器和寻址方式也基本相同，主要的是增加保护模式下的一组组命令。从 80386 CPU 开始，不仅处理器的运行模式增加了，而且由于提供了 32 位的寄存器，能够处理的数据类型也增多了，支持 32 位有符号的和无符号的数以及 1 ~32 位的位操作，有效地址可以是 16 位或 32 位的，在 32 位的寻址方式下允许使用任何通用寄存器作为基址或变址寄存器。16 位的寻址方式在第 3 章已经进行了详细介绍，本节重点讨论 32 位寻址方式。

6.3.1 80x86 数据的寻址方式

1. 立即寻址

立即寻址方式中，指令操作码和操作数都在存储器代码段中。

指令的操作数直接包含在指令中。在 80386 及以上的 CPU 中，立即数可以是 8 位、16 位和 32 位。

【例 6-20】 MOV AX， 1234H
MOV EAX， 12345678H

执行后：(AX) =1234H，(EAX) =12345678H。

2. 寄存器寻址

寄存器寻址方式的操作数在指令指明的寄存器中，寄存器可以是 8 位、16 位或 32 位的通用寄存器。

【例 6-21】 MOV EAX，12345678H
MOV EBX，EAX

执行后：(EAX) =12345678H，(EBX) =12345678H。

3. 存储器寻址

这类寻址方式的操作数在内存中，操作数地址可以由指令直接给出，也可以通过寄存器间接给出。32 位寻址方式的地址由两部分组成：段址 + 有效地址 EA。其中，EA 一般由基址、变址 × 比例因子以及位移量决定；段址可以由 CS、DS、ES、SS、FS 或 GS 中的段选择子指定的段描述符提供；基址寄存器和变址寄存器可以是除 ESP 之外的任意 32 位通用寄存器。如果使用 EAX、EBA、ECX、EDX、ESI 和 EDI 寄存器，默认采用段寄存器 DS 存放段选择子；如果使用 EBP 寄存器，默认采用段寄存器 SS 存放段选择子。当然，可以使用跨段前缀改变默认的段寄存器；比例因子为 1、2、4、8，默认为 1；位移量为 8 位、32 位。

(1) 直接寻址。指令中包含存放数据存储单元的 32 位有效地址，即 EA =32 位有效地址，从该存储单元取出的数据可以是 8 位、16 位或 32 位的。

(2) 寄存器间接寻址。操作数的有效地址存放在寄存器中，EA =［基址或变址寄存器]。

（3）寄存器相对寻址。寄存器的内容加上位移量得到操作数的有效地址，EA =［基址或变址寄存器 + 位移量］。

（4）基址变址寻址。基址寄存器的内容加上变址寄存器的内容得到操作数的有效地址，EA =［基址寄存器 + 变址寄存器］。

（5）相对基址变址寻址。基址寄存器的内容加上变址寄存器的内容，再加上位移量得到操作数的有效地址，EA =［基址寄存器 + 变址寄存器 + 位移量］。

（6）比例基址变址寻址。用变址寄存器的内容乘以给定的比例因子，再加上基址寄存器的内容，得到操作数的有效地址，EA =［基址寄存器 + 变址寄存器 × 比例因子］。

（7）相对比例变址寻址。用变址寄存器的内容乘以给定的比例因子，再加上位移量，得到操作数的有效地址，EA =［变址寄存器 × 比例因子 + 位移量］。

（8）相对比例基址变址寻址。用变址寄存器的内容乘以给定的比例因子，加上基址寄存器的内容，再加上位移量，得到操作数的有效地址，EA =［基址寄存器 + 变址寄存器 × 比例因子 + 位移量］。

6.3.2 80x86 程序转移地址的寻址方式

1. 段内直接寻址

目标地址和当前指令地址在同一个段内，转移时只需修改（IP）的值。指令中直接给出位移量，分为短转移和近转移，短转移的位移量为 8 位，近转移的位移量有 16 位和 32 位两种形式。

2. 段内间接寻址

目标地址和当前指令地址在同一个段内，指令间接给出目标地址。采用 EBP 寄存器时，目标地址在堆栈段，采用其他寄存器时，目标地址在数据段，使用跨段前缀可以改变段寄存器。

3. 段间直接寻址

目标地址和当前指令地址不在同一个段内，转移时需要同时修改（CS）和（IP）的内容。指令直接给出目标代码段的段地址或代码段的选择子，以及 16 位或 32 位的有效地址。

4. 段间间接寻址

目标地址和当前指令地址不在同一个段内，指令间接给出目标地址。采用 EBP 寄存器时，目标地址在堆栈段，采用其他寄存器时，目标地址在数据段，使用跨段前缀可以改变段寄存器。

6.3.3 80x86 扩充的指令

1. 80x86 增强了功能的指令

（1）80286 增强了功能的指令。

1）数据传送类指令。

① 堆栈指令。

格式 1：PUSH 立即数

其中，立即数是16位的有符号数（范围为 -32768 ~ 32767）或无符号数（0 ~ 65535），如果指令提供的数不足16位，则系统自动将其扩展。

格式2：PUSHA

功能：把通用寄存器AX、CX、DX、BX、SP、BP、SI、DI的内容顺序进栈，其中SP进栈的内容是PUSHA执行前的值。

格式3：POPA

功能：将堆栈中的内容弹出到相应的寄存器中，顺序与PUSHAD指令正好相反。

② 串输入/输出指令。

格式1：[REP] INS 目的串，DX

功能：从DX给出的端口地址取出一个数据送入（ES）:（DI）所指向的目的串单元中，同时根据DF的值和目的串的类型（字节或字）修改DI的值。利用REP前缀可连续把串数据送入目的单元，直至CX为0。

当目的串为字节类型时，该指令等效于“INSB”；当目的串为字类型时，该指令等效于“INSW”。

格式2：[REP] OUTS DX，源串

功能：将（DS）:（SI）所指向的源串元素从DX提供的端口地址中输出，并根据DF的值和源串的类型（字节或字）修改SI的值。REP前缀用于连续输出。

当源串为字节类型时，该指令等效于“OUTSB”，当源串为字类型时，该指令等效于“OUTSW”。

2）算术运算类指令。

有符号乘法指令增加了两种格式：

格式1：IMUL OPD，OPS

格式2：IMUL OPD，OPS1，OPS2

功能：格式1是将目的操作数与源操作数相乘，结果存入目的操作数；格式2是将源操作数1与源操作数2相乘，结果存入目的操作数。

其中，OPD只能是16位的寄存器，因此乘积不能超过16位，否则结果溢出；格式1中的OPS可以是16位的通用寄存器、存储单元、立即数；格式2中的OPS1可以是16位的通用寄存器、存储单元，OPS2只能是立即数。

3）位操作类指令。

格式：移位指令 OPD，立即数。

功能：移位次数在8位以内时，可以以立即数的形式在指令中出现。

这样，在移位次数超过1之后，既可以使用CX计数器控制移位次数，也可以使用任意一个8位的立即数。

（2）80386增强了功能的指令。

1）数据传送类指令：80386不仅支持双字操作，而且在有些指令的操作类型上也有改变。

① 传送指令。

格式1：MOVSX OPD，OPS

格式 2：MOVZX OPD，OPS

功能：将源操作数由 8 位扩展为 16 位，或由 16 位扩展为 32 位，然后送到目的操作数。格式 1 是按有符号数扩展，格式 2 是按无符号数扩展。

② 堆栈操作指令。

格式 1：PUSHAD

功能：将所有 32 位的通用寄存器内容进栈，顺序为：EAX、ECX、EDX、EBX、ESP、EBP、ESI、EDI，ESP 进栈的内容是 PUSHAD 指令执行前的值。

格式 2：POPAD

功能：将堆栈中的 32 位内容弹出到相应的寄存器中，顺序与 PUSHAD 指令正好相反。

格式 3：PUSHFD

功能：将双字的标志寄存器内容进栈。

格式 4：POPFD

功能：将当前栈顶的双字内容弹到 32 位的标志寄存器中。

③ 地址传送指令。

格式 1：LFS OPD，OPS

格式 2：LGS OPD，OPS

格式 3：LSS OPD，OPS

其中，OPD 是 32 位的通用寄存器，OPS 是内容区域，它们的位数应一致。

功能：将 OPS 所指定的存储区域的连续 6 B 的内容送到相应的段寄存器和指定的通用寄存器中，前 32 位内容送到通用寄存器中作为偏移地址，后 16 位内容送到段寄存器中。对于格式 1，后 16 位送入 FS 寄存器；对于格式 2，后 16 位送入 GS 寄存器；对于格式 3，后 16 位送入 SS 寄存器中。

2）算术运算类指令。

① 符号扩展指令。

格式 1：CWDE

功能：将 AX 的符号位扩展到 EAX 的高 16 位，从而形成 32 位的有符号数。

格式 2：CDQ

功能：将 EAX 的符号位扩展到 EDX，从而形成 64 位的有符号数（EDX：EAX 的形式）。

3）串操作类指令：80386 支持双字串操作，增强了串操作的功能，具体有：

① MOVSD：双字串传送。

② CMPSD：双字串比较。

③ SCASD：双字串扫描。

④ LODSD：双字取串。

⑤ STOSD：双字存串。

⑥ INSD：双字串输入。

⑦ OUTSD：双字串输出。

4）控制转移类指令处理机控制类指令。

格式：JECXZ 转移目标

功能：其他与 JCXZ 一样，只是将 CX 扩展为 ECX。

2. 80x86 新增加的指令

（1）80386 新增加的指令。

1）位操作类指令。

① 位测试和设置指令。

格式1：BT OPD，OPS

格式2：BTC OPD，OPS

格式3：BTR OPD，OPS

格式4：BTS OPD，OPS

其中，OPD 是被测试的单元，可以是 16 位或 32 位的寄存器或存储器；OPS 可以是 8 位立即数或与 OPD 位数相同的寄存器，用于指明测试 OPD 的第几位（0～15 或 0～31）。

功能：这 4 条指令基本作用相同，用 OPS 所指定的 OPD 中的相应位设置标志位 CF，此外，BTC 指令对该位取反，BTR 指令将该位清 0，BTS 指令对该位置 1。

② 位扫描指令。

格式1：BSF OPD，OPS

格式2：BSR OPD，OPS

其中，OPD 和 OPS 可以是 16 位或 32 位的寄存器或存储器，两个操作数的位数必须一致。

功能：对 OPS 进行扫描，将第一个扫描到是“1”的位的位号送入 OPD。如果 OPS 为 0，则 ZF =1，OPD 无定义；如果 OPS 不为 0，则 ZF =0，OPD 的内容为位号。BSF 从最低位往高位扫描，BSR 从最高位往低位扫描。

③ 多字节左移或右移指令。

格式1：SHLD OPD，OPS1，OPS2

格式2：SHRD OPD，OPS1，OPS2

其中，OPD 只能是 16 位或 32 位的寄存器或存储器，OPS1 只能是寄存器，位数必须与 OPD 一致，OPS2 可以是 8 位的立即数或 CL 寄存器，用于指定移位次数。

功能：按 OPS2 给出的值将 OPD 进行左移（SHLD）或右移（SHRD），移出的位送入标志位 CF 中，移位后空出的位用 OPS1 的高位（SHLD）或低位（SHRD）填充。

2）条件设置指令。

格式：SET 条件 OPD

其中，“条件”是指令助记符的一部分，与 SET 共同构成指令，OPD 只能是 8 位的寄存器或存储单元，用于存放测试结果，见表 6-2。

功能：条件为真时，OPD 置 1，否则为 0。

条件可分为 3 类，测试条件的方法和条件转移指令一样，只是测试结果用于设置 OPD。

① 以标志位状态为条件：可以测试的标志位为 ZF、SF、OF、CF、PF。

② 以两个无符号数比较为条件：条件为高于、高于等于、低于、低于等于。

③ 以两个带符号数比较为条件：条件为大于、大于等于、小于、小于等于。

表 6-2 条件设置指令

种　类	指　令	条　件	说　明
无符号数比较	SETA/NBE	CF = 0 且 ZF = 0	高于/不低于等于
	SETAE/NB	CF = 0	高于或等于/不低于
	SETB/NAE	CF = 1	低于/不高于等于
	SETBE/NA	CF = 1 或 ZF = 0	低于或等于/不高于
有符号数的比较	SETG/NLE	ZF = 0 且 SF = OF	大于/不小于等于
	SETGE/NL	SF = OF	大于或等于/不小于
	SETL/NGE	SF≠OF	小于/不大于等于
	SETLE/NG	SF≠OF 或 ZF = 1	小于或等于/不大于
标志状态	SETC	CF = 1	有进位
	SETNC	CF = 0	无进位
	SETO	OF = 1	有溢出
	SETNO	OF = 0	无溢出
	SETP/PE	PF = 1	偶数个“1”
	SETNP/PO	PF = 0	奇数个“1”
	SETZ/E	ZF = 1	为 0
	SETNZ/NE	ZF = 0	不为 0
	SETS	SF = 1	为负数
	SETNS	SF = 0	为正数

3）处理机控制类指令。

格式：IRETD

功能：将 EIP、CS、EFLAG 的内容从堆栈中弹出，返回主程序。

说明：如果是以 16 位寻址，要用 IRET 指令返回；如果以 32 位寻址，则用 IRETD 指令返回。

4）高级语言支持命令。

① 检查数组下标界限指令 BOUND。

格式：BOUND OPD，OPS

其中，对于 80286，OPD 为 16 位寄存器，OPS 为 32 位存储器；对于 80386，OPD 可以是 16 位或 32 位的寄存器，OPS 可以相应为 32 位或 64 位的存储器。

功能：检查 OPD 给出的有符号数是否在 OPS 给出的数组界限之内。OPS 中存放着数组的起始下标和结束下标。

② 建立堆栈框架指令 ENTER。

格式：ENTER OPD，OPS

其中，OPD 为 16 位的立即数，OPS 为 8 位立即数。

功能：为高级语言正在执行的过程建立堆栈框架。OPD 是框架的大小，表示该过程局部变量占用的存储空间字节数；OPS 表示过程被嵌套的层数。（E）BP 是指向该堆栈框架的指针。

③ 释放堆栈框架指令 LEAVE。

格式：LEAVE

功能：释放当前过程所有局部变量占用的堆栈空间。

（2）Pentium 新增加的指令。MASM6.11 开始支持 Pentium 新增加的指令，在源程序中必须加入.586 或.586P。

1）数据传送类指令。

格式：CMPXCHG8B OPD，OPS

功能：执行 64 位的比较和交换操作，OPD 是 64 位存储器，OPS 是寄存器 ECX：EBX。操作时，将 64 位存储器的内容与 EDX：EAX 的内容进行比较，如果相等，就把 ECX：EBX 的内容送入 64 位的存储器，并置 ZF=1；否则就把 64 位的存储器内容送入 EDX：EAX 中，并置 ZF=0。

2）处理机控制类指令。

① 处理器识别指令。

格式：CPUID

功能：该指令可用于识别 Pentium 处理器的型号。执行该指令前，必须给 EAX 寄存器赋值，通过执行该指令获取不同的标志信息。

② 读时间标记计数器指令。

格式：RDTSC

功能：将时间标记计数器每个时钟周期递增，在上电和复位后，将该计数器清 0。通过时间标记计数器可检测程序的运行速度。

③ 读模型专用寄存器指令。

格式：RDMSR

功能：将由 ECX 寄存器指定的模型专用寄存器的内容送入 EDX：EAX 中。

④ 写模型专用寄存器指令。

格式：WRMSR

功能：将 EDX：EAX 中的内容送入由 ECX 寄存器指定的模型专用寄存器中。

⑤ 恢复处理器运行模式指令。

格式：RSM

功能：在系统管理模式时，通过执行该指令，使系统返回到实模式或保护模式下。

6.3.4 80x86 扩充的伪指令

在程序中要使用 80x86 的扩充指令，必须在程序的开始处说明处理器的类型。MASM5.0 开始支持这类指令，方式伪指令用于使汇编程序识别处理器的指令系统。

1. MASM 的方式伪指令

格式：处理器类型

功能：告诉汇编程序可汇编该处理器类型指令系统及兼容的指令系统。

1）.8086：这是默认的方式，汇编程序只处理 8086/8088 指令。

2）.8087：允许汇编程序处理 8087 协处理器的指令。

3）.186：允许汇编程序处理 80186 指令系统及兼容的指令系统。

4）.286：允许汇编程序处理实方式下 80286 指令系统及兼容的指令系统。

5）.286P：允许汇编程序处理保护方式下和实方式下的 80286 指令系统及兼容的指令系统。

6）.287：允许汇编程序处理 80287 协处理器的指令。

7）.386：允许汇编程序处理实方式下 80386 指令系统及兼容的指令系统。从 .386 开始，允许使用 32 位指令。

8）.386P：允许汇编程序处理保护方式下和实方式下的 80486 指令系统及兼容的指令系统。

9）.387：允许汇编程序处理 80387 协处理器的指令。

10）.486：允许汇编程序处理实方式下 80486 指令系统及兼容的指令系统。

11）.486P：允许汇编程序处理保护方式下和实方式下的 80486 指令系统及兼容的指令系统。

12）.586：允许汇编程序处理 80586 指令系统及兼容的指令系统。

2. MASM 扩充的其他伪指令

（1）段使用类型伪指令 USER16/USER32。

格式：USER16/USER32

功能：在 32 位 CPU 中，可以 16 位方式寻址，也可用 32 位方式寻址，相应的段定义时就有两种方式可以选择：USER16 表示该段按 16 位方式寻址，USER32 表示该段按 32 位方式寻址。

（2）简化段定义伪指令。

1）.CODE：定义程序段。

2）.DATA：定义近程数据段。

3）.DATA?：定义近程数据段，但定义的变量未初始化。

4）.FAR DATA：定义远程数据段。

5）.FAR DATA?：定义远程数据段，但定义的变量未初始化。

6）.STACK：定义堆栈段。

7）.STARTUP：说明程序的开始，并且对 DS 寄存器和 SS 寄存器进行初始化（DS 和 SS 的值相等），该伪指令后为第一条可执行语句。

8）.EXIT：使程序返回。

9）.CONST：定义常量。

10）.MODEL 内存模式：说明内存的分配模式，各模式见表 6-3。

表 6-3　内存的模式

内存模式	说　明
TINY	程序和数据段在 64 KB 范围内
SMALL	独立的代码段（64 KB）和独立的数据段（64 KB）
MEDIUM	单个数据段（64 KB）和多个代码段（1 MB）
COMPACT	单个代码段（64 KB）和多个数据段（1 MB）
LARGE	多个代码段（1 MB）和多个数据段（1 MB）
HUGE	多个代码段（1 MB）和多个数据段（大于 64 KB）
FLAT	程序段和代码段在 521 MB 范围内

11）@符号：预处理符号，用于返回各种数值，常用的预处理符号见表6-4。

表6-4　预处理符号表

符　号	说　明	符　号	说　明
@code	返回代码段段值	@fardata	返回FAR DATA定义的段值
@codesize	返回代码段长度值	@fardata?	返回FAR DATA？定义的段值
@curseg	返回当前段段值	@model	返回选择的内存模式
@data	返回数据段段值	@stack	返回堆栈段段值
@datasize	返回数据段长度值	@wordsize	返回当前段类型属性

6.3.5　保护方式专用指令

保护方式专用指令只能在.x86P伪指令后才能使用，主要是供系统程序员设置控制寄存器的值以支持虚拟内存的管理，多数为特权指令，一般用户不需要使用它们。

1. 装入访问权指令LAR

格式：LAR OPD，OPS

其中，OPD必须是16位或32位（386及以上CPU）的寄存器，OPS是16位的寄存器或存储器，它提供段选择子。

功能：若OPS所提供的段选择子在当前特权级上是可见的，则复制该描述符的访问权字节到OPD的高位字节，同时OPD的低位字节清0。若装入成功，ZF=1，否则ZF=0。

2. 装入段界限指令LSL

格式：LSL OPD，OPS

其中，OPD和OPS的取值与LAR指令相同。

功能：复制描述符的段界限值到OPD中，其他与LAR指令相同。

3. 装入全局描述符号表寄存器指令LGDT

格式：LGDT OPS

其中，OPS为存储器。

功能：把由OPS所提供的6个字节装入全局描述符寄存器GDT中。

4. 装入中断描述符表寄存器指令LIDT

格式：LIDT OPS

其中，OPS为存储器。

功能：把由OPS所提供的6个字节装入中断描述符寄存器IDT中。

5. 存储全局描述符表指令SGDT

格式：SGDT OPD

其中，OPD为存储器。

功能：把全局描述符表寄存器GDT的内容存储到OPD所提供的6个字节的存储器中。

6. 存储中断描述符表指令SIDT

格式：SIDT OPD

其中，OPD为存储器。

功能：把中断描述符表寄存器IDT的内容存储到OPD所提供的6个字节的存储器中。

7. 装入任务寄存器指令 LTR

格式：LTR OPS

其中，OPS 为 16 位的寄存器或存储器。

功能：将 OPS 的内容装入任务寄存器并标志任务状态为“忙”。

8. 存储任务寄存器指令 STR

格式：STR OPD

其中，OPD 为 16 位的寄存器或存储器。

功能：将任务寄存器的内容存储到 OPD 中。

9. 装入机器状态字指令 LMSW

格式：LMSW OPS

其中，OPS 为 16 位寄存器或存储器。

功能：将 OPS 的内容装入 MSW 中，使工作模式从实方式转为保护方式。

10. 存储机器状态字指令 SMSW

格式：SMSW OPD

其中，OPD 为 16 位寄存器或存储器。

功能：将 MSW 存储到 OPD 中。

11. 装入局部描述符表寄存器指令 LLDT

格式：LLDT OPS

其中，OPS 为 16 位寄存器或存储器，是一个指向全局描述符表的选择子或是一个空选择子。

功能：将 OPS 内容装入局部描述符表寄存器 LDT 中。

12. 存储局部描述符表寄存器指令 SLDT

格式：SLDT OPD

其中，OPD 为 16 位的寄存器或存储器。

功能：将局部描述符表寄存器 LDT 中的内容存储到 OPD 中。

13. 装入控制寄存器指令

格式：MOV CRn，OPS

其中，OPS 为 32 位的寄存器，n 的取值为 0、2、3。

功能：将 OPS 内容装入控制寄存器 CRn 中。

14. 装入调试寄存器指令

格式：MOV DRn，OPS

其中，OPS 为 32 位的寄存器，n 的取值为 0、1、2、3。

功能：将 OPS 内容装入调试寄存器 DRn 中。

15. 装入测试寄存器指令

格式：MOV TRn，OPS

其中，OPS 为 32 位的寄存器，n 的取值为 6、7。

功能：将 OPS 内容装入测试寄存器 TRn 中。

16. 存储控制寄存器指令

格式：MOV OPD，CRn

其中，OPD 为 32 位的寄存器，n 取值为 0、2、3。

功能：将控制寄存器 CRn 的内容存储到 OPD 中。

17. 存储调试寄存器指令

格式：MOV OPD，DRn

其中，OPD 为 32 位的寄存器，n 的取值为 0、1、2、3。

功能：将调试寄存器 DRn 的内容存储到 OPD 中。

18. 存储测试寄存器指令

格式：MOV OPD，TRn

其中，OPD 为 32 位的寄存器，n 的取值为 6、7。

功能：将测试寄存器 TRn 的内容存储到 OPD 中。

19. 调整请求特权级（RPL）字段指令 ARPL

格式：ARPL OPD，OPS

其中，OPD 为 16 位的寄存器或存储器，OPS 为 16 位的寄存器。

功能：若 OPD 要求的 RPL 小于 OPS 的 RPL，则 ZF =1，并将 OPS 的 RPL 复制到 OPD 的 RPL 中；否则 ZF =0，并且不改变 OPD。

20. 清除任务切换标志指令 CLTS

格式：CLTS

功能：清除 MSW 中的任务切换标志 TS。

21. 检验段的读访问指令 VERR

格式：VERR OPS

其中，OPS 为包含选择子的 16 位寄存器或存储器。

功能：若当前特权级可访问 OPS 提供的选择子所选定的段，并且可读，则 ZF =1，否则 ZF =0。

22. 检验段的写访问指令 VERW

格式：VERW OPS

其中，OPS 为包含选择子的 16 位寄存器或存储器。

功能：若当前特权级可访问 OPS 提供的选择子所选定的段，并且可写，则 ZF =1，否则 ZF =0。

6.4 80x86 汇编语言编程

CPU 技术的发展过程中，新的微处理器在基本结构和指令系统上采用向上兼容的方法，同时功能不断加强。本节介绍基于 80x86 的两种主要编程方法。

6.4.1 实地址方式汇编语言程序设计

1. 汇编程序的两种格式

汇编程序使用两种基本格式：简化段定义模式和完整段定义模式。简化段定义的模式简洁明了，适用于与高级语言的联合编程；完整段定义的模式结构性好，适用于较复杂的汇编语言程序的开发，前面各章节的程序实例都是采用完整段定义的模式。下面介绍在 MASM

6.11 环境下采用简化段定义模式和完整段定义模式所编写的程序结构及程序的调试过程(以完整段定义为例)。

【例 6-22】 把数据区 BUF 的前两个数据相加，然后存放在第 3 个单元，同时显示运算结果。

简化段定义源程序如下：

```
.MODEL  SMALL
.STACK  100
.DATA
BUF  DB  1,2,?
.CODE
.STARTUP
MOV       AL,BUF
ADD       AL,BUF+1
MOV       BUF+2,AL
OR        AL,30H
MOV       DL,AL
MOV       AH,2
INT       21H
.EXIT
END
```

完整段定义源程序如下：

```
DATA   SEGMENT  'DATA'
BUF    DB 1,2,?
DATA   ENDS
STACK SEGMENT  STACK
DB  100  DUP(?)
STACK ENDS
CODE  SEGMENT 'CODE'
ASSUME  CS:CODE,DS:DATA,SS:STACK
START:MOV   AX,DATA
MOV  DS,AX
MOV  AL,BUF
ADD  AL,BUF+1
MOV  BUF+2,AL
OR   AL,30H
MOV  DL,AL
MOV  AH,2
INT  21H
MOV  AH,4CH
INT  21H
CODE  ENDS
```

```
END START
```

在上述完整段定义源程序中，在段的属性部分包含‘DATA’和‘CODE’，这样就允许CodeView使用符号调试这个程序。

2. MASM 6.11的使用

在MASM 6.11环境下，有两种形式可以进行程序的调试：一是利用它内部的MASM命令和LINK命令进行调试，二是利用它所提供的集成环境PWB进行调试。

（1）在DOS下利用命令进行调试。在\MASM611\bin目录下，有MASM命令和LINK命令，分别用于汇编和连接，另有CV命令用于调试。为了方便调试，在汇编和连接时分别加上相关的参数给出CV的使用提供符号跟踪。

假定以上的文件用文件名L621.ASM存盘，调试过程如下：

1）BIN目录>MASM/ZI/ZD L621.ASM。

该指令中的参数/ZI/ZD用于调试时进行符号跟踪。

如果出现以下的结果，说明汇编成功，并生成了目标文件L621.OBJ：

```
盘符\MASM611\BIN>MASM/ZI/ZD L621.ASM
Microsoft (R) MASM Compatibility Driver
Copyright (C) Microsoft Corp 1993. All rights reserved.
Invoking: ML.EXE /I. /Zm /c /Zi /Zd /Ta L621.ASM
Microsoft (R) Macro Assembler Version 6.11
Copyright (C) Microsoft Corp 1981 - 1993. All rights reserved.
Assembling: L621.ASM
```

如果执行以下命令：

```
BIN目录>MASM/ZI/ZD L621,L621,L621,L621
```

则同时得到3个文件：L621.OBJ、L621.LST、L621.CRF。有时不需要全部的文件种类，则在相应的类型处用空格便可。

2）BIN目录>LINK/CO L621。

该指令中的参数/CO用于调试时进行符号跟踪。

执行上述命令后，出现如下结果：

```
Microsoft (R) Segmented Executable Linker Version 5.31.009 Jul 13 1992
Copyright (C) Microsoft Corp 1984 - 1992. All rights reserved.
Run File [l621.exe]:
List File [nul.map]:
Libraries [.lib]:
Definitions File [nul.def]:
Microsoft Debugging Information Compactor   Version 4.01.00
Copyright(c) 1987 - 1992 Microsoft Corporation
Line/Address size    =       120
Public symbol size   =         0
Initial symbol size  =       101
```

Final symbol size = 108

Global symbol size = 0

Initial type size = 6

Compacted type size = 8

其中，可执行文件名默认与 ASM 文件同名，也可以重新命名；映像文件 MAP 和自定义文件 DEF 可选；如果要使用库文件，则在［.LIB］后指定库文件。如果所有选项均使用默认值，则直接在文件名后加分号“；”即可，形式为：BIN 目录 > LINK/CO L621；。

3）BIN 目录 > CV L621. EXE。

执行该命令后出现如图 6-1 所示的调试窗口。

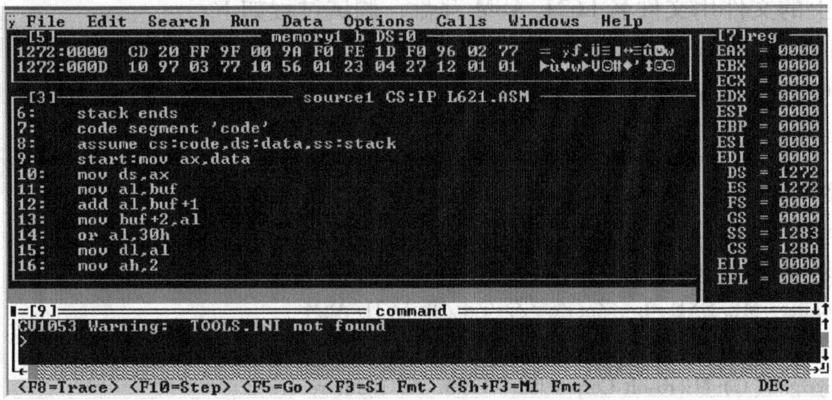

图 6-1　CV 调试窗口

CV（CodeView）是一个简单、直观的全屏幕调试工具，它可以调试多种语言的源程序所生成的可执行代码。图 6-1 中，中间窗口是主窗口，用于显示被调试的源程序或可执行代码；左上窗口用于显示相关存储器的信息；左下窗口可用于输入各种调试命令（如 DEBUG 调试命令）；右窗口用于显示寄存器的内容，可以直接在其中修改各寄存器的内容和各标志位，寄存器可以是 16 位或 32 位的形式，利用 Option 菜单中的“32 - Bit Registers”项进行切换。通过菜单还可以调出其他各种窗口，还可以使用功能键执行各种命令。

- F2：显示/隐含寄存器窗口。
- F3：以不同的显示方式显示当前执行的程序。
- F4：显示程序的输出屏幕。
- F5、F7：执行到下一个断点，或程序结尾。
- F6：依次在当前各窗口之间切换。
- F8：执行单步操作，并进入被调试的程序。
- F9：在源程序中设置/取消断点。
- F10：执行单步操作，但不进入被调试的程序。

（2）利用 PWB 环境进行调试。在 \ MASM611 \ bin 目录下，执行 PWB 命令即可进入编程集成环境，如图 6-2 所示。

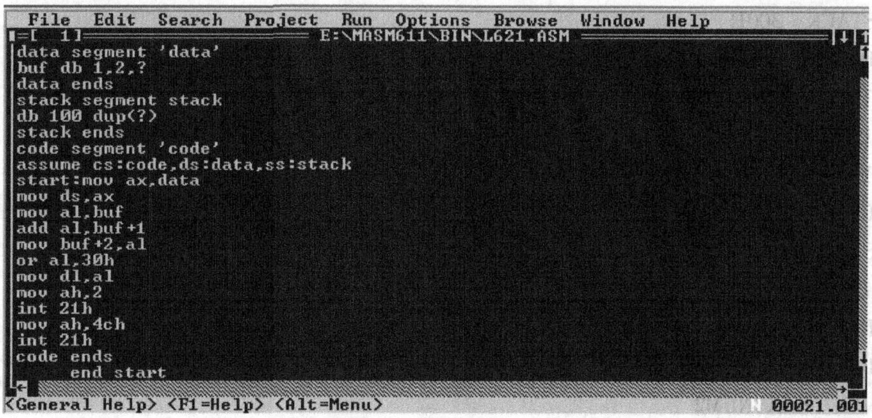

图 6-2　PWB 编程集成环境

在 PWB 编程集成环境下，用户可以直接编写源程序，并进行汇编、连接、运行和调试。

1）源程序编辑：PWB 的编辑功能和其他同类编辑工具相似，有 File、Edit、Search、Project、Run、Option、Browse、Windows 和 Help 等菜单项。

2）程序的汇编和连接：在 PWB 环境下，程序的汇编和连接是一次完成的。当汇编过程完成，没有产生错误时，连接程序立即开始工作；如果汇编过程出错，连接程序就不会执行，此时，可以用〈Shift + F3〉和〈Shift + F4〉定位前一个错误和后一个错误。

在连接时，如果需要某个库文件，那么可以在 Option 菜单项中的“Link Option”项中进行设置。当生成可执行文件需要多个模块连接时，可以通过建立工程文件来实现。

3）程序的运行：运行程序时，有多种方式，可以直接运行、按调试方式运行、用 DOS 命令来运行等。一般按调试方式来运行，此时系统自动进入 CodeView 环境（见图 6-1）。

4）程序的调试：常用的调试方法有两种：执行代码的调试和符号调试。一般采用符号调试的方法，这是一种源程序级的调试，其目标代码的执行就像是源程序的执行，容易调试，是目前最流行的调试方法。要进行符号调试，就要让汇编程序和连接程序保留源程序中的各种符号信息，为此，在调试前要进行相关的一些命令设置：

① 生成选项的设置：在 Options 菜单项的“Build Option”项中选择“Use Debug Options”。

② 汇编命令选项的设置：在 Options 菜单项的“Project Templates”项中选择“Customize Project Template”。

③ 连接命令选项的设置：在 Options 菜单项的“Link Options”项中选择“CodeView”。

3. 实地址方式编程

实地址方式下，在汇编语言程序的开始处加上 . x86 伪指令，就可以使用 80x86 扩充的伪指令。在 80386 以上 CPU 中，若使用 EAX、EBX 等即可实现 32 位的运算。

【例 6-23】 把数据区 DATA 的两个双字数据相加，并将结果存放在该数据区。

源程序如下：

```
. MODEL SMALL
. 386
```

```
.STACK  300H
.DATA
NUM1     DD  12345678H
NUM2     DD  11223344H
RESULT   DQ  0H
.CODE
.STARTUP
ADDPROG  PROC  FAR
MOV  ECX,0H
MOV  EAX,NUM1
ADD  EAX,NUM2
ADC  ECX,0H
MOV  DWORD PTR RESULT,EAX
MOV  DWORD PTR RESULT+4,ECX
.EXIT
ADDPROG  ENDP
         END
```

6.4.2 保护方式的进入和退出

实方式和保护方式以同样的方式使用指令，在保护方式下的汇编语言指令和伪指令与实地址方式下的基本相同，它们的明显差别在于内存物理地址的形成机制，形成物理地址的内容在前面已经进行了介绍。

从实方式进入保护方式有两种方法：一是使用 DPMI（DOS 保护方式接口）功能由 WINDOWS 环境进入 DOS 保护方式；二是利用系统表和寄存器并使用保护方式专用指令进入保护方式，本书介绍该种方法的工作过程。

1. 从实方式进入保护方式

在开机或系统复位后，80x86 CPU 处于实地址方式，如果要进入保护方式，就需要对各种系统表和寄存器进行初始化。系统表主要是全局描述符表 GDT 和中断描述符表 IDT，寄存器主要是控制寄存器 CR0 和所有的数据段寄存器。初始化过程如下：

（1）建立 GDT 和 IDT。GDT 中包含任务所需要的代码段描述符和数据段描述符，在进入保护方式时，可以将代码段选择子和数据段选择子装入 CS 和 DS；如果在保护方式中需要使用中断功能，就要建立 IDT，IDT 包含 32 个中断向量。使用命令 LGDT 装入 GDTR，使 GDTR 指向有效的 GDT，使用命令 LIDT 装入 IDTR，使 IDTR 指向有效的 IDT。

（2）设置 MSW 或 CR0 寄存器中的 PE 位，进入保护方式。对于 80286 CPU，用 LMSW 命令把 MSW 中的 PE 位置 1；对于 80386 及以上的 CPU，用 MOV 指令把控制寄存器 CR0 的 PE 位置 1，进入保护方式。

进入保护方式后，使用一条段间转移指令 JMP，将代码段选择子装入 CS 段寄存器并刷新 CPU 当前的指令队列，然后初始化所有的数据寄存器，通过 TSS 建立任务切换。

2. 从保护方式退出到实方式

对于 80286 CPU，一般采用系统复位的方法使 CPU 从保护方式返回到实方式；对于

80386 及以上的 CPU，除了用系统复位的方法，还可以通过以下途径：

1）设置描述符高速缓冲器，使它们与实地址方式相同，将选择子装入段寄存器 DS、ES、SS、FS、GS 中，选择子指向的描述符应包含实方式的参数。

2）用 MOV 指令使 CR0 中的 PE 位复位（清 0），返回到实方式。

如果在保护方式中使用了分页机制，则在 PE 位清 0 之前，要先将 CR0 中的 PG 位清 0，并重新装入 CR3，清除 TLB。

返回到实方式后，首先要使用一条转移指令 JMP，使程序转移到要运行的实方式代码，刷新指令队列。

为了系统的完整性，在方式切换的过程中，先要禁止中断，切换后再开中断。

6.4.3 保护方式汇编语言程序设计

进行保护方式的编程，一种是前面介绍的从实方式进入保护方式后进行编程，另一种是直接在 WIN32 环境中进行编程。

1. 从实方式进入保护方式编程

下面结合【例 6-24】说明保护方式编程的工作过程。

【例 6-24】 显示“REAL AND PROTECT”信息。

```
;以下是程序段描述符的定义
DESCRIPOR   STRUC
LIMIT       DW          0
BADDRL      DW          0
BADDRM      DB          0
ATTR        DW          0
BADDRH      DB          0
DESCRIPOR   ENDS
;以下是门描述符的定义
GATE        STRUC
OFFSETL     DW          0
SELECT      DW          0
GTYPE       DW          0
OFFSETH     DW          0
GATE        ENDS
;以下是任务状态段的定义
TASKS       STRUC
            DW  ?,0
            DD  ?
            DW  ?,0
            DD  ?
            DW  ?,0
            DD  ?
            DW  ?,0
            DD  ?
```

```
        DW ?,0
        DD ?
        DD ?
        DD ?
        DD ?
        DD ?
        DD ?
        DD ?
        DD ?
        DD ?
        DW ?,0
        DW ?,0
        DW ?,0
        DW ?,0
        DW ?,0
        DW ?,0
        DW ?,0
        DW 0
        DW $ +2
        DB 0FFH
TASKS ENDS
;以下是全局描述符表和任务的局部描述符表的定义
GDTSEG SEGMENT
GDT LABEL BYTE
GDTNUL DESCRIPTOR <>
REALDA DESCRIPTOR <0FFFFH,0,0,92,0>
REALDA_SEL = REALDA - GDT
CODE1 DESCRIPTOR <0FFFFH,CODE1SEG,,98,>
CODE1_SEL = CODE1 - GDT
LDTAB DESCRIPTOR <LDTLEN - 1,LDTSEG,,82,>
LDT_SEL = LDTAB - GDT
GDTLEN = $
GDTSEG ENDS
LDTSEG SEGMENT
LDT LABEL BYTE
CODE2 DESCRIPTOR <CODE2SEGLEN - 1,CODE2SEG,,98,>
CODE2_SEL = CODE2 - LDT + 04H
DATA1 DESCRIPTOR <DATASEGLEN - 1,DATASEG,92 + 60H,,>
DATA1_SEL = DATA1 - LDT + 04H + 03H
STACK1 DESCROPTOR <TOP,STACKSEG,,93,>
STACK1_SEL = STACK1 - LDT + 04H
VIDEO DESCRIPTOR <0FFFFH,0,0,0F00H + 92H,0>
VIDEO_SEL = VIDEO - LDT + 04H
```

```
LDTLEN = $ - LDT
LDTSEG   ENDS
;以下是返回实方式时描述符高速缓冲器的设置
MOV   AX,REALDA_SEL
MOV   DS,AX
MOV   ES,AX
MOV   FS,AX
MOV   GS,AX
MOV   SS,AX
;以下是数据段的定义
DATASEG      SEGMENT
BLOCK        DB  'REAL AND PROTECT'
DATASEGLEN = $
DATASEG      ENDS
;以下是堆栈段的定义
STACKSEG     SEGMENT 'STACK'
             DW   100 DUP(?)
             TOP = $
DATASEG      ENDS
;以下是保护方式下的代码段定义
CODE1SEG     SEGMENT
ASSUME CS:   CODE1SEG,DS:DATASEG
    LP1:     MOV   AX,LDT_SEL
             LLDT  AX
             MOV   AX,STACK_SEL
             MOV   SS,AX
             MOV   SP,OFFSET  TOP
             JMP32   CODE2_SEL,LP2
    LP3:     MOV   AX,REALDA_SEL
             MOV   ES,AX
             MOV   FS,AX
             MOV   GS,AX
             MOV   SS,AX
             MOV   EBX,CR0
             XOR   EBX,00000001H
             MOV   CR0,EBX
             JMP16    <SEG   LP3>, <OFFSET LP3>
             CODE1LEN = $
CODE1SEG     ENDS
CODE2SEG     SEGMENT
ASSUME CS:   CODE2SEG,DS:DATASEG
    LP2:     MOV   AX,VIDEO_SEL
             MOV   ES,AX
```

```
          MOV   EBX,0B8000H
          MOV   AX,DATA1_SEL
          MOV   FS,AX
          MOV   SI,OFFSET  BLOCK
          MOV   AH,2
          MOV   CX,7
   LP4:   MOV   AL,FS:[SI]
          INC   SI
          MOV   ES:[EBI],AX
          INC   EBX
          INC   EBX
          LOOP LP4
          JMP32   CODE1SEG,LP3
          CODE2LEN = $
CODE2SEG  ENDS
;以下是实方式下代码段和数据段的定义
RDATA     SEGMENT
SENDGDTR  DW ?
          DD ?
STORESP   DW ?
STORESS   DW ?
RDATA     ENDS
INITIAL   SEGMENT
ASSUME CS:INITIAL,DS:GDTSEG
  SRART:  MOV   AX,GDTSEG
          MOV   DS,AX
          MOV   CX,10H
          MOV   AX,CODE1SEG
          MUL   CX
          MOV   CODE1.BADDRL,AX
          MOV   CODE1.BADDRM,DL
          MOV   CODE1.BADDRH,DH
          MOV   AX,LDTSEG
          MOV   LDTAB.BADDRL,AX
          MOV   LDTAB.BADDRM,DL
          MOV   LDTAB.BADDRH,DH
          ASSUME  DS:RDATA
          MOV   AX,RDATA
          MOV   DS,AX
          MOV   AX,GDTSEG
          MUL   CX
          MOV   WORD PTR SENDGDTR,AX
          MOV   WORD PTR SENDGDTR+2,DX
```

```
        CLD
        CALL INTLDT
        MOV   STORESS,SS
        MOV   STORESP,SP
        LGDT FWORD PTR SENDGDTR
        CLI
        MOV   EAX,CR0
        OR    EAX,00000001H
        MOV   CR0,EAX
        JMP32  <CODE1_SEL>, <OFFSET LP2>
  LP3:  LSS   SP,DWORD PTR SPVAR
        STI
        MOV   AH,4CH
        INT   21H
INTLDT  PROC  USER DS
        MOV   AX,LDTSEG
        MOV   DS,AX
        MOV   CX,4
        MOV   DI,OFFSET LDT
  LP5:  MOV   AX,[DI].BADDRL
        MOV   DX,10H
        MUL   DX
        MOV   [DI].BADDRL,AX
        MOV   [DI].BADDRM,AX
        MOV   [DI].BADDRH,AX
        ADD   DI,8
        LOOP LP4
        RET
INTLDT  ENDP
INTLDT  ENDS
END     START
```

2. WIN32 环境下的编程

要在 WIN32 环境下编程，需要提供 win32asm.exe 或者类似的软件。

【例 6-25】 显示“REAL AND PROTECT”信息。

```
.386
.MODEL FLAT,STDCALL
OPTION CASEMAP:NONE
WINMAIN PROTO :DWORD,:DWORD,:DWORD,:DWORD
INCLUDE \MASM32\INCLUDE\WINDOWS.INC
INCLUDE \MASM32\INCLUDE\USER32.INC
INCLUDELIB \MASM32\LIB\USER32.LIB
```

```
INCLUDE \MASM32\INCLUDE\KERNEL32. INC
INCLUDELIB \MASM32\LIB\KERNEL32. LIB
. DATA
CLASSNAME DB "SIMPLEWINCLASS ",0
APPNAME DB "OUR FIRST WINDOW ",0
OURTEXT DB "REAL AND PROTECT ",0
. DATA ?
HINSTANCE HINSTANCE ?
COMMANDLINE LPSTR ?
. CODE
START:
INVOKE GETMODULEHANDLE,NULL
MOV HINSTANCE,EAX
INVOKE GETCOMMANDLINE
MOV COMMANDLINE,EAX
INVOKE WINMAIN,HINSTANCE,NULL,COMMANDLINE,SW_SHOWDEFAULT
INVOKE EXITPROCESS,EAX
WINMAIN PROC HINST: HINSTANCE, HPREVINST: HINSTANCE, CMDLINE: LPSTR,
CMDSHOW:DWORD
LOCAL WC:WNDCLASSEX
LOCAL MSG:MSG
LOCAL HWND:HWND
MOV WC. CBSIZE,SIZEOF WNDCLASSEX
MOV WC. STYLE,CS_HREDRAW OR CS_VREDRAW
MOV WC. LPFNWNDPROC,OFFSET WNDPROC
MOV WC. CBCLSEXTRA,NULL
MOV WC. CBWNDEXTRA,NULL
PUSH HINST
POP WC. HINSTANCE
MOV WC. HBRBACKGROUND,COLOR_WINDOW + 1
MOV WC. LPSZMENUNAME,NULL
MOV WC. LPSZCLASSNAME,OFFSET CLASSNAME
INVOKE LOADICON,NULL,IDI_APPLICATION
MOV WC. HICON,EAX
MOV WC. HICONSM,EAX
INVOKE LOADCURSOR,NULL,IDC_ARROW
MOV WC. HCURSOR,EAX
INVOKE REGISTERCLASSEX,ADDR WC
INVOKE CREATEWINDOWEX,NULL,ADDR CLASSNAME,ADDR APPNAME,\
WS_OVERLAPPEDWINDOW,CW_USEDEFAULT,\
```

```
CW_USEDEFAULT,CW_USEDEFAULT,CW_USEDEFAULT,NULL,NULL,\
HINST,NULL
MOV HWND,EAX
INVOKE SHOWWINDOW,HWND,SW_SHOWNORMAL
INVOKE UPDATEWINDOW,HWND
.WHILE TRUE
INVOKE GETMESSAGE,ADDR MSG,NULL,0,0
.BREAK .IF (! EAX)
INVOKE TRANSLATEMESSAGE,ADDR MSG
INVOKE DISPATCHMESSAGE,ADDR MSG
.ENDW
MOV EAX,MSG.WPARAM
RET
WINMAIN ENDP
WNDPROC PROC HWND:HWND,UMSG:UINT,WPARAM:WPARAM,LPARAM:LPARAM
LOCAL HDC:HDC
LOCAL PS:PAINTSTRUCT
LOCAL RECT:RECT
.IF UMSG==WM_DESTROY
INVOKE POSTQUITMESSAGE,NULL
.ELSEIF UMSG==WM_PAINT
INVOKE BEGINPAINT,HWND,ADDR PS
MOV HDC,EAX
INVOKE GETCLIENTRECT,HWND,ADDR RECT
INVOKE DRAWTEXT,HDC,ADDR OURTEXT,-1,ADDR RECT,\
DT_SINGLELINE OR DT_CENTER OR DT_VCENTER
INVOKE ENDPAINT,HWND,ADDR PS
.ELSE
INVOKE DEFWINDOWPROC,HWND,UMSG,WPARAM,LPARAM
RET
.ENDIF
XOR EAX,EAX
RET
WNDPROC ENDP
END START
```

6.5 习题

1. 解释下列名词。

（1）结构 （2）记录 （3）条件汇编 （4）宏指令 （5）宏定义 （6）宏扩展

2. 举例说明如何访问结构变量中的字段。

3. 举例说明如何访问记录变量中的字段。

4. 简述子程序与宏指令的区别与联系。

5. 分别定义实现下列功能的宏：

（1）将所有通用寄存器进栈。

（2）将给定的存储区清0。

（3）实现任意的数据块传送。

（4）对任意一个通用的寄存器进行任意次数的左移操作。

（5）对任意给定的8位二进制数据转换为十六进制数并输出显示。

（6）实现回车与换行功能。

6. 使用条件汇编，将AL中的二进制数转换为十进制数并在屏幕上显示出来。

7. 简述保护方式和实方式的转换过程。

8. 如何定义全局描述符表和局部描述符表?

9. 定义一个宏指令，使其可以将N个字符从一个字符区传送到另一个字符区。

10. 定义一个宏指令，使其可以清空一个字符区的所有字符。

11. 编写一个程序段，建立一个字符显示区，其中包含10个字符串“STRING”。

12. 编写一个程序段，使其可以完成如下功能：

如变量X=555，则汇编“MOV　TERMINAL，0”，否则汇编“MOV　TERMINAL，1”。

13. 编写一个程序段，使其完成如下功能：

如SIGN=0，则字节变量DAT1的内容以无符号数的形式除以字节变量DAT2，结果存放在RESULT中；

如SIGN=1，则字节变量DAT1的内容以有符号数的形式除以字节变量DAT2，结果存放在RESULT中。

14. 试编写一个C语言和汇编语言的连接程序，显示“COMPUTER”，用汇编语言编写子程序显示该字符串，C语言程序调用该子程序。

15. 用32位运算指令把两个32位的无符号二进制数进行相加和相减，并将结果在屏幕上显示出来。

第7章　嵌入式系统概述

本章主要介绍了嵌入式系统的定义、特点、组成以及 ARM 体系结构和处理器的基本知识，介绍了处理器的工作模式和具体开发环境，并举例介绍了嵌入式 ARM 的具体开发流程等。

7.1　嵌入式系统的概念

嵌入式系统已经广泛地深入到工程设计、科学研究、军事技术以及文化艺术、商业、娱乐业和人们的日常生活中，随着国内外嵌入式产品的进一步发展和推广，嵌入式技术将会给人们的生活方式和工作带来巨大的变化。

7.1.1　嵌入式系统的定义

嵌入式系统诞生于微型机时代，嵌入式系统的本质是将一个计算机嵌入到一个对象体系中。微型计算机的核心微处理器所具备的小型、价廉、高可靠性特点、所表现出的智能化水平受到专业人士的关注，并把其嵌入到一个对象体系中，实现对象体系的智能化控制。为了区别于原有的常用的计算机系统，把嵌入到对象体系中以实现对象体系智能化控制的计算机系统，称为嵌入式计算机系统。

嵌入式系统是以应用为中心，以计算机技术为基础，软硬件可裁剪，适用于应用系统，对功能、可靠性、成本、体积、功耗等方面有特殊要求的专用计算机系统。嵌入式系统与通用计算机系统的本质区别在于系统应用不同，嵌入式系统是将一个计算机系统嵌入到对象系统中。这个对象可能是庞大的机器，也可能是小巧的手持设备，用户并不关心这个计算机系统的存在。

7.1.2　嵌入式系统的特点

嵌入式计算机系统与通用计算机系统相比具有以下特点。

1）嵌入式系统是面向特定应用的系统。嵌入式处理器大多数是为特定应用而专门设计的，具有低功耗、集成度高、体积小等特点，还包含各种外围设备接口的片上系统等。

2）嵌入式系统可以嵌入到现有任何信息家用电器和工业控制、通信系统中，具有便利灵活、性能价格比高、实时应用性强等特点。

3）嵌入式系统涉及多个行业，包括计算机科学与技术、电子信息技术、通信和软件研发技术、微机技术等。

4）嵌入式系统的生命周期比较长。当嵌入式系统应用到现实中以后，通常会进行软件升级，它的生命周期与产品的生命周期一样长。

5）嵌入式系统的硬件和软件都具备高度可定制性，适应嵌入式系统应用的专门需要，使产品性价比等方面具备较强的竞争力。

6）嵌入式系统具有不可修改性、系统所需配置要求较低、系统专业性和实时性较强等特点，嵌入式系统不具备本地系统开发能力，通常需要有一套专门的开发工具和环境。

7）嵌入式系统相较通用型计算机系统，具有应用范围广、功能特定、开发推广容易等优势。

嵌入式应用领域已经有丰富的软硬件资源可以选择，涵盖了通信、网络、工业控制、消费电子、汽车电子等各种行业。

7.1.3 嵌入式系统的组成

嵌入式系统包括嵌入式硬件与嵌入式软件两部分，硬件包括微处理器、传感器、微控制器、定时器、存储器等一系列微电子芯片与器件，软件由嵌入在存储器中的微型操作系统、控制应用软件组成。

嵌入式系统以应用为中心，与微机桌面系统不同，嵌入式系统目前还没有标准化的体系结构，其硬件平台和运行在该平台上的软件系统都是需要定制的。嵌入式系统目前多用于设备的控制，对可靠性、实时性有严格的要求。因此嵌入式系统更强调软硬件的协同性与整合性，以满足系统功能、成本、体积和功耗等多方面的要求。

通常整个嵌入式系统的体系结构主要由4个方面组成：嵌入式处理器、嵌入式外围设备、嵌入式操作系统和嵌入式应用软件，其结构如图7-1所示。

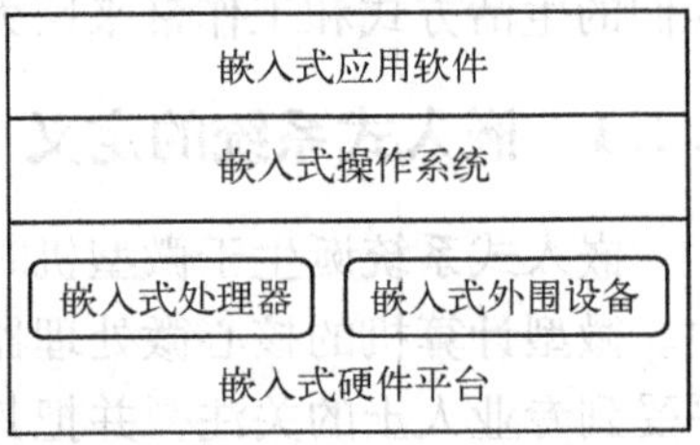

图7-1 嵌入式系统的组成

7.2 ARM体系结构简介

1985年4月26日，第一个ARM原型在英国剑桥的Acorn计算机有限公司诞生。ARM公司（Advanced RISC Machines Limited，ARM公司）正式成立于1990年。目前，ARM架构处理器已在高性能、低功耗、低成本的嵌入式应用领域占据领先地位。

ARM公司是嵌入式精简指令集计算机（Reduced Instruction Set Computer，RISC）处理器的知识产权IP供应商，它为ARM架构处理器提供ARM处理器内核。由ARM公司合作伙伴、各半导体公司在上述的处理器核基础嵌入各种外围和处理部件，形成各种嵌入式微处理器（MPU）或微控制器（MCU）。ARM微处理器集成了非常典型的RISC结构特性：

1）加载/存储结构，数据处理的操作只针对寄存器的内容，而不直接对存储器进行操作。

2）每一条数据处理指令都对算术逻辑单元（ALU）和移位器进行控制，以实现对ALU和移位器的最大利用。

3）简单的寻址模式，所有加载/存储的地址都只由寄存器的内容和指令域决定。

4）统一和固定长度的指令域，简化了指令的译码。

5）一个大的、统一的寄存器文件。

6）所有指令的条件执行实现了最快速的代码执行。

7）地址自动增加和自动减少的寻址模式实现了程序循环的优化。

8）多寄存器加载和存储指令实现了最大数据吞吐量。

这些在基本 RISC 结构上增强的特性使 ARM 处理器在高性能、低代码规模、低功耗和小的硅片尺寸方面取得了良好的平衡。同时每一次 ARM 体系结构的重大修改，都会添加一些非常关键的技术。目前，ARM 体系结构目前主要共有 6 种版本，ARM 体系的指令集功能不断扩大，不同系列的 ARM 处理器性能差别很大，应用范围和对象也不尽相同，但基于相同 ARM 体系结构的应用软件是兼容的。

1）V1 结构：V1 结构的 ARM 处理器并没有实现商品化，采用的地址空间是 26 位，寻址空间是 64MB，在目前的版本中已不再使用这种结构。

2）V2 结构：与 V1 结构的 ARM 处理器相比，V2 结构的 ARM 处理器的指令结构要有所完善。

3）V3 结构：从 V3 结构开始，ARM 处理器的体系结构有了很大的改变，实现了 32 位的地址空间，指令结构相对前面的两种结构也所完善。

4）V4 结构：V4 结构的 ARM 处理器增加了半字指令的读取和写入操作，增加了处理器系统模式，并且有了 T 变种 – V4T，在 Thumb 状态下所支持的是 16 位的 Thumb 指令集。

5）V5 结构：V5 结构的 ARM 处理器提升了 ARM 和 Thumb 两种指令的交互工作能力，同时有了 DSP 指令 – V5E 结构、Java 指令 – V5J 结构的支持。

6）V6 结构：V6 结构是在 2001 年发布的，在该版本中增加了媒体指令，属于 V6 体系结构的处理器核有 ARM11（2002 年发布）。

7.2.1 ARM 处理器系列

ARM 微处理器系列目前主要包括 ARM7 系列、ARM9 系列、ARM9E 系列、ARM10E 系列、SecurCore 系列、ARM11 系列等，分别介绍如下。

（1）ARM7 系列。ARM7 系列包括 ARM7TDMI、ARM720T、ARM7TDMI – S、ARM7EJ，该系列使用最广泛的是基于 RM7TDMI 核的 ARM 处理器，比如 Samsung 的 S3c4510B、S3c44b0x 等，在这里，TDMI 的含义如下。

M：表示内嵌硬件乘法器（Multiplier）；

T：表示支持 Thumb 指令集；

I：表示支持片上断点和调试点；

D：表示支持片上调试（Debug）。

（2）ARM9 系列。ARM9 系列包括 ARM920T、ARM922T 和 ARM940T。ARM9 处理器采用了 5 级流水线，指令执行效率较 ARM7 有较大提高并且带有 MMU 功能。由于该系列的处理器支持指令 Cache 和数据 Cache 且具有更高的数据处理能力，所以主要应用在无线设备、手持终端、数字照相机等。

（3）ARM9E 系列。该系列包括 ARM926EJ – S、ARM946E – S、ARM966E – S、ARM968E – S，该系列的处理器使用单一的处理器核并且提供了微控制器、DSP、Java 应用，非常适应于同时使用 DSP 和微控制器的场合，并采用 5 级流水线，支持 DSP 指令集、32 位的高速 AMBA 总线接口，带有 MMU 功能，最高主频可达 300MIPS。

（4）ARM10E 系列。该系列包括 ARM1020E、ARM1022E、ARM1026EJ – S，它的 ARM

处理器采用了新的体系结构，采用了更高的6级流水线结构，支持DSP指令，适合同时需要高速数字信号处理的场合，支持64位的高速AMBA总线接口、32位的ARM指令集和16位的Thumb指令集，主要应用于下一代的无线设备、数字消费品等。

（5）ARM11系列。该系列包括ARM1136J（F）-S，ARM1156T2（F）-S，ARM1176JZ（F）-S，在多媒体处理能力方面基于ARM11核结构的处理器具有更高的性能，采用了先进的0.13mm工艺，最高工作频率可达750MHz。

（6）SecurCore系列。该系列包括SecurCore SC100、SecurCore SC110、SecurCore SC200和SecurCore SC22，SecurCor系列处理器作为专为安全需要而设计，提供了对于安全方案解决的支持，主要应用在比如电子商务、电子银行、网络认证等对安全性要求很高的场合。

（7）Xscale处理器。Xscale处理器是Intel公司基于ARMV5TE体系结构的解决方案，是一款高性能、低功耗的32位RISC处理器，有PXA25x系列和PXA27x系列，主要应用在PDA和网络产品等方面。

7.2.2 ARM处理器的工作基础

1. ARM的工作状态

从编程的角度看，ARM微处理器的工作状态一般有ARM状态和Thumb状态两种，并且两种状态之间可以切换。

1）ARM状态：处理器执行32位的字对齐的ARM指令。

当操作数寄存器的状态位为1时，可以采用执行BX指令的方法，使微处理器从ARM状态切换到Thumb状态。此外，当处理器处于Thumb状态时发生异常（如IRQ、FIQ、Undef、Abort、SWI等），则异常处理返回时，自动切换到Thumb状态。

2）Thumb状态：处理器执行16位的半字对齐的Thumb指令。

当操作数寄存器的状态位为0时，执行BX指令时可以使微处理器从Thumb状态切换到ARM状态。此外，在处理器进行异常处理时，把PC指针放入异常模式链接寄存器中，并从异常向量地址开始执行程序，也可以使处理器切换到ARM状态。ARM指令集和Thumb指令集各有优点，若对系统的性能有较高要求，则应使用32位的存储系统和ARM指令集，若对系统的成本及功耗有较高要求，则应使用16位的存储系统和Thumb指令集。当然，若两者结合使用，充分发挥其各自的优点，会取得更好的效果。

Thumb指令集为16位指令长度，但Thumb指令集中的数据处理指令的操作数和指令地址是32位的。ARM指令都是有条件执行的，大多数Thumb指令是无条件执行。在指令编码上，Thumb指令减少了ARM指令的条件域；由于大多数Thumb数据处理指令的目的寄存器与一个源寄存器相同，Thumb指令在指令编码时由三操作数改为二操作数。

2. ARM的运行模式。

ARM处理器有7个基本运行模式：

1）用户模式（User）：非特权模式，正常程序执行的模式，大部分任务执行在这种模式下。

2）快速中断模式（FIQ）：当一个高优先级（fast）中断产生时将会进入这种模式，用于高速数据传输和通道处理。

3）外部中断模式（IRQ）：当一个低优先级（normal）中断产生时将会进入这种模式，用于通常的中断处理。

4）管理模式（Supervisor）：当复位或软中断指令执行时将会进入这种模式，是一种供操作系统使用的一种保护模式。

5）数据访问中止模式（Abort）：当数据或指令存取异常时将会进入这种模式，用于虚拟存储及存储保护。

6）未定义模式（Undef）：当执行未定义指令时会进入这种模式，可用于支持硬件协处理器的软件仿真。

7）系统模式（System）：使用和 User 模式相同寄存器集的特权模式，但是运行的是特权级的操作系统任务。

ARM 处理器的工作模式可以通过软件改变，也可以通过外部中断或异常处理改变。大多数的应用程序运行在用户模式下，当处理器运行在用户模式下时，某些被保护的系统资源是不能被访问的。

除用户模式以外，其余的所有 6 种模式称之为非用户模式，或特权模式（Privileged Modes）；其中除去用户模式和系统模式以外的 5 种又称为异常模式（Exception Modes），常用于处理中断或异常，以及需要访问受保护的系统资源等情况。为确保从用户模式进入异常模式的可靠性，每种模式都有一些特定的附加寄存器。

FIQ 模式与 IRQ 模式之间具有很大区别，FIQ 模式是必须尽快处理，处理结束后离开这个模式。IRQ 模式可以被 FIQ 模式所中断，但 IRQ 模式不能中断 FIQ 模式。为使 FIQ 模式响应得更快，FIQ 模式具有更多的影子（Shadow）寄存器。FIQ 模式必须禁用中断。如果一个中断例程必须重新启用中断，应该使用 IRQ 模式而不是 FIQ 模式。

不能有任何异常进入系统模式，它与用户模式有完全相同的寄存器，但不受用户模式限制。系统模式需要访问系统资源的任务使用，而且不使用与异常模式相关的附加寄存器，从而保证了任何异常出现时任务的状态都是可靠的。

3. ARM 微处理器的寄存器

ARM 微处理器共有 37 个 32 位寄存器，其中 31 个为通用寄存器，6 个为状态寄存器。但是具体哪些寄存器是可编程访问的，取决于微处理器的工作状态及具体的运行模式。但在任何时候，通用寄存器 R0 ~ R14、程序计数器 PC、一个或两个状态寄存器都是可访问的。

（1）ARM 工作状态下的寄存器组织。ARM 工作状态下的寄存器分为通用寄存器和状态寄存器。通用寄存器包括 R0 ~ R15，可以分为 3 类：未分组寄存器 R0 ~ R7；分组寄存器 R8 ~ R14；程序计数器 PC（R15）；状态寄存器分为当前程序状态寄存器和备份的程序状态寄存器，如图 7-2 所示。

1）未分组寄存器 R0 ~ R7：在所有的运行模式下，未分组寄存器都指向同一个物理寄存器，它们未被系统用做特殊的用途，因此，在中断或异常处理进行运行模式转换时，由于不同的处理器运行模式均使用相同的物理寄存器，可能会造成寄存器中数据的破坏，这一点在进行程序设计时应引起注意。

2）分组寄存器 R8 ~ R14：每一次所访问的物理寄存器与处理器当前的运行模式有关。对于 R8 ~ R12 来说，每个寄存器对应两个不同的物理寄存器，当使用 FIQ 模式时，访问寄存器 R8_fiq ~ R12_fiq；当使用除 FIQ 模式以外的其他模式时，访问寄存器 R8_usr ~ R12_usr。

用户	系统	管理	中止	未定义	中断	快中断
R0	R0	R0	R0	R0	R0	R0
R1	R1	R1	R1	R1	R1	R1
R2	R2	R2	R2	R2	R2	R2
R3	R3	R3	R3	R3	R3	R3
R4	R4	R4	R4	R4	R4	R4
R5	R5	R5	R5	R5	R5	R5
R6	R6	R6	R6	R6	R6	R6
R7	R7	R7	R7	R7	R7	R7
R8	R8	R8	R8	R8	R8	R8_fiq
R9	R9	R9	R9	R9	R9	R9_fiq
R10	R10	R10	R10	R10	R10	R10_fiq
R11	R11	R11	R11	R11	R11	R11_fiq
R12	R12	R12	R12	R12	R12	R12_fiq
R13	R13	R13_svc	R13_abt	R13_und	R13_irq	R13_fiq
R14	R14	R14_svc	R14_abt	R14_und	R14_irq	R14_fiq
PC	PC	PC	PC	PC	PC	PC

CPSR	CPSR	CPSR	CPSR	CPSR	CPSR	CPSR
		SPSR_svc	SPSR_abt	SPSR_und	SPSR_irq	SPSR_irq

图 7-2　ARM 工作状态下的寄存器组织

对于 R13、R14 来说，每个寄存器对应 6 个不同的物理寄存器，其中的一个是用户模式与系统模式共用，另外 5 个物理寄存器对应于其他 5 种不同的运行模式。

采用以下的记号来区分不同的物理寄存器：

R13_<mode>, R14_<mode>。

其中，mode 为以下几种模式之一：usr、fiq、irq、svc、abt、und。

寄存器 R13 在 ARM 指令中常用做堆栈指针，但这只是一种习惯用法，用户也可使用其他的寄存器作为堆栈指针。而在 Thumb 指令集中，某些指令强制性的要求使用 R13 作为堆栈指针。由于处理器的每种运行模式均有自己独立的物理寄存器 R13，在用户应用程序的初始化部分，一般都要初始化每种模式下的 R13，使其指向该运行模式的栈空间，这样，当程序的运行进入异常模式时，可以将需要保护的寄存器放入 R13 所指向的堆栈，而当程序从异常模式返回时，则从对应的堆栈中恢复，采用这种方式可以保证异常发生后程序的正常执行。

R14 也称子程序连接寄存器（Subroutine Link Register）或连接寄存器 LR。当执行 BL 子程序调用指令时，R14 中得到 R15（程序计数器 PC）的备份。其他情况下，R14 用做通用寄存器。与之类似，当发生中断或异常时，对应的分组寄存器 R14_svc、R14_irq、R14_fiq、R14_abt 和 R14_und 用来保存 R15 的返回值。

由于 ARM 体系结构采用了多级流水线技术，对于 ARM 指令集而言，PC 总是指向当前指令的下两条指令的地址，即 PC 的值为当前指令的地址值加 8 字节。

在 ARM 状态下，随时都可以访问以上所讨论的 16 个通用寄存器和 1 ~ 2 个状态寄存器。在非用户模式（特权模式）下，则可访问到特定模式分组寄存器，图 7-2 中说明在每一种运行模式下，哪一些寄存器是可以访问的。

3）寄存器 R16：寄存器 R16 用做当前程序状态寄存器（Current Program Status Register, CPSR），CPSR 可在任何运行模式下被访问，它包括条件标志位、中断禁止位、当前处理器模式标志位，以及其他一些相关的控制和状态位。每一种运行模式下又都有一个专用的物理状态寄存器，称为备份的程序状态寄存器（Saved Program Status Register, SPSR），当异常发生时，SPSR 用于保存 CPSR 的当前值，从异常退出时则可由 SPSR 来恢复 CPSR。由于用户模式和系统模式不属于异常模式，它们没有 SPSR，当在这两种模式下访问 SPSR，结果是未知的。

（2）Thumb 工作状态下的寄存器组织。Thumb 状态下的寄存器集是 ARM 状态下寄存器集的一个子集，程序可以直接访问 8 个通用寄存器（R7 ~ R0）、程序计数器（PC）、堆栈指针（SP）、连接寄存器（LR）和 CPSR。同时，在每一种特权模式下都有一组 SP、LR 和 SPSR。

Thumb 状态下的寄存器组织与 ARM 状态下的寄存器组织的关系：Thumb 状态下和 ARM 状态下的 R0 ~ R7 是相同的；Thumb 状态下和 ARM 状态下的 CPSR 和所有的 SPSR 是相同的；Thumb 状态下的 SP 对应于 ARM 状态下的 R13；Thumb 状态下的 LR 对应于 ARM 状态下的 R14；Thumb 状态下的程序计数器对应于 ARM 状态下 R15。以上的对应关系如图 7-3 所示。

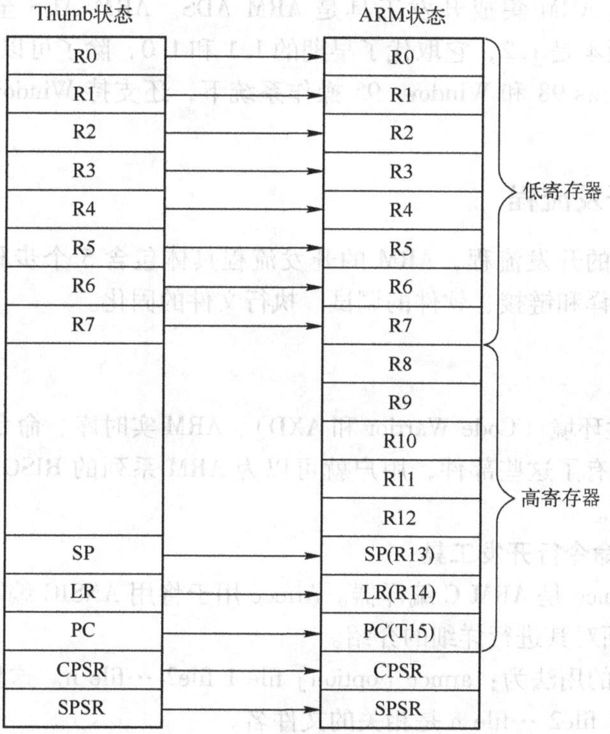

图 7-3　Thumb 状态下的寄存器与 ARM 状态下的寄存器的对应关系

访问 Thumb 状态下的高位寄存器（Hi－registers）：在 Thumb 状态下，高位寄存器 R8～R15 并不是标准寄存器集的一部分，但可使用汇编语言程序受限制的访问这些寄存器，将其用做快速的暂存器。使用带特殊变量的 MOV 指令，数据可以在低位寄存器和高位寄存器之间进行传送；高位寄存器的值可以使用 CMP 和 ADD 指令进行比较或加上低位寄存器中的值。

程序状态寄存器，ARM 体系结构包含一个当前程序状态寄存器（CPSR）和 5 个备份的程序状态寄存器（SPSRs）。备份的程序状态寄存器用来进行异常处理，其功能包括：保存 ALU 中的当前操作信息；控制允许和禁止中断；设置处理器的运行模式。程序状态寄存器的每一位的安排见表 7-1。

表 7-1　程序状态寄存器的安排

31	30	29	28	27	26　　　　8	7	6	5	4 3 2 1 0
N	Z	C	V	Q	未使用	I	F	T	模式

条件码标志（Condition Code Flags）：N、Z、C、V 均为条件码标志位。它们的内容可被算术或逻辑运算的结果所改变，并且可以决定某条指令是否被执行。在 ARM 状态下，绝大多数的指令都是有条件执行的。在 Thumb 状态下，仅有分支指令是有条件执行的。

7.3　ARM 开发环境

目前，最普遍的 ARM 集成开发工具是 ARM ADS。ARM ADS 全称为 ARM Developer Suite，现在 ADS 的版本是 1.2，它取代了早期的 1.1 和 1.0，除了可以安装在 Windows NT4、Windows 2000、Windows 98 和 Windows 95 操作系统下，还支持 Windows ME 和 Windows XP 操作系统。

7.3.1　ARM 的开发流程

参照嵌入式软件的开发流程，ARM 的开发流程具体包含 5 个步骤：建立和配置工程、编辑源文件、工程编译和链接、软件的调试、执行文件的固化。

7.3.2　开发环境

ADS 由 GUI 开发环境（Code Warrior 和 AXD）、ARM 实时库、命令行开发工具、实用程序和支持软件组成。有了这些部件，用户就可以为 ARM 系列的 RISC 处理器编写和调试自己开发的应用程序了。

1. ADS 提供的命令行开发工具

（1）Armcc。Armcc 是 ARM C 编译器。Armcc 用于将用 ANSIC 编写的程序编译成 32 位 ARM 指令代码。下面对其进行详细的介绍。

Armcc 的最基本的用法为：armcc ［option］ file 1 file2 …file n。这里 ［option］ 是编译器所需要的选项，file 1 file2 …file n 是相关的文件名。

（2）Armcpp。Armcpp 是 ARM C ++ 编译器，它将 ISO C ++ 或 EC ++ 编译成 32 位 ARM 指令代码。

（3）Tcc。Tcc 是 Thumb C 编译器，Tcc 将 ARSIC 源代码编译成 16 位 Thumb 指令代码。

（4）Armasm。Armasm 是 ARM 和 Thumb 的汇编器。它对用 ARM 汇编语言和 Thumb 汇编语言写的源代码进行汇编。

（5）Armlink。Armlink 是 ARM 连接器。该命令既可以将编译得到的一个或多个目标文件和相关的一个或多个库文件进行链接，生成一个可执行文件，也可以将多个目标文件部分链接成一个目标文件，以供进一步的链接。ARM 链接器生成的是 ELF 格式的可执行映像文件。

（6）Armsd。Armsd 是 ARM 和 Thumb 的符号调试器。它能够进行源码级的程序调试。

2. ARM C/C++库的相关内容

（1）运行时库类型和建立选项，ADS 提供以下的运行时库来支持被编译的 C 和 C++代码。

1）ANSI C 库函数，这个 C 函数库是由以下几部分组成的。

① 在 ISO C 标准中定义的函数。

② 在 semihosted 环境下用来实现 C 库函数的与目标相关的函数。

③ 被 C 和 C++编译器所调用的支持函数。

2）C++库函数，C++库函数包含由 ISO C++库标准定义的函数。C++库依赖于相应的 C 库实现与特定目标相关的部分，在 C++库的内部本身不包含与目标相关的部分。这个库是由以下几部分组成的。

① 版本为 2.01.01 的 Rogue Wave Standard C++库。

② C++编译器使用的支持函数。

③ Rogue Wave 库所不支持的其他的 C++函数。

库路径是在 ADS 软件安装路径的 lib 目录下的两个子目录。假设，ADS 软件安装在：c:\arm\adsv1_2 目录，则在 c:\arm\adsv1_2\lib 目录下的两个子目录 armlib 和 cpplib 是 ARM 的库所在的路径。

3. GUI 开发环境（Code Warrior 和 AXD）

CodeWarrior for ARM 是一套完整的集成开发工具，是专为基于 ARM RISC 的处理器而设计的，它可加速并简化嵌入式开发过程中的每一个环节，使得开发人员只需通过一个集成软件开发环境就能研制出 ARM 产品。在整个开发周期中，开发人员无需离开 CodeWarrior 开发环境，因此节省了在操作工具上花的时间，使得开发人员有更多的精力投入到代码编写上来。

CodeWarrior 集成开发环境（IDE）为管理和开发项目提供了简单多样化的图形用户界面。用户可以使用 ADS 的 CodeWarrior IDE 为 ARM 和 Thumb 处理器开发用 C、C++或 ARM 汇编语言的程序代码。开发环境的的使用参看 7.3.3 节。

4. 实用程序

ADS 提供以下的实用工具来配合前面介绍的命令行开发工具的使用。

（1）FromELF。这是 ARM 映像文件转换工具。该命令将 ELF 格式的文件作为输入文件，将该格式转换为各种输出格式的文件，包括 plain binary（BIN 格式映像文件），Motorola 32 - bit S - record format（Motorola 32 位 S 格式映像文件）、Intel Hex 32 format（Intel 32 位格式映像文件）和 Verilog - like hex format（Verilog 十六进制文件）。

（2）Armar。ARM 库函数生成器将一系列 ELF 格式的目标文件以库函数的形式集合在一起，用户可以把一个库传递给一个链接器以代替几个 ELF 文件。

（3）Flash downloader。这是用于把二进制映像文件下载到 ARM 开发板上的 Flash 存储器的工具。

7.3.3 简单实例

本节通过一个简单实例介绍在 ADS1.2IDE 环境下开发一个嵌入式系统软件的过程。

1. 建立和配置工程

在整个流程中，用户首先需要建立工程并对工程做初步的配置，包括配置处理器和配置调试设备。编辑工程文件，包括自己编写的汇编和 C 语言源程序，还有工程编译时需要编写的链接脚本文件，调试过程中需要编写存储区映像文件和命令脚本文件，以及上电复位时的程序运行入口的启动程序文件。

单击 Windows 操作系统的“开始”→“程序”→“ARM Developer Suite v1.2”→“CodeWarrior for ARM Developer Suite”。启动 ADS1.2IDE，主界面如图 7-4 所示。

在 CodeWarrior 中新建一个工程的方法有两种，可以在“File”菜单中选择“New”菜单或者可以在工具栏中单击“New”按钮。这样就会打开一个如图 7-5 所示的新建工程对话框。

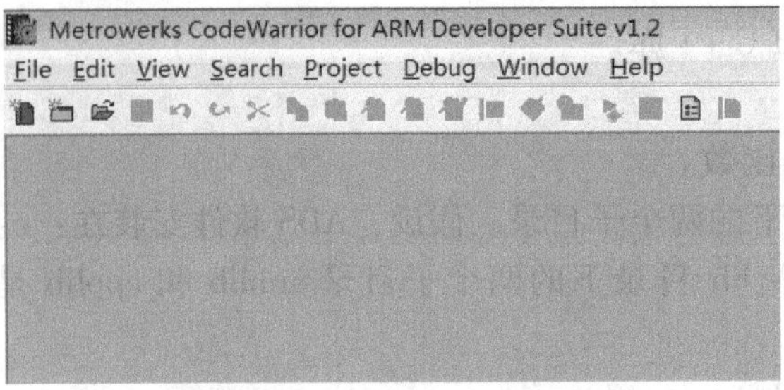

图 7-4 ADS1.2IDE 主界面

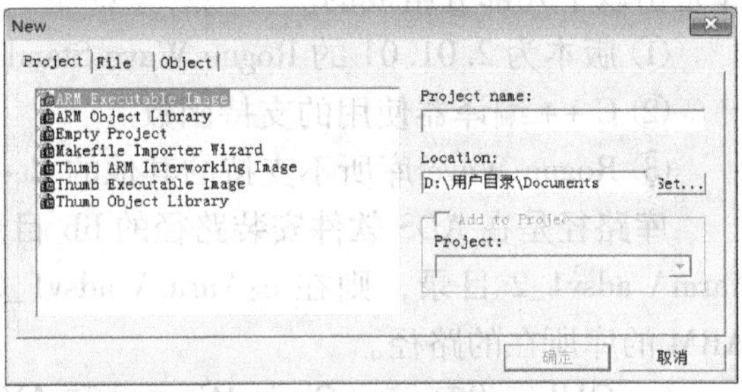

图 7-5 新建工程对话框

在图 7-5 中显示为用户提供了 7 种工程类型。

1）ARM Executable Image：生成一个 ELF 格式的可执行映像文件。

2）ARM Object Library：生成一个 armar 格式的目标文件库。

3）Empty Project：创建一个不包含任何库或源文件的工程。

4）Makefile Importer Wizard：将 Visual C ++ 的 nmake 、GNU make 文件转入到 CodeWarrior IDE 工程中。

5）Thumb ARM Interworking Image：由 ARM 指令和 Thumb 指令的混合生成一个可执行的 ELF 格式的映像文件。

6）Thumb Executable image：由 Thumb 指令生成一个可执行的 ELF 格式的映像文件。

7）Thumb Object Library：由 Thumb 指令的代码生成一个 Armar 格式的目标文件库。

这里选择 ARM Executable Image，输入工程文件名“boot”：引导程序用于了解 ARM 的启动过程，单击“Location”文本框后的“Set”按钮，浏览选择想要将该工程保存的路径，设置好后，单击“确定”按钮，即可建立一个新的工程。

这时会出现 boot. mcp 的窗口，在该标签页单击鼠标右键，从弹出的快捷菜单中选中“Add Files”可以把要用到的源程序添加到工程中，如图 7-6 所示。

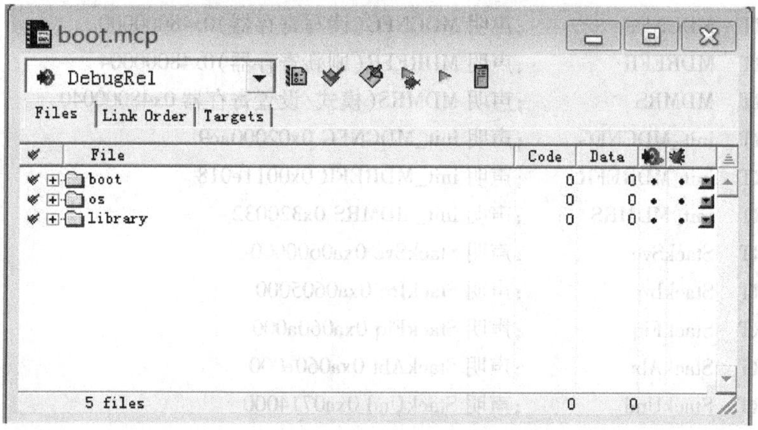

图 7-6　添加源程序

可以通过“Edit”→“DebugRel Settings”或者按〈Alt + F7〉组合键或者单击快捷图标来进入“DebugRel Settings”。目标环境配置如图 7-7 所示。

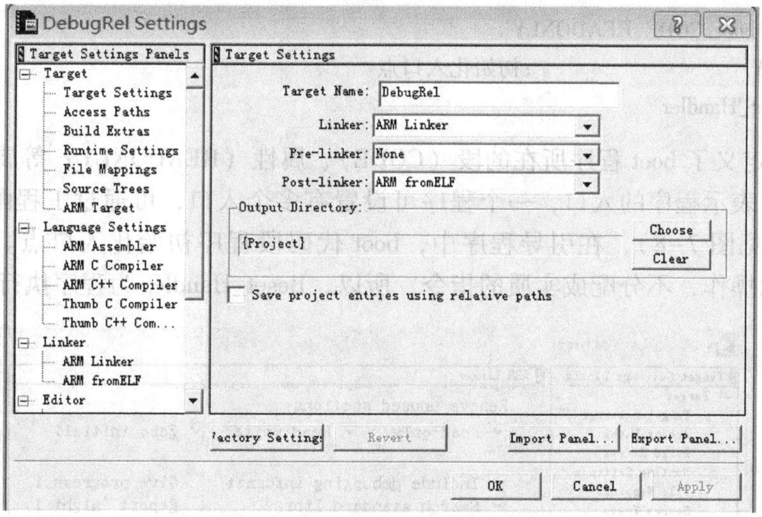

图 7-7　目标环境配置

“Target Settings”里面必须设置的部分分别是“Post - Linker”和“Post - Linker”，用于对输出文件进行操作，由于本范例是需要最终写入到硬件中并运行的，所以必须进行设置（如果纯粹只需要进行软件仿真则此处可以不进行设置）。这里选择“ARM fromELF”，表示编译后生成映像文件（Image）后再调用 FromELF 命令进行格式转换，以转换成 BIN 或者 HEX 等可以直接烧写到目标芯片执行的文件，然后是“Language Settings”选项。

2. 编辑源文件

本范例通过一个简短的 Boot 引导程序介绍 ARM 开发平台的启动过程。本程序主要为了让读者能够清晰理解启动程序的基本架构组成部分以及掌握 ARM 引导程序的编写方法。

1）程序头。

```
IMPORT  MDCNFG          ;声明 MDCNFG(读写寄存器)0x48000000
IMPORT  MDREFR          ;声明 MDREFR(刷新寄存器)0x48000004
IMPORT  MDMRS           ;声明 MDMRS(模式/设置寄存器 0x48000040
IMPORT  init_MDCNFG     ;声明 init_MDCNFG 0x02000ac9
IMPORT  init_MDREFR     ;声明 init_MDREFR 0x0011e018
IMPORT  init_MDMRS      ;声明 init_MDMRS 0x320032
IMPORT  StackSvc        ;声明 StackSvc 0xa0600000
IMPORT  StackIrq        ;声明 StackIrq 0xa0605000
IMPORT  StackFiq        ;声明 StackFiq 0xa060a000
IMPORT  StackAbt        ;声明 StackAbt 0xa060e000
IMPORT  StackUnd        ;声明 StackUnd 0xa0714000
IMPORT  StackUsr        ;声明 StackUsr 0xa0720000
IMPORT  main
```

IMPORT 宏通知编译器本源码文件需要引用在其他文件中定义的变量或函数。

2）程序入口。

```
AREA boot,CODE,READONLY
ENTRY                   ;初始化入口点
B Reset_Handler
```

该代码段定义了 boot 程序所在的段（CODE）、属性（READONLY）等属性。

ENTRY 宏表示程序的入口，一个程序可设置有多个入口，可通过工程配置设置程序执行入口函数（见图 7-8），在引导程序中，boot 代码段程序初始化入口点。由于 AREA 和 ENTRY 都是伪操作，不分配成实质的指令，所以，Beset_Handler 为程序执行第一条指令。

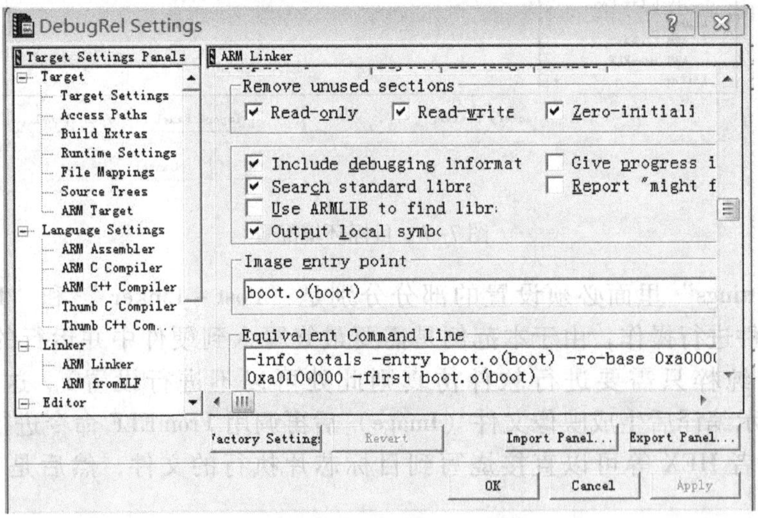

图 7-8　程序链接配置

3）设置中断向量表：每当一个中断发生后，ARM 处理器便强制把程序计数器（PC）指针置为向量表中对应中断类型所对应的地址值。由于 ARM 微处理器每个中断向量中只有 4B 的大小，所以通常在中断向量位置存放一条跳转指令或存放一条直接对程序计数器（PC）寄存器赋值的指令，使程序能跳转到相应的异常中断处理程序中执行。如果中断处理程序所在的物理地址小于 32MB，可使用 B 跳转指令；当跳转范围大于 32MB 时，需使用 LDR 指令。对于程序中未使用的中断，可使中断异常跳转到一个只含返回指令的哑函数或跳转到自身标号地址处，以防止中断异常引起系统的混乱。如：

```
Undefined_Handler
B Undefined_Handler
```

下面代码为 ARM 微处理器中断向量表的初始化过程：

```
B Reset_Handler              ;跳转复位 0x0000,0000 复位 管理模式
    B Undefined_Handler      ;跳转未定义指令 0x0000,0004 未定义指令 未定义模式
    B SWI_Handler            ;跳转软件中断 0x0000,0008 软件中断 管理模式
    B Prefetch_Handler       ;跳转预取指令 0x0000,000C 预取指令 中止模式
    B Datbbbort_Handler      ;跳转数据异常 数据异常 中止模式
    NOP                      ;延时保留
    B IRQ_Handler            ;跳转 IRQ(中断请求)0x0000,0018 IRQ IRQ
    B FIQ_Handler            ;跳转 FIQ(快速中断请求)0x0000,001C FIQ FIQ
```

注意：NOP 一定不能去掉，必须要保证中断向量表的正确建立。

4）程序初始化部分。

```
;**************************
;Check if run in the SDRAM
;**************************
MOV R0,PC
CMP R0,#0x00000040
BNE SetStack

BL InitMem          ;如果相等的话,则跳转到初始化内存代码段 InitMem
SetStack            ;定义设置堆栈标签
BL InitStack        ;设置初始化堆栈
BL InitGPIO         ;初始化 GPIO
B main              ;跳转到 C 语言 main.c 主应用程序
```

注意：CMP R0，#0x00000040 语句判断程序是否从 0x0 开始运行。ARM 处理器上电首先从地址 0 开始执行，然后跳转到复位中断，0x00000038 为 Reset_Handle 标号地址所在的位置，0x00000040 为 0x00000038 +8 后的地址。

3. 工程编译和链接

ADS 提供程序编写、编译、连接、生成映像的功能。除此之外，ADS 还带有一个调试工具 AXD Debugger，方便进行源码级调试。下面以 XSBASE270 系统下的实验例子进行调试分析。

在 ARM Linker 选项组中，对 Output 进行设置，RO Base 设置为 0x00000000，表示从映

像是烧写到 FLASH 里面的。而 RW Base 设置为 0xa0100000，表示放到 SDRAM 里面，由于实验程序都会进行内存初始化操作，所以都可以使用内存空间。Options 中的 Image entry point 表示映像的入口点（地址），boot. o（boot）表示系统从目标文件 boot. o 中 boot 段开始运行。Output 设置如图 7-9 所示。

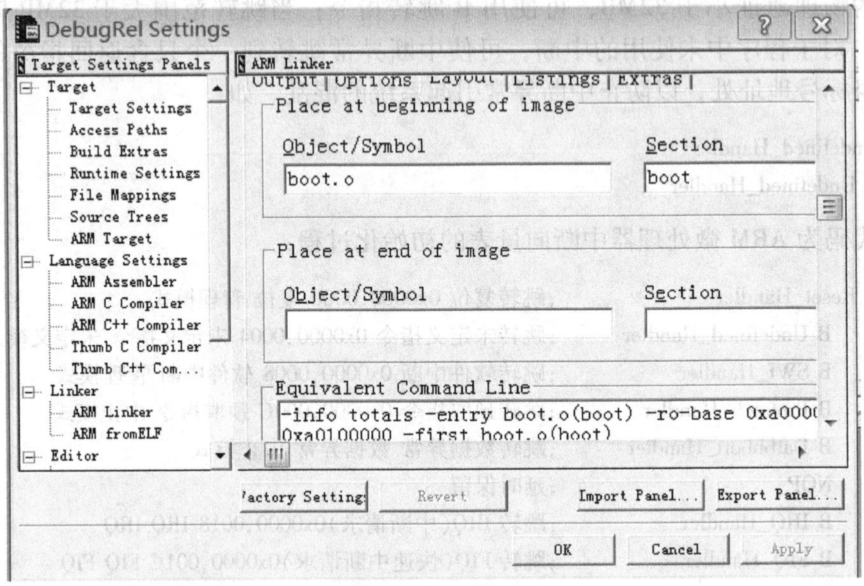

图 7-9　Output 设置

在 Layout 中，Place atbeginningof image 下的 Object/Symbol 表示目标文件，Section 表示目标文件中的代码段。这与 Options 中的 Place at beginning of image 相同。

执行“Project”→“Make”，也可以直接用快捷键〈F7〉进行编译、连接生成映像文件，如图 7-10 所示。执行后，会出现编译、连接后的结果。

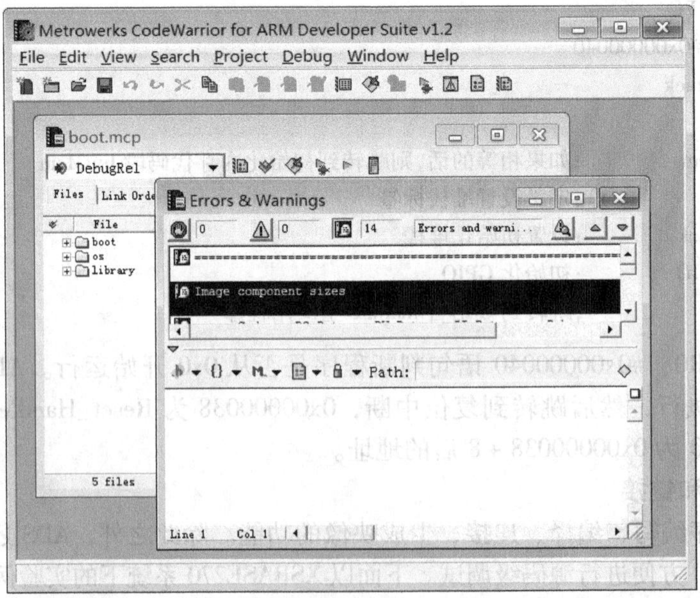

图 7-10　编译、连接

4. 软件的调试

下载映像到 FLASH 后，打开 Project? Debug F5，系统就会自动调用 AXD Debugger 进行仿真调试，如图 7-11 所示。

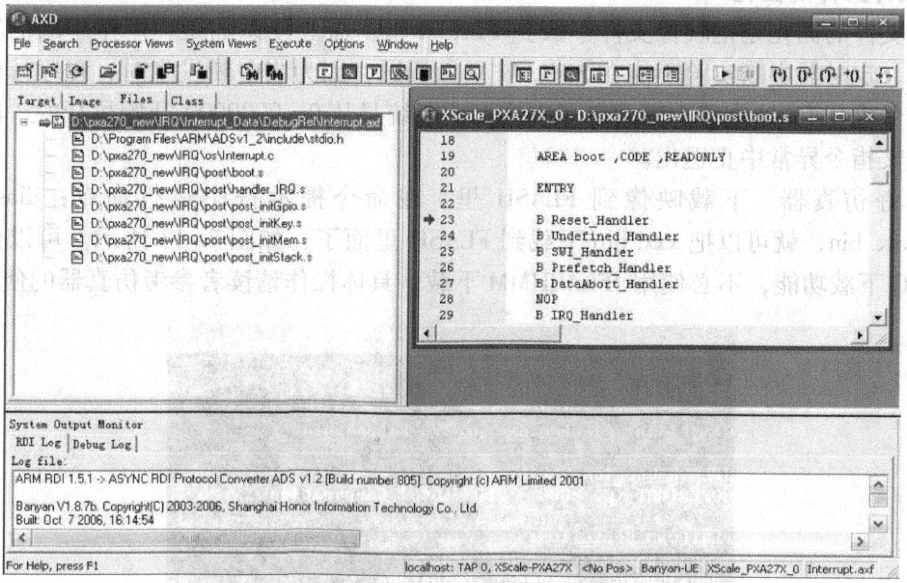

图 7-11　仿真调试

当打开 AXD Debugger 后，就可以通过 Execute 下拉列表的命令进行仿真调试。

- Go：让系统运行，执行结果如图 7-12 所示。
- Stop：停止系统的运行。当运行 Stop 命令后，光标就会停在运行到的地方。
- Step In：进入函数体内执行。

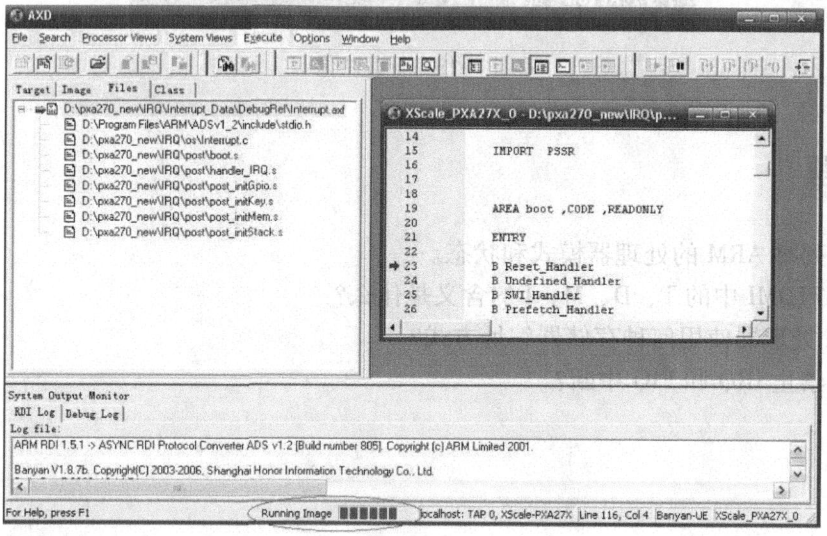

图 7-12　程序执行结果

- Step：单步执行，当程序停留在某个函数，单步执行就会执行完这个函数，等待执行下一条指令。
- Step Out：跳出函数执行下一条指令，继续执行下一条指令。

5. 执行文件的固化

执行文件的固化是把映像文件下载到 FLASH 里。需要注意的是，产生中断的实验，如外部中断、定时器中断实验不能在 SDRAM 里面调试，因为当中断发生时，程序计数器会跳到中断向量表 0x18 处执行中断服务子程序，而系统是从 0xa0000000 开始执行的，所以就会出现未定义指令异常中止退出。

连接好仿真器，下载映像到 FLASH 里。在命令提示符中运行命令：jflashmm. exe PXA270 xxx. bin，就可以把 xxx. bin 下载到 FLASH 里面了，如图 7-13 所示。可以使用它自带的 JTAG 下载功能，不必使用 JFLASHMM 下载，具体操作请读者参考仿真器的使用手册。

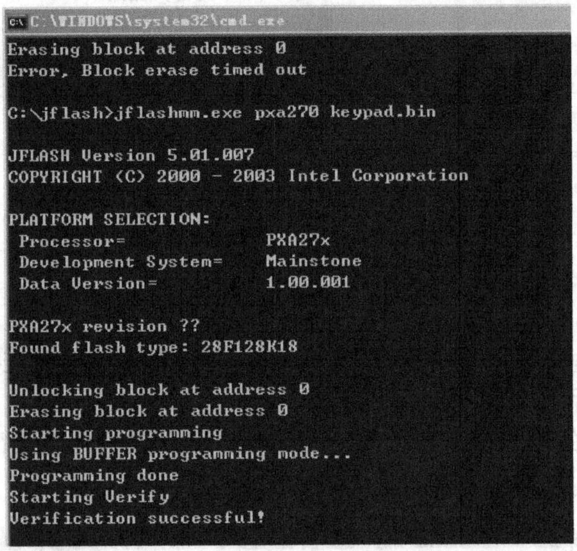

图 7-13　下载映像

7.4　习题

1. 分别列举 ARM 的处理器模式和状态。
2. ARM7TDMI 中的 T、D、M、I 的含义是什么?
3. ARM 处理器使用何种存储器编址方式?
4. 如何禁止 IRQ 和 FIQ 中断?

第8章　ARM汇编语言程序设计

本章详细介绍ARM指令集，ARM指令集包括标准ARM指令集和Thumb指令集，并介绍ARM的伪指令以及ARM汇编语言编程知识。

8.1　ARM处理器的寻址方式

寻址方式是指根据指令中给出的地址字段获取操作数有效地址的方式。ARM微处理器是RISC架构的处理器，其寻址方式比前面的x86（基于CISC架构）处理器的寻址方式要简单，主要有8种寻址方式。

1. 立即数寻址

ARM指令的立即数寻址是一种特殊的寻址方式，操作数本身就在指令中给出，只要取出指令也就取到了操作数。例如：

```
ADD R1,R1,#2          ;R1←R1 +2
ADD R1,R1,#0x6B       ;R1←R1 +0x6B
```

在以上两条指令中，第2个源操作数都为立即数，立即数使用时以“#”符号为前缀。

2. 寄存器寻址

寄存器寻址就是利用寄存器中的数值作为操作数，也是一种执行效率比较高的寻址方式。例如：

```
ADD R1,R2,R3          ;R1←R2 + R3
```

该指令是将寄存器R2和R3的内容相加，其结果最终存放在寄存器R1中。

3. 寄存器间接寻址

寄存器间接寻址就是以寄存器中的值作为操作数的地址，而操作数本身存放在存储器中。例如：

```
ADD R1,R2,[R3]        ;R1←R2 + [R3]
LDR R1,[R2]           ;R1←[R2]
```

在第1条指令中，以寄存器R3的内容作为操作数的地址，然后与R2相加，其结果存入寄存器R1中。第2条指令将以R2的值为地址的存储器中的内容送到寄存器R1中。

4. 基址变址寻址

基址变址的寻址方式就是将寄存器的内容与指令中给出的地址偏移量相加，从而得到一个操作数的有效地址。例如：

```
LDR R1,[R2,#0x1B]     ;R1←[R2 +0x1B]
LDR R1,[R2,#0x1B]!    ;R1←[R2 + 0x1B]、R2←R2 +0x1B
```

在第 1 条指令中，将寄存器 R2 的内容加上 0x1B 形成操作数的有效地址，将该地址处的操作数送到寄存器 R1 中。在第 2 条指令中，将寄存器 R2 的内容加上 0x1B 形成操作数的有效地址，从而取得操作数存入寄存器 R1 中，然后，R2 的内容自增 0x1B 个字节。

5. 多寄存器寻址

采用多寄存器寻址方式，一条指令可以完成多个寄存器值的传送。这种寻址方式可以用一条指令完成传送最多 16 个通用寄存器的值。例如：

```
LDMIA R1,{R2,R3,R4} ;R2←[R1]、R3←[R1+4]、R4←[R1+8]
```

该指令的后缀 IA 表示在每次执行完加载/存储操作后，R1 按字长度增加。

6. 相对寻址

与基址变址寻址方式相类似，相对寻址以程序计数器 PC 的当前值为基地址，指令中的地址标号作为偏移量，将两者相加之后得到操作数的有效地址。例如：

```
BL   NEXT          ;跳转到子程序 NEXT 处执行
…
NEXT
…
MOV PC,LR          ;从子程序返回
```

7. 堆栈寻址

堆栈是一种数据结构，按先进后出（First In Last Out，FILO）的方式工作，使用一个称作堆栈指针的专用寄存器指示当前的操作位置，堆栈指针总是指向栈顶。根据堆栈的生成方式，堆栈又可以分为递增堆栈（Ascending Stack）和递减堆栈（Decending Stack），当堆栈由低地址向高地址生成时，称为递增堆栈；当堆栈由高地址向低地址生成时，称为递减堆栈。这样就有 4 种类型的堆栈工作方式，ARM 微处理器支持以下 4 种类型的堆栈工作方式。

1）满递增堆栈：堆栈指针指向最后压入的数据，并且堆栈以递增方式向上生成。

2）满递减堆栈：堆栈指针指向最后压入的数据，并且堆栈以递减方式向下生成。

3）空递增堆栈：堆栈指针指向下一个将要放入数据的空位置，且由低地址向高地址生成。

4）空递减堆栈：堆栈指针指向下一个将要放入数据的空位置，且由高地址向低地址生成。

8. 寄存器移位寻址

寄存器移位寻址，是 CPU 通过寄存器移位寻找地址，即某个寄存器先执行移位操作再和其他寄存器结合，可采用的移位操作分别为逻辑左移（LSL）、逻辑右移（LSR）、算术右移（ASR）、循环右移（ROR）、带扩展到循环右移（RRX）。例如：

```
MOV   R0,R1,lsl #2;对应 C 语言 r0 = r1 <<2
```

8.2 ARM 处理器汇编语言指令

本节介绍 ARM 指令系统和 Thumb 指令系统。

8.2.1 ARM 指令概述

ARM 微处理器的指令集主要有 6 大类，分别是跳转指令、数据处理指令（包括乘法指令与乘加指令）、程序状态寄存器（PSR）处理指令、加载/存储指令、协处理器指令、异常产生指令。

在 ARM 的指令中，操作数有时要先进行移位操作，然后再参与指令的工作，移位操作主要有 LSL（或 ASL）操作、LSR 操作、ASR 操作、ROR 操作和 RRX 操作。

（1）LSL（或 ASL）操作。

操作格式：通用寄存器，LSL（或 ASL）操作数。

该操作的作用是将操作数内容左移，例如：

```
MOV R1,R2,LSL#2          ;将 R2 中的内容左移两位后传送到 R1 中
```

（2）LSR 操作。

操作格式：通用寄存器，LSR 操作数。

该操作的作用是将操作数内容逻辑右移，例如：

```
MOV R0,R1,LSR#2          ;将 R1 中的内容右移两位后传送到 R0 中,左端用零来填充
```

（3）ASR 操作。

操作格式：通用寄存器，ASR 操作数。

该操作的作用是将操作数内容算术右移，例如：

```
MOV R0,R1,ASR#2      ;将 R1 中的内容右移两位后送到 R0 中,左端用第 31 位的值来填充
```

（4）ROR 操作。

操作格式：通用寄存器，ROR 操作数。

该操作的作用是将操作数内容循环右移，例如：

```
MOV R0,R1,ROR#2          ;将 R1 中的内容循环右移两位后传送到 R0 中
```

（5）RRX 操作。

操作格式：通用寄存器，RRX 操作数。

该操作的作用是将操作数内容带进位循环右移，例如：

```
MOV R0,R1,RRX#2      ;将 R1 中的内容进行带扩展的循环右移两位后传送到 R0 中
```

下面简单介绍各种指令的功能。

1. 跳转指令

跳转指令用于实现程序流程的跳转，见表 8-1。

在 ARM 程序中有两种方法可以实现程序流程的跳转：① 使用专门的跳转指令；② 直接向程序计数器 PC 写入跳转地址值。

通过向程序计数器 PC 写入跳转地址值，可以实现在 4GB 的地址空间中的任意跳转，在跳转之前结合使用（MOV LR，PC）等类似指令，可以保存将来的返回地址值，从而实现在 4GB 连续的线性地址空间的子程序调用。

ARM 指令集中的跳转指令可以完成从当前指令向前或向后的 32MB 的地址空间的跳转。

表 8-1　跳转指令

指　　令	指令功能描述
B	跳转指令
BL	带返回的跳转指令
BLX	带返回和状态切换的跳转指令
BX	带状态切换的跳转指令

（1）B 指令。

指令格式：B ｛条件｝目标地址

B 指令是最简单的跳转指令。一旦遇到一个 B 指令，ARM 处理器将立即跳转到给定的目标地址，从那里继续执行。注意存储在跳转指令中的实际值是相对当前 PC 值的一个偏移量，而不是一个绝对地址，它的值由汇编器来计算（参考寻址方式中的相对寻址）。它是 24 位有符号数，左移两位后有符号扩展为 32 位，表示的有效偏移为 26 位（前后 32MB 的地址空间）。例如：

```
B    Test         ;程序无条件跳转到标号 Test 处执行
CMP R1,#0         ;当 CPSR 寄存器中的 Z 条件码置位时,程序跳转到标号 Test 处执行
BEQ Test
```

（2）BL 指令。

指令格式：BL ｛条件｝目标地址

BL 是另一个跳转指令，但跳转之前，会在寄存器 R14 中保存 PC 的当前内容，因此，可以通过将 R14 的内容重新加载到 PC 中，来返回到跳转指令之后的指令处执行。该指令是实现子程序调用的一个基本但常用的手段。例如：

```
BL Test  ;当程序无条件跳转到标号 Test 处执行时,同时将当前的 PC 值保存到 R14 中
```

（3）BLX 指令。

指令格式：BLX　目标地址

BLX 指令从 ARM 指令集跳转到指令中所指定的目标地址，并将处理器的工作状态有 ARM 状态切换到 Thumb 状态，该指令同时将 PC 的当前内容保存到寄存器 R14 中。

（4）BX 指令。

指令格式：BX ｛条件｝　目标地址

BX 指令跳转到指令中所指定的目标地址，目标地址处的指令既可以是 ARM 指令，也可以是 Thumb 指令。

2. 数据处理指令

数据处理指令可分为数据传送指令、算术逻辑运算指令和比较指令等，见表 8-2。

数据传送指令用于在寄存器和存储器之间进行数据的双向传输。算术逻辑运算指令完成常用的算术与逻辑的运算，该类指令不但将运算结果保存在目的寄存器中，同时更新 CPSR 中的相应条件标志位。比较指令不保存运算结果，只更新 CPSR 中相应的条件标志位。

表 8-2 数据处理指令

指　令	指令功能描述
ADC	带进位加法指令
ADD	加法指令
AND	逻辑与指令
BIC	位清零指令
CMN	比较反值指令
CMP	比较指令
EOR	异或指令
LDR	存储器到寄存器的数据传输指令
MLA	乘加运算指令
MOV	数据传送指令
MUL	32 位乘法指令
MVF	传送值到浮点数寄存器
MVN	数据取反传送指令
ORR	逻辑或指令
RSB	逆向减法指令
RSC	带借位的逆向减法指令
SBC	带借位减法指令
SMLAL	64 位有符号数乘加指令
SMULL	64 位有符号数乘法指令
SUB	减法指令
SWP	字交换指令
SWPB	字节交换指令
TEQ	相等测试指令
TST	位测试指令
UMLAL	64 位无符号数乘加指令
UMULL	64 位无符号数乘法指令

（1）MOV 指令。

指令格式：MOV ｛条件｝｛S｝目的寄存器，源操作数

MOV 指令可完成从另一个寄存器、被移位的寄存器或将一个立即数加载到目的寄存器。其中，S 选项决定指令的操作是否影响 CPSR 中条件标志位的值，当没有 S 时指令不更新 CPSR 中条件标志位的值。例如：

```
MOV R2,R1              ;将寄存器 R1 的值传送到寄存器 R2
MOV PC,R14             ;将寄存器 R14 的值传送到 PC,常用于子程序返回
MOV R2,R1,LSL#3        ;将寄存器 R1 的值左移 3 位后传送到 R2
```

（2）MVN 指令。

指令格式：MVN ｛条件｝｛S｝目的寄存器，源操作数

MVN 指令可完成从另一个寄存器、被移位的寄存器、或将一个立即数加载到目的寄存器。与 MOV 指令不同之处是在传送之前按位被取反了，即把一个被取反的值传送到目的寄存器中。其中，S 决定指令的操作是否影响 CPSR 中条件标志位的值，当没有 S 时指令不更新 CPSR 中条件标志位的值。例如：

```
MVN R1,#10          ;将立即数 10 取反传送到寄存器 R1 中,完成后 R0 = -1
```

（3）CMP 指令。

指令格式：CMP ｛条件｝操作数 1，操作数 2

CMP 指令用于把一个寄存器的内容和另一个寄存器的内容或立即数进行比较，同时更新 CPSR 中条件标志位的值。该指令进行一次减法运算，但不存储结果，只更改条件标志位。例如：

```
CM R2,R1        ;将寄存器 R2 的值与寄存器 R1 的值相减,并根据结果设置 CPSR 的标志位
CMP R2,#10      ;将寄存器 R2 的值与立即数 10 相减,并根据结果设置 CPSR 的标志位
```

（4）CMN 指令。

指令格式：CMN ｛条件｝操作数 1，操作数 2

CMN 指令用于把一个寄存器的内容和另一个寄存器的内容或立即数取反后进行比较，同时更新 CPSR 中条件标志位的值。例如：

```
CMN R2,R1          ;将寄存器 R2 的值与寄存器 R1 的值相加,并设置 CPSR 的标志位
CMN R1,#100        ;将寄存器 R1 的值与 100 相加,并设置 CPSR 的标志位
```

（5）TST 指令。

指令格式：TST ｛条件｝操作数 1，操作数 2

TST 指令用于把一个寄存器的内容和另一个寄存器的内容或立即数进行按位的与运算，并根据运算结果更新 CPSR 中条件标志位的值。操作数 1 是要测试的数据，而操作数 2 是一个位掩码，该指令一般用来检测是否设置了特定的位。例如：

```
TST   R2,#%1       ;用于测试在寄存器 R2 中是否设置了最低位(%表示二进制数)
TST   R3,#0xffe    ;将寄存器 R3 的值与 0xffe 按位与,并设置 CPSR 的标志位
```

（6）TEQ 指令。

指令格式：TEQ ｛条件｝操作数 1，操作数 2

TEQ 指令用于把一个寄存器的内容和另一个寄存器的内容或立即数进行按位的异或运算，并根据运算结果更新 CPSR 中条件标志位的值。例如：

```
TEQ     R2,R3          ;将寄存器 R2 的值与寄存器 R3 的值按位异或,并设置 CPSR 的标志位
```

（7）ADD 指令。

指令格式：ADD ｛条件｝｛S｝目的寄存器，操作数 1，操作数 2

ADD 指令用于把两个操作数相加，并将结果存放到目的寄存器中。操作数 1 应是一个寄存器，操作数 2 可以是一个寄存器，被移位的寄存器，或一个立即数。例如：

```
ADD     R1,R2,R3           ; R1 = R2 + R3
ADD     R1,R2,#256         ; R1 = R2 + 256
ADD     R1,R2,R3,LSL#1     ; R1 = R2 + (R3 << 1)
```

（8）ADC 指令。

指令格式：ADC ｛条件｝｛S｝目的寄存器，操作数 1，操作数 2

ADC 指令用于把两个操作数相加，再加上 CPSR 中的 C 条件标志位的值，并将结果存放到目的寄存器中。它使用一个进位标志位，这样就可以做比 32 位大的数的加法，注意不要忘记设置 S 后缀来更改进位标志。例如：

```
ADDS    R0,R4,R8      ; 加低端的字
ADCS    R1,R5,R9      ; 加第二个字,带进位
ADCS    R2,R6,R10     ; 加第三个字,带进位
ADC     R3,R7,R11     ; 加第四个字,带进位
```

（9）SUB 指令。

指令格式：SUB ｛条件｝｛S｝目的寄存器，操作数 1，操作数 2

SUB 指令用于把操作数 1 减去操作数 2，并将结果存放到目的寄存器中。操作数 1 应是一个寄存器，操作数 2 可以是一个寄存器，被移位的寄存器，或一个立即数。该指令可用于有符号数或无符号数的减法运算。例如：

```
SUB     R1,R2,R3           ; R1 = R2 - R3
SUB     R1,R2,#58          ; R1 = R2 - 58
SUB     R1,R3,R4,LSL#1     ; R1 = R3 - (R4 << 1)
```

（10）SUBS 指令。

指令格式：SUBS ｛条件｝｛S｝目的寄存器，操作数 1，操作数 2

SUBS 指令用于把操作数 1 减去操作数 2，再减去 CPSR 中的 C 条件标志位的反码，并将结果存放到目的寄存器中。操作数 1 应是一个寄存器，操作数 2 可以是一个寄存器，被移位的寄存器，或一个立即数。该指令使用进位标志来表示借位，这样就可以做大于 32 位的减法，注意不要忘记设置 S 后缀来更改进位标志。该指令可用于有符号数或无符号数的减法运算。例如：

```
SUBS    R1,R2,R3      ; R1 = R2 - R3 - ! C,并根据结果设置 CPSR 的进位标志位
```

（11）RSB 指令。

指令格式：RSB｛条件｝｛S｝目的寄存器，操作数 1，操作数 2

RSB 指令称为逆向减法指令，用于把操作数 2 减去操作数 1，并将结果存放到目的寄存器中。操作数 1 应是一个寄存器，操作数 2 可以是一个寄存器，被移位的寄存器，或一个立即数。该指令可用于有符号数或无符号数的减法运算。例如：

```
RSB R1,R2,R3           ; R1 = R3 - R2
RSB R1,R2,#85          ; R1 = 85 - R2
RSB R1,R2,R3,LSL#1     ; R1 = (R3 << 1) - R2
```

（12）RSC 指令。

指令格式：RSC {条件} {S} 目的寄存器，操作数 1，操作数 2

RSC 指令用于把操作数 2 减去操作数 1，再减去 CPSR 中的 C 条件标志位的反码，并将结果存放到目的寄存器中。操作数 1 应是一个寄存器，操作数 2 可以是一个寄存器，被移位的寄存器，或一个立即数。该指令使用进位标志来表示借位，这样就可以做大于 32 位的减法，注意不要忘记设置 S 后缀来更改进位标志。该指令可用于有符号数或无符号数的减法运算。例如：

```
RSC    R1,R2,R3                 ; R1 = R3 - R2 - ! C
```

(13) AND 指令。

指令格式：AND {条件} {S} 目的寄存器，操作数 1，操作数 2

AND 指令用于在两个操作数上进行逻辑与运算，并把结果放置到目的寄存器中。操作数 1 应是一个寄存器，操作数 2 可以是一个寄存器，被移位的寄存器，或一个立即数。例如：

```
AND R1,R1,#3          ; 该指令保持 R1 的 0、1 位,其余位清零
```

(14) ORR 指令。

指令格式：ORR {条件} {S} 目的寄存器，操作数 1，操作数 2

ORR 指令用于在两个操作数上进行逻辑或运算，并把结果放置到目的寄存器中。操作数 1 应是一个寄存器，操作数 2 可以是一个寄存器，被移位的寄存器，或一个立即数。例如：

```
ORR R1,R1,#3             ; 该指令设置 R1 的 0、1 位,其余位保持不变
```

(15) EOR 指令。

指令格式：EOR {条件} {S} 目的寄存器，操作数 1，操作数 2

EOR 指令用于在两个操作数上进行逻辑异或运算，并把结果放置目的寄存器中。操作数 1 应是一个寄存器，操作数 2 可以是一个寄存器、被移位的寄存器、或一个立即数。例如：

```
EOR R1,R1,#3             ; 该指令反转 R1 的 0、1 位,其余位保持不变
```

(16) BIC 指令。

指令格式：BIC {条件} {S} 目的寄存器，操作数 1，操作数 2

BIC 指令用于清除操作数 1 的某些位，并把结果放置到目的寄存器中。操作数 1 应是一个寄存器，操作数 2 可以是一个寄存器，被移位的寄存器，或一个立即数。操作数 2 为 32 位的掩码，如果在掩码中设置了某一位，则清除这一位。例如：

```
BIC R1,R1,#%1011            ;该指令清除 R1 中的位 0、1、和 3,其余的位保持不变
```

(17) MUL 指令。ARM 微处理器支持的乘法指令与乘加指令共有 6 条，可分为运算结果为 32 位和运算结果为 64 位两类，与前面的数据处理指令不同，指令中的所有操作数、目的寄存器必须为通用寄存器，不能对操作数使用立即数或被移位的寄存器，同时，目的寄存器和操作数 1 必须是不同的寄存器。

MUL 指令的格式为：MUL {条件} {S} 目的寄存器，操作数 1，操作数 2

例如：

```
MUL R1,R2,R3          ;R1 = R2 × R3
MULS R1,R2,R3         ;R1 = R2 × R3,同时设置 CPSR 中的相关条件标志位
```

（18）MLA 指令。

指令格式：MLA {条件} {S} 目的寄存器，操作数 1，操作数 2，操作数 3

例如：

```
MLA R1,R2,R3,R4       ;R1 = R2 × R3 + R4
MLAS R1,R2,R3,4       ;R1 = R2 × R3 + R4,同时设置 CPSR 中的相关条件标志位
```

（19）SMULL 指令。

指令格式：SMULL {条件} {S} 目的寄存器 Low，目的寄存器低 High，操作数 1，操作数 2

例如：

```
SMULL R1,R2,R3,R4   ;R1 = (R3 × R4)的低 32 位、R2 = (R3 × R4)的高 32 位
```

（20）SMLAL 指令。

指令格式：SMLAL {条件} {S} 目的寄存器 Low，目的寄存器低 High，操作数 1，操作数 2

例如：

```
SMLAL R1,R2,R3,R4;R1 = (R3 × R4)的低 32 位 + R1、R2 = (R3 × R4)的高 32 位 + R2
```

（21）UMULL 指令。

指令格式：UMULL {条件} {S} 目的寄存器 Low，目的寄存器低 High，操作数 1，操作数 2

例如：

```
UMULL    R1,R2,R3,R4;R1 = (R3 × R4)的低 32 位、R2 = (R3 × R4)的高 32 位
```

（22）UMLAL 指令。

指令格式：UMLAL {条件} {S} 目的寄存器 Low，目的寄存器低 High，操作数 1，操作数 2

例如：

```
UMLAL R1,R2,R3,R4;R1 = (R3 × R4)的低 32 位 + R1、R2 = (R3 × R4)的高 32 位 + R2
```

（23）SWP 指令。

指令格式：SWP {条件} 目的寄存器，源寄存器 1，[源寄存器 2]

例如：

```
SWP  R1,R2,[R3]          ;将 R3 所指向的存储器中的字数据传送到 R1,同时将 R2 中的字数
                         ;据传送到 R3 所指向的存储单元
SWP  R1,R1,[R2]          ;该指令完成将 R2 所指向的存储器中的字数据与 R1 中的数据交换
```

（24）SWPB 指令。

指令格式：SWP {条件} B 目的寄存器，源寄存器 1，[源寄存器 2]
例如：

```
SWPB    R1,R2,[R3]    ;将 R3 所指向的存储器中的字节数据传送到 R1,R1 的高 24 位清零,
                      ;同时将 R2 中的低 8 位数据传送到 R3 所指向的存储单元
SWPB    R1,R1,[R2]    ;该指令完成将 R2 所指向的存储器中的字节数据与 R1 中的低 8 位数
                      ;据交换
```

3. 程序状态寄存器（PSR）处理指令

ARM 提供了两条可直接控制程序状态寄存器的指令，见表 8-3。

表 8-3　程序状态寄存器访问指令

指　令	指令功能描述
MRS	传送 CPSR 或 SPSR 的内容到通用寄存器指令
MSR	传送通用寄存器到 CPSR 或 SPSR 的指令

（1）MRS 指令。

指令格式：MRS {条件} 通用寄存器，程序状态寄存器（CPSR 或 SPSR）

MRS 指令用于将程序状态寄存器的内容传送到通用寄存器中。例如：

```
MRS R1,CPSR                  ;传送 CPSR 的内容到 R1
MRS R1,SPSR                  ;传送 SPSR 的内容到 R1
```

（2）MSR 指令。

指令格式：MSR {条件} 程序状态寄存器（CPSR 或 SPSR）_<域>，操作数

例如：

```
MSR CPSR,R1          ;传送 R1 的内容到 CPSR
MSR SPSR,R1          ;传送 R1 的内容到 SPSR
MSR CPSR_c,R1        ;传送 R1 的内容到 SPSR,但仅仅修改 CPSR 中的控制位域
```

4. 加载/存储指令

ARM 微处理器支持加载/存储指令用于在寄存器和存储器之间传送数据，加载指令用于将存储器中的数据传送到寄存器，存储指令则完成相反的操作。常用的加载/存储指令见表 8-4。

表 8-4　加载/存储指令

指　令	指令功能描述
LDR	字数据加载指令
LDRB	字节数据加载指令
LDRH	半字数据加载指令
LDM	加载多个寄存器指令
STM	批量内存字写入指令
STR	字数据存储指令
STRB	字节数据存储指令
STRH	半字数据存储指令

（1）LDR 指令。

指令格式：LDR {条件} 目的寄存器，<存储器地址>

例如：

```
LDR R0,[R1]                ;将存储器地址为 R1 的字数据读入寄存器 R0
LDR R0,[R1,R2]             ;将存储器地址为 R1 + R2 的字数据读入寄存器 R0
LDR R0,[R1,#8]             ;将存储器地址为 R1 +8 的字数据读入寄存器 R0
LDR R0,[R1,R2]!            ;将存储器地址为 R1 + R2 的字数据读入寄存器 R0,并将新地址 R1 + R2
                           ;写入 R1
LDR R0,[R1,#8]!            ;将存储器地址为 R1 +8 的字数据读入寄存器 R0,并将新地址 R1 +8
                           ;写入 R1
LDR R0,[R1],R2             ;将存储器地址为 R1 的字数据读入寄存器 R0,并将新地址 R1 + R2 写
                           ;入 R1
LDR R0,[R1,R2,LSL#2]!      ;将存储器地址为 R1 + R2 ×4 的字数据读入寄存器 R0,并将新地址
                           ;R1 + R2 ×4 写入 R1
LDRR0,[R1],R2,LSL#2        ;将存储器地址为 R1 的字数据读入寄存器 R0,并将新地址 R1 + R2 ×4
                           ;写入 R1
```

（2）LDRB 指令。

指令格式：LDR {条件} B 目的寄存器，<存储器地址>

例如：

```
LDRB R0,[R1]     ;将存储器地址为 R1 的字节数据读入寄存器 R0,并将 R0 的高 24 位清零
LDRB R0,[R1,#8]  ;将存储器地址为 R1 +8 的字节数据读入寄存器 R0,并将 R0 的高 24 位清零
```

（3）LDRH 指令。

指令格式：LDR {条件} H 目的寄存器，<存储器地址>

例如：

```
LDRH   R0,[R1]      ;将存储器地址为 R1 的半字数据读入寄存器 R0,并将 R0 的高 16 位清零
LDRH   R0,[R1,#8]   ;将存储器地址为 R1 +8 的半字数据读入寄存器 R0,并将 R0 的高 16 位清零
LDRHR0,[R1,R2]      ;将存储器地址为 R1 + R2 的半字数据读入寄存器 R0,并将 R0 的高 16 位
                    ;清零
```

（4）STR 指令。

指令格式：STR {条件} 源寄存器，<存储器地址>

例如：

```
STR R0,[R1],#8          ;将 R0 中的字数据写入以 R1 为地址的存储器中,并将新地址 R1 +8
                        ;写入 R1
STR R0,[R1,#8]          ;将 R0 中的字数据写入以 R1 +8 为地址的存储器中
```

（5）STRB 指令。

指令格式：STR {条件} B 源寄存器，<存储器地址>

例如：

```
STRB   R0,[R1]          ;将寄存器 R0 中的字节数据写入以 R1 为地址的存储器中
```

```
STRB  R0,[R1,#8]          ;将寄存器 R0 中的字节数据写入以 R1 +8 为地址的存储器中
```

(6) STRH 指令。

指令格式：STR {条件} H 源寄存器，<存储器地址>

例如：

```
STRH  R0,[R1]        ;将寄存器 R0 中的半字数据写入以 R1 为地址的存储器中
STRH  R0,[R1,#8]     ;将寄存器 R0 中的半字数据写入以 R1 +8 为地址的存储器中
```

(7) LDM（或 STM）指令。ARM 微处理器所支持批量数据加载/存储指令可以一次在一片连续的存储器单元和多个寄存器之间传送数据，批量加载指令用于将一片连续的存储器中的数据传送到多个寄存器，批量数据存储指令则完成相反的操作。常用的加载存储指令如下：

LDM（或 STM）指令的格式为：LDM（或 STM）{条件} {类型} 基址寄存器 {!}，寄存器列表 {∧}

LDM（或 STM）指令用于从由基址寄存器所指示的一片连续存储器到寄存器列表所指示的多个寄存器之间传送数据，该指令的常见用途是将多个寄存器的内容入栈或出栈。其中，{类型} 为以下几种情况：IA 每次传送后地址加 1；IB 每次传送前地址加 1；DA 每次传送后地址减 1；DB 每次传送前地址减 1；FD 满递减堆栈；ED 空递减堆栈；FA 满递增堆栈；EA 空递增堆栈。

{!} 为可选后缀，若选用该后缀，则当数据传送完毕之后，将最后的地址写入基址寄存器，否则基址寄存器的内容不改变。基址寄存器不允许为 R15，寄存器列表可以为 R0 ~ R15 的任意组合。

{∧} 为可选后缀，当指令为 LDM 且寄存器列表中包含 R15，选用该后缀时表示：除了正常的数据传送之外，还将 SPSR 复制到 CPSR。同时，该后缀还表示传入或传出的是用户模式下的寄存器，而不是当前模式下的寄存器。

例如：

```
STMFD R13!,{R1,R2 - R10,LR}     ;将寄存器列表中的寄存器(R1,R2 ~ R10,LR)存入堆栈
LDMFD R13!,{R1,R2 - R10,PC}     ;将堆栈内容恢复到寄存器(R1,R2 ~ R10,LR)
```

5. 协处理器指令

ARM 微处理器可支持多达 16 个协处理器，用于各种协处理操作。在程序执行过程中，每个协处理器只执行针对自身的协处理指令，忽略 ARM 处理器和其他协处理器的指令。ARM 协处理器指令有 5 条，见表 8-5。

表 8-5 协处理器指令

指　令	指令功能描述
CDP	协处理器数据操作指令
LDC	存储器到协处理器的数据传输指令
STC	协处理器寄存器写入存储器指令
MCR	从 ARM 寄存器到协处理器寄存器的数据传输指令
MRC	从协处理器寄存器到 ARM 寄存器的数据传输指令

（1）CDP 指令。

指令格式：CDP ｛条件｝协处理器编码，协处理器操作码 1，目的寄存器，源寄存器 1，源寄存器 2，协处理器操作码 2

例如：

```
CDP P3,2,C12,C10,C3,4      ;该指令完成协处理器 P3 的初始化
```

（2）LDC 指令。

指令格式：LDC ｛条件｝｛L｝协处理器编码，目的寄存器，[源寄存器]

例如：

```
LDC   P3,C4,[R0]        ;将 ARM 处理器的寄存器 R0 所指向的存储器中的字数据传送
                        ;到协处理器 P3 的寄存器 C4 中
```

（3）STC 指令。

指令格式：STC ｛条件｝｛L｝协处理器编码，源寄存器，[目的寄存器]

例如：

```
STC P3,C4,[R0]          ;将协处理器 P3 的寄存器 C4 中的字数据传送到 ARM 处理器的寄存器
                        ;R0 所指向的存储器中
```

（4）MCR 指令。

指令格式：MCR ｛条件｝协处理器编码，协处理器操作码 1，源寄存器，目的寄存器 1，目的寄存器 2，协处理器操作码 2

例如：

```
MCR   P3,3,R0,C4,C5,6   ;该指令将 ARM 处理器寄存器 R0 中的数据传送到协处理器 P3
                        ;的寄存器 C4 和 C5 中
```

（5）MRC 指令。

指令格式：MRC ｛条件｝协处理器编码，协处理器操作码 1，目的寄存器，源寄存器 1，源寄存器 2，协处理器操作码 2

例如：

```
MRC   P3,3,R0,C4,C5,6   ;该指令将协处理器 P3 的寄存器中的数据传送到 ARM 处理器寄存
                        ;器中
```

6. 异常产生指令

异常产生命令有一条，见表 8-6。

表 8-6　异常产生指令

指　　令	指令功能描述
SWI	软件中断指令

指令格式：SWI ｛条件｝24 位的立即数

例如：

```
SWI   0x02              ;该指令调用操作系统编号位 02 的系统例程
```

8.2.2 Thumb 指令概述

作为32位的嵌入式处理器，ARM具有32位数据总线宽度，但是为了更好地兼容数据总线宽度为16位的应用系统，ARM体系结构除了支持执行效率很高的32位ARM指令集以外，同时支持16位的Thumb指令集。Thumb指令集是ARM指令集的一个子集，允许指令编码为16位的长度。与等价的32位代码相比较，Thumb指令集在保留32代码优势的同时，可以在很大程度上节省系统的存储空间。当处理器在执行ARM程序段时，称ARM处理器处于ARM工作状态；当处理器在执行Thumb程序段时，称ARM处理器处于Thumb工作状态。

所有的Thumb指令都有对应的ARM指令，而且Thumb的编程模型也对应于ARM的编程模型，在应用程序的编写过程中，只要遵循一定调用的规则，Thumb子程序和ARM子程序就可以互相调用，两者结合应用可以充分发挥各自的特点，取得较好的效果。

8.3 ARM 汇编语言伪指令

在ARM的汇编程序中，主要有如下几种伪指令：符号定义伪指令、数据定义伪指令、汇编控制伪指令、宏指令以及其他伪指令。

8.3.1 符号定义伪指令

符号定义（Symbol Definition）伪指令用于定义ARM汇编程序中的变量、对变量赋值以及定义寄存器的别名等操作。常见的符号定义伪指令有：用于定义全局变量的GBLA、GBLL和GBLS，用于定义局部变量的LCLA、LCLL和LCLS，用于对变量赋值的SETA、SETL、SETS，为通用寄存器列表定义名称的RLIST。

1. GBLA、GBLL 和 GBLS

指令格式：GBLA（GBLL或GBLS）全局变量名

GBLA、GBLL和GBLS伪指令用于定义一个ARM程序中的全局变量，并将其初始化。例如：

```
GBLA Exap1              ;定义一个全局的数字变量,变量名为 Exap1
Exap1 SETA 0xbb         ;将该变量赋值为 0xbb
GBLL Exap2              ;定义一个全局的逻辑变量,变量名为 Exap2
Exap2 SETL              ;将该变量赋值为真
GBLS Exap3              ;定义一个全局的字符串变量,变量名为 Exap3
Exap3 SETS "Exaping "   ;将该变量赋值为"Exaping "
```

2. LCLA、LCLL 和 LCLS

指令格式：　　　LCLA（LCLL或LCLS）局部变量名

LCLA、LCLL和LCLS伪指令用于定义一个ARM程序中的局部变量，并将其初始化。例如：

```
LCLA Exap4              ;声明一个局部的数字变量,变量名为 Exap4
Exap3 SETA 0xbb         ;将该变量赋值为 0xbb
LCLL Exap5              ;声明一个局部的逻辑变量,变量名为 Exap5
Exap4 SETL              ;将该变量赋值为真
```

```
LCLS Exap6                    ;定义一个局部的字符串变量,变量名为 Exap6
Exap6 SETS "Exaping "         ;将该变量赋值为"Exaping "
```

3. SETA、SETL 和 SETS

指令格式：变量名 SETA（SETL 或 SETS）表达式

伪指令 SETA、SETL、SETS 用于给一个已经定义的全局变量或局部变量赋值。例如：

```
LCLA Exap3          ;声明一个局部的数字变量,变量名为 Exap3
Exap3 SETA 0xbb     ;将该变量赋值为 0xbb
LCLL Exap4          ;声明一个局部的逻辑变量,变量名为 Exap4
Exap4 SETL          ;将该变量赋值为真
```

4. RLIST

指令格式：名称 RLIST {寄存器列表}

RLIST 伪指令可用于对一个通用寄存器列表定义名称，使用该伪指令定义的名称可在 ARM 指令 LDM/STM 中使用。例如：

```
RegList RLIST {R0 - R5,R7,R8}     ;将寄存器列表名称定义为 RegList,可在 ARM 指令
                                  ;LDM/STM 中通过该名称访问寄存器列表
```

8.3.2 数据定义伪指令

数据定义（Data Definition）伪指令一般用于为特定的数据分配存储单元，同时可完成已分配存储单元的初始化。常见的数据定义伪指令有如下几种：

- DCB 用于分配一片连续的字节存储单元并用指定的数据初始化。
- DCW（DCWU）用于分配一片连续的半字存储单元并用指定的数据初始化。
- DCD（DCDU）用于分配一片连续的字存储单元并用指定的数据初始化。
- DCFD（DCFDU）用于为双精度的浮点数分配一片连续的字存储单元并用指定的数据初始化。
- DCFS（DCFSU）用于为单精度的浮点数分配一片连续的字存储单元并用指定的数据初始化。
- DCQ（DCQU）用于分配一片以 8 B 为单位的连续的存储单元并用指定的数据初始化。
- SPACE 用于分配一片连续的存储单元。
- MAP 用于定义一个结构化的内存表首地址。
- FIELD 用于定义一个结构化的内存表的数据域。

1. DCB

指令格式：标号 DCB 表达式

DCB 伪指令用于分配一片连续的字节存储单元并用伪指令中指定的表达式初始化。其中，表达式可以为 0 ~ 255 的数字或字符串。DCB 也可用“=”代替。例如：

```
Str DCB "That is a Exap ! "        ;分配一片连续的字节存储单元并初始化
```

2. DCW（或 DCWU）

指令格式：标号 DCW（或 DCWU）表达式

DCW（或 DCWU）伪指令用于分配一片连续的半字存储单元并用伪指令中指定的表达式初始化。例如：

```
DataExap DCW 2,3,4              ;分配一片连续的半字存储单元并初始化
```

3. DCD（或 DCDU）

指令格式：标号 DCD（或 DCDU）表达式

DCD（或 DCDU）伪指令用于分配一片连续的字存储单元并用伪指令中指定的表达式初始化。其中，表达式可以为程序标号或数字表达式。DCD 也可用“ & ”代替。例如：

```
DataExap DCD 7,8,9              ;分配一片连续的字存储单元并初始化
```

4. DCFD（或 DCFDU）

指令格式：标号 DCFD（或 DCFDU）表达式

DCFD（或 DCFDU）伪指令用于为双精度的浮点数分配一片连续的字存储单元并用伪指令中指定的表达式初始化。每个双精度的浮点数占据两个字单元。用 DCFD 分配的字存储单元是字对齐的，而用 DCFDU 分配的字存储单元并不严格字对齐。例如：

```
FDataExap DCFD 3B225，-8C7     ;分配一片连续的字存储单元并初始化为指定的双精度数
```

5. DCFS（或 DCFSU）

指令格式：标号 DCFS（或 DCFSU）表达式

DCFS（或 DCFSU）伪指令用于为单精度的浮点数分配一片连续的字存储单元并用伪指令中指定的表达式初始化。每个单精度的浮点数占据一个字单元。用 DCFS 分配的字存储单元是字对齐的，而用 DCFSU 分配的字存储单元并不严格字对齐。例如：

```
FDataExap DCFS 4B3，-ED-9     ;分配一片连续的字存储单元并初始化为指定的单精度数
```

6. DCQ（或 DCQU）

语法格式：　　　　标号 DCQ（或 DCQU）表达式

DCQ（或 DCQU）伪指令用于分配一片以 8 B 为单位的连续存储区域并用伪指令中指定的表达式初始化。例如：

```
DataExap DCQ 300          ;分配一片连续的存储单元并初始化为指定的值
```

7. SPACE

语法格式：标号 SPACE 表达式

SPACE 伪指令用于分配一片连续的存储区域并初始化为 0。其中，表达式为要分配的字节数。SPACE 也可用“ % ”代替。例如：

```
DataSpace SPACE 200             ;分配连续 200 B 的存储单元并初始化为 0
```

8. MAP

语法格式：MAP 表达式 {，基址寄存器}

MAP 伪指令用于定义一个结构化的内存表的首地址。MAP 也可用“ ^ ”代替。表达式可以为程序中的标号或数学表达式，基址寄存器为可选项，当基址寄存器选项不存在时，表达式的值即为内存表的首地址，当该选项存在时，内存表的首地址为表达式的值与基址寄存器的和。例如：

```
MAP 0x200,R1   ;定义结构化内存表首地址的值为 0x200 + R1
```

9. FILED

语法格式：标号 FIELD 表达式

FIELD 伪指令用于定义一个结构化内存表中的数据域。FILED 也可用“ # ”代替。表达式的值为当前数据域在内存表中所占的字节数。例如：

```
MAP 0x200           ;定义结构化内存表首地址的值为 0x200
D FIELD 16          ;定义 D 的长度为 16 B,位置为 0x200
C FIELD 32          ;定义 C 的长度为 32 B,位置为 0x210
```

8.3.3 汇编控制伪指令

汇编控制（Assembly Control）伪指令用于控制汇编程序的执行流程，常用的汇编控制伪指令包括以下几条：

1. IF、ELSE、ENDIF

语法格式：

```
IF 逻辑表达式
    指令序列 1
ELSE
    指令序列 2
ENDIF
```

IF、ELSE、ENDIF 伪指令能根据条件的成立与否决定是否执行某个指令序列。当 IF 后面的逻辑表达式为真，则执行指令序列 1 ，否则执行指令序列 2 。其中，ELSE 及指令序列 2 可以没有，此时，当 IF 后面的逻辑表达式为真，则执行指令序列 1 ，否则继续执行后面的指令。例如：

```
GBLL Exap           ;声明一个全局的逻辑变量,变量名为 Exap
IF Exap = TRUE
指令序列 1
ELSE
指令序列 2
ENDIF
```

2. WHILE、WEND

语法格式：

```
WHILE 逻辑表达式
    指令序列
WEND
```

WHILE、WEND 伪指令能根据条件的成立与否决定是否循环执行某个指令序列。当 WHILE 后面的逻辑表达式为真，则执行指令序列，该指令序列执行完毕后，再判断逻辑表达式的值，若为真则继续执行，一直到逻辑表达式的值为假。例如：

```
GBLA Counter        ;声明一个全局的数学变量,变量名为 Counter
Counter SETA 3      ;由变量 Counter 控制循环次数
```

```
…
WHILE Counter < 10
指令序列
WEND
```

3. MACRO、MEND

语法格式：

```
$标号 宏名 MACRO $参数 1，$ 参数 2，…
        指令序列
        MEND
```

MACRO、MEND 伪指令可以将一段代码定义为一个整体，称为宏指令，然后就可以在程序中通过宏指令多次调用该段代码。其中，$ 标号在宏指令被展开时，标号会被替换为用户定义的符号，宏指令可以使用一个或多个参数，当宏指令被展开时，这些参数被相应的值替换。

4. MEXIT

语法格式：

```
MEXIT
```

MEXIT 用于从宏定义中跳转出去。

8.3.4 其他常用的伪指令

还有一些其他的伪指令在汇编程序中会被使用，包括以下几条：AREA，ALIGN，CODE16、CODE32，ENTRY，END，EQU，EXPORT（或 GLOBAL），IMPORT，EXTERN，GET（或 INCLUDE），INCBIN，RN，ROUT。

8.4 ARM 汇编语言语句格式

ARM（Thumb）汇编语言的语句格式为：

```
{标号}{指令或伪指令}{;注释}
```

源程序中允许空行。除了标号和注释，指令等都必须有前导空格，即它们不能顶格。如果单行代码太长，可以将其分行，除最后一行外，都以“/”结尾，并且“/”后不能有任何字符，包括空格和 TAB 。指令既可以大写，也可以小写，但不要混用。寄存器也一样。指示符必须大写。注释从“;”开始，到该行结束为止。

在程序设计中，每一条指令的助记符可以全部用大写或全部用小写，但不允许在一条指令中大、小写混用；如果一条语句太长，可以将该语句分为几行来写，在行的末尾用“\”表示下一行与本行为同一条语句。

8.4.1 ARM 汇编语言中的符号

在汇编语言程序设计中，经常使用各种符号代替地址、变量和常量等，以增加程序的可读性。符号的命名由程序员决定，但必须遵循以下约定：

1）符号由大小写字母、数字以及下划线组成。

2）符号是区分大小写的。

3）符号中的所有字符都是有意义的。

4）符号在其作用范围内必须唯一，即在其作用范围内不可有同名的符号。

5）程序中的符号不能与系统内部变量或者系统预定义的符号同名。

6）程序中的符号通常不要与指令助记符或者伪操作同名。当同名时，用双竖线将符号括起来。

1. 常量

程序中的常量是指其值在程序运行过程中不能被改变的量。ARM 汇编程序所支持的常量有数字常量、字符常量、字符串常量和逻辑常量。

1）数字常量。数字常量是 32 位的整数，数字常量有 3 种表示方式：①十进制数；②十六进制数；③n_xxx，n 表示 n 进制，范围为 2 ~ 9，xxx 是具体的数。为无符号数时，其取值范围为 $0 \sim 2^{32}-1$；当作为有符号数时，其取值范围为 $-2^{31} \sim 2^{31}-1$。

2）字符常量。由一个单引号对及注释间的字符表示，包括标准 C 中的转义字符。

3）字符串常量。由一个双引号对及注释间的字符串表示，一般用于程序运行时的信息提示。标准 C 中的转义字符也可使用。

4）逻辑常量。逻辑常量只有两种取值情况：真或假，格式是：{TRUE} 和 {FALSE}。

2. 变量

程序中的变量是指程序运行过程中可以改变的量。ARM 汇编程序所支持的变量数字变量、逻辑变量和字符串变量。

数字变量用于在程序运行过程中保存数值，但注意数值的大小不应超出数字变量所能表示的范围。

逻辑变量只有两种取值情况：真 {TRUE} 或假 {FALSE}。

字符串变量用于在程序运行过程中保存一个字符串，但注意字符串的长度不应超出字符串变量所能表示的范围。

使用 GBLA、GBLL、GBLS 声明全局变量，使用 LCLA、LCLL、LCLS：声明局部变量，使用 SETA、SETL 和 SETS 赋值进行初始化。

3. 标号

标号代表一个地址。段内标号的地址值在汇编时确定，段外标号的值在连接时确定。根据标号的生成方式，程序标号可分为以下 3 种：

（1）基于 PC 的标号。位于目标指令前或者程序中数据定义伪操作前的标号。汇编时将被处理成 PC 值加上或减去一个数字常量。常用于表示跳转指令的目标地址，或者代码段中的少量数据。

（2）基于寄存器的标号。用 MAP，FIELD 伪操作定义。汇编时将被处理成寄存器的值加上或减去一个数字常量。常用于访问位于数据段中的数据。

（3）绝对地址。是一个 32 位数字量，使用它可以直接寻址整个内存空间。

此处有两个概念请注意：程序相对寻址和寄存器相对寻址。在程序段中，标号代表其所在位置与段首地址的偏移量。根据程序计数器（PC）和偏移量计算地址称为程序相对寻址。在映像中定义的标号，代表标号到映像首地址的偏移量。映像的首地址通常被赋予一个寄存器。根据该寄存器值与偏移量计算地址称为寄存器相对寻址。

此外，局部标号在宏中也很有用。局部标号是 0 ~ 99 的十进制数，可以重复定义。汇编器在汇编时根据相应规则将标号引用与特定的地址相联系。也可以使用 ROUT 指示符定义一个有效区间，并在局部标号后紧接区间名，使局部标号引用局限在该有效区间内。

8.4.2 ARM 汇编语句中的表达式

表达式由符号、数值、单目或多目操作符以及括号组成。常用的表达式有数字表达式、逻辑表达式和字符串表达式，在一个表达式内各种元素的优先级如下：

1）括号内的表达式优先级最高。

2）各种操作符有一定的优先级。

3）相邻的单目操作符的执行顺序为由右到左，单目操作符优先级高于其他操作符。

4）优先级相同的双目操作符执行顺序为由左到右。

1. 数字表达式

数字表达式一般由数字常量、数字变量、数字运算符和括号组成。常用的与数字表达式相关的运算符有：

1）按位逻辑运行符：NOT、AND、OR 和 EOR。

2）算术操作符：+、-、×、/和 MOD。

3）移位（循环移位）操作符：ROL、ROR、SHL 和 SHR。

2. 逻辑表达式

逻辑表达式一般逻辑量、逻辑运行符和括号组成，其表达式运算结果为真或假。与逻辑表达式有关的运算符有：=、>、<、>=、<=、/=、< >。

3. 字符串表达式

字符串表达式一般由字符串常量、字符串变量、运算符和括号组成。编译器所支持的字符串最大长度为 512 B。常用的与字符串表达式相关的运算符有：LEN、CHR、STR、LEFT、RIGHT 和 CC。

4. 其他常用运算符

（1）? 操作符。? 操作符返回某代码行所生成的可执行代码的长度，例如：

```
? X      ;返回定义符号 X 的代码行所生成的可执行代码的字节数
```

（2）DEF 操作符。DEF 操作符判断是否定义某个符号，例如：

```
DEF:X  ;如果符号 X 已经定义,则结果为真,否则为假
```

8.5 ARM 汇编语言程序设计

ARM 汇编语言非常灵活，在开发中往往与 C、C++ 一起使用。本节将着重介绍 ARM 汇编程序设计的基本方法，包括通用的程序规范、条件运行、Load&Store、宏和映像存储等。

8.5.1 汇编语言的程序格式

在 ARM 汇编语言程序中，以段（section）为单位组织代码。段是相对独立的、具有特

定名称的指令或数据序列。段可以分为代码段和数据段。

1）代码段：存放执行代码。

2）数据段：存放代码运行时需要用到的数据。

一个汇编程序至少应该有一个代码段。一个大的程序可以包含多个代码段和数据段，多个段在程序编译链接时最终形成一个可执行的映像文件（ELF 格式）。

可执行映像文件通常由以下几部分构成：

1）一个或多个代码段，代码段的属性通常为只读。

2）零个或多个包含初始化数据的数据段，数据段的属性为可读写。

3）零个或多个不包含初始化数据的数据段，数据段的属性为可读写。

链接器（ARM Linker）根据系统默认或用户设定的规则，将各个段安排在存储器中的相应位置。因此，源程序中段之间的相对位置与可执行的映像文件中段的相对位置一般不会相同。

8.5.2 ARM 指令的汇编程序设计

1. 条件执行程序设计

ARM 指令集中的每条数据处理指令都有根据结果修改当前程序状态寄存器（Current Program Status Register）中 ALU 标志位的选项。而且，ARM 指令集中的指令都可以根据 ALU 标志位条件执行。这是 ARM 指令集的一大特点。

Thumb 指令集中除 MOV 和 ADD 外所有指令都会无条件地修改 ALU 标志位，但除了 B 指令外，都不能根据 ALU 标志位条件执行。

CPSR 中的 ALU 标志位共有 4 个标志，N，Z，C，V。N 表示结果为负；Z 表示结果为 0；C 表示产生进位；V 表示发生溢出。

对于 ARM 指令集中的数据处理指令，在汇编程序中，通过在指令助记符后添加后缀 S 实现设置 CPSR 中 ALU 标志位选项。但不要给比较指令加后缀 S。指令的条件执行也是通过在助记符后加后缀实现的。例如：

```
ADD R0,R1,R2            ; R0 = R1 + R2,不更新符号标识位
ADDS R0,R1,R2           ; R0 = R1 + R2,并更新符号标识位
ADDEQS R0,R1,R2         ; 如果 Z 标志位被设置,则 R0 = R1 + R2,并更新符号标识位
CMP R0,R1               ; 基于 R0 - R1 更新符号标识位
```

2. 利用 ALU 标志位优化条件语句

只用条件跳转指令的代码求最大公约数，代码如下：

```
gcd
CMP R0,R1
BEQ end
BLT less
SUB R0,R0,R1
B gcd
less
SUB R1,R1,R0
```

```
B gcd
end
```

利用条件执行选项优化后的代码如下：

```
gcd
CMP R0,R1
SUBGT R0,R0,R1
SUBLT R1,R1,R0
BNE gcd
```

注意，由于 ARM 指令集是 RISC 指令集，尽管每条指令有多个选项，但它还仅是一条指令。这意味着，优化后的代码不仅在汇编源程序层次上简洁了，其实际使用的指令数目也减少了。所省略的跳转指令需要 3 个指令周期，因此节省的执行代价非常可观。

3. 传送类（Load & Store）指令程序设计

（1）Load 立即数。通常，使用 MOV 和 MVN 指令向寄存器加载常数，但由于单条 MOV 或 MVN 指令只能包含 8 位立即数，所以向一个 32 位寄存器加载立即数并不容易。这个问题对于 ARM 指令集与 Thumb 指令集都存在。

（2）使用 MOV 和 MVN 指令加载立即数。如果我们希望将立即数 1020 赋予寄存器 R0，可以用以下代码：

```
MOV R0,#0xFF30          ; R0 =1020
```

事实上，ARM 汇编器会自动根据立即数产生相应的 ARM 指令，上面这行代码还能写成：

```
MOV R0,#0x3FC           ; R0 =1020
```

但是如果立即数不能由 <shifter_operand> 表示，汇编器就会报错。下面是 3 个例子：

```
MOV R4,#0xFC000003    =    MOV R4,#0xFF,6
MOV R5,#0x03FFFFFC    =    MVN R5,#0xFF,6
MOV R6,#0x55555555    =    Error (cannot be constructed)
```

尽管利用汇编器的这个功能可以简化汇编程序，但要熟练使用 <shifter_operand> 还是很困难的。

（3）使用 LDR 伪指令加载立即数。LDR Rd， =const 伪指令可以将任何 32 位立即数赋予目标寄存器。LDR 通常用于向目标寄存器加载地址。LDR 的效率很高，如果立即数可以由 <shifter_operand> 表示，则汇编器生成相应 MOV 或 MVN 指令；如果立即数不能由 <shifter_operand> 表示，则汇编器将该立即数放到一个文字池（literal pool），并生成一条将该文字池内容加载到目标寄存器的 LDR 指令。例如：

```
LDR rn [PC,#offset to literal pool]      ;从地址 PC + offset 用文字池加载寄存器
```

为此，必须确保在该 LDR 指令的访问范围内存在一个可用的文字池。汇编器会在每个段后面添加一个文字池。但是，对于 ARM 指令集，程序计数器（PC）到常数的偏移量必须小于 4K；Thumb 指令集为 1K。通常，汇编器会在 LDR 伪指令前后查找可用的文字池，但是如果 LDR 指令与默认文字池距离太远，汇编器就会报错。此时，必须在 LDR 指令上下

4K（Thumb 为 1K）之内用 LTO R G 指示符显式地在代码段中添加一个文字池。而且因为文字池在代码段中，必须确保它不会被处理器作为指令而加以执行。通常将其紧跟在无条件跳转指令或子程序返回代码之后。下面是一个程序代码（左侧是代码所在的行号）：

```
1  AREALoadcon,CODE,READONLY
2  ENTRY                        ; 标识第一条指令 execute
3  start   BL func1             ;跳到第一个子程序
4  BLfunc2                      ;跳到第二个子程序
5  stop   MOV R0,#0x18          ; angel_SWI reason_Report Exception
6  LDR R1, =0x20026             ; ADP_Stopped_ApplicationExit
7  SWI 0x123456                 ; Angel semihosting ARM SWI
8  func1
9  LDR R0, =42                  ; => MOV R0,#42
10   LDR R1, =0x55555555 ; => LDR R1,[PC,#offset to 11Literal Pool 1]
12   LDR R2, =0xFFFFFFFF; => MVN R2,#0
13  MOV PC,lr
14  LTORG   ;在子程序返回代码后添加文字池,供行 10,行 17 的 LDR 伪指令使用
15          ;地址池地址 0x55555555
16  func2
17   LDR R3, =0x55555555; => LDR R3,[PC,#offset to Literal Pool 1]
18   ; LDR R4, =0x66666666 如果没,失败,因为文字池 2 还没达到
19  MOV PC,lr
20  LargeTable  ;23,24 添加了一个 4200B 的空白区域,这使得行 18 的 LDR
21  % 4200      ;伪指令到段末文字池的偏移量超过了 4KB,因而会造成错误
22              ;清空一个 4200 byte 的内存区域为零
23  END         ; 文字池 2 是空的
```

（4）Load 地址。ADR 和 ADRL 是两条伪指令，通常用于向寄存器加载一个标号或与标号有关的表达式。注意，标号就是地址。ADR 和 ADRL 适用于程序相对地址和寄存器相对地址。

对于 ADR rn，label 伪指令，如果标号表达式（地址）与 PC 寄存器值的偏移量在下述范围内，汇编器将其转化为一条 ADD 或 SUB 指令；否则，产生错误信息。此处指的范围是：如果地址字对齐，为 255 W（1020 B）；如果地址不是字对齐，为 255 B。ADRL 伪指令最终会生成两条伪指令，因而地址范围比 ADR 有所扩大。字对齐时为 256 KB；不是字对齐时为 64 KB。但是，如果地址偏移量超过这个范围，汇编器也会报错。此时应该使用 LDR 伪指令。另外值得注意的是：ADR 和 ADRL 中的标号必须与该指令在同一代码段内。

必须确保 LDR 访问范围内有可用的文字池。LDR 伪指令可以代码段的标号作为地址赋予寄存器，而 ADR 或 ADRL 伪指令不能这样做。汇编 LDR 伪指令时，会为段外标号置一个重定位指示符，指示 linker 在连接时确定地址。下面是 StrCopy 的例子进一步体会 LDR 伪指令的使用。

```
1  AREAStrCopy,CODE,READONLY
2  ENTRY                        ;标识第一条指令;execute. 运行
3  start    LDR R1, = srcstr    ;指针指向第一个字符串
4  LDR R0, = dststr             ;指针指向第二个字符串
```

```
;行 3 ,行 4 将 strstr 和 dststr 的地址赋予 R1,R0
5  BLstrcopy                  ;调用子程序做字符复制
6  stop  MOV R0,#0x18        ;中断 angel_SWIreason_ReportException
7  LDR R1, =0x20026          ; 停止程序并退出 ADP_Stopped_ApplicationExit
8  SWI 0x123456              ; Angel semihosting ARM SWI
9  strcopy
10   LDRB R2,[R1],#1         ;加载 byte 并且更新地址
;行 10 的 LDRB 指令将 R1 内容作为地址的内存字节内容赋予 R2,并使 R1 = R1 + 1
11   STRB R2,[R0],#1         ; 存储 byte 并且更新地址
;行 11 的 STRB 指令将 R2 的内容赋予 R0 内容地址的内存字节,并使 R0 = R0 + 1
12   CMP R2,#0               ; 核对是否到了零地址
13   BNE strcopy             ; 如果没有的话,继续
14   MOV PC,lr               ; 返回
15       AREA Strings,DATA,READWRITE
16 srcstr   DCB "First string - source",0
17 dststr   DCB "Second string - destination",0
;行 16,行 17 的 DCB 指令定义一个字节串常量,用于存储字符串,并以 0 结尾
18   END
```

（5）多寄存器 Load&Store 指令。ARM 和 Thumb 指令集都有同时 Load 多个寄存器的指令。它们不仅可以使代码简洁，而且可以提高执行效率。

（6）非对准地址装入字数据。

```
BIC        R2,R1,#3                 ;入口 R1 为地址
LDMIA      R2,{R3,R4}
AND        R2,R1,#3
MOVS       R2,R2,LSL #3             ; R2 * 8
MOVNE      R3,R3,LSR R2             ; 没对准
RSBNE      R2,R2,#32
ORRNE      R2,R2 ,R3 ,LSL R2        ; R2 为结果
```

4. 宏定义和使用

使用宏定义可以提高程序可读性，简化代码，同步修改。ARM 的宏定义与标准 C 的 #define 相似，只在源程序中进行字符代换。宏定义从 MACRO 指示符开始，到 MEND 为止，并可以使用参数。

下面是一个计算无符号整数除法的宏定义：

```
MACRO
$ LabDivMod $ Div, $ Top, $ Bot, $ Temp
    ASSERT $ Top < > $ Bot        ;产生一个错误信息如果所有的寄存器不是相同的
;ASSERT 指示符用以在其后布尔表达式为非时,产生报错。
    ASSERT $ Top < > $ Temp
    ASSERT $ Bot < > $ Temp
    IF " $ Div" < > ""
      ASSERT $ Div < > $ Top      ;如果 $ Div 不是空的("")将会出现 3 个问题
```

```
        ASSERT $ Div < > $ Bot
    ASSERT $ Div < > $ Temp
  ENDIF
$ Lab
      MOV $ Temp, $ Bot              ; 把除数放在 $ Temp
      CMP $ Temp, $ Top,LSR #1       ; 并把 $ Temp 赋双倍直到 2 * $ Temp > $ Top
90        MOVLS $ Temp, $ Temp,LSL #1
      CMP $ Temp, $ Top,LSR #1
  BLS %b90;b 意味着搜索往回跳到 90
      IF " $ Div" < > ""             ; 如果 $ Div 是空值则省略下一条指令
    MOV $ Div,#0                     ; 初始化商
  ENDIF
91      CMP $ Top, $ Temp            ;判断是否能减去 $ Temp
  SUBCS $ Top, $ Top, $ Temp         ; 如果能,则减去
      IF " $ Div" < > ""             ;如果 $ Div 是空值则省略下一条指令
        ADC $ Div, $ Div, $ Div      ; 对 $ Div 加倍
  ENDIF
      MOV $ Temp, $ Temp,LSR #1      ; 把 $ Temp 减半
  CMP $ Temp, $ Bot                  ; 并且循环知道,直到值小于除数
  BHS %b91
  MEND
```

注意：Top 先作为被除数，计算后用以存储余数。Bot 是除数。Div 用以存储商，如果没有 Div，则只需余数。Temp 是临时工作寄存器。

如果这样调用 DivMod 宏：

```
ratioDivMod R0,r5,R4,R2
```

替换后得到代码：

```
        ASSERT r5 < > R4       ;产生一个错误信息如果所有的寄存器不是相同的
        ASSERT r5 < > R2
        ASSERT R4 < > R2
        ASSERT R0 < > r5       ;如果 $ Div 不是空的("")将会出现 3 个问题
        ASSERT R0 < > R4
  ASSERT R0 < > R2
ratio
  MOV R2,R4                    ;把除数放在 $ Temp
        CMP R2,r5,LSR #1       ;并把 $ Temp 赋双倍直到 2 * $ Temp > $ Top
90          MOVLS R2,R2,LSL #1
        CMP R2,r5,LSR #1
   BLS %b90                    ;b 意味着搜索往回跳到 90
   MOV R0,#0                   ;初始化商
91      CMP r5,R2              ;判断是否能减去 subtract R2
        SUBCS r5,r5,R2         ;如果能,则减去
```

```
ADC R0,R0,R0             ;对 R0 加倍
    MOV R2,R2,LSR #1     ;对 R2 减半
CMP R2,R4                ;并且循环直到小于除数
BHS %b91
```

5. 映像存储的程序设计

ARM 汇编器提供了 MAP 和“#”指示符，用以描述数据结构。同 C 语言中的 struct 关键字一样，MAP 和“#”指示符只定义数据结构，并不分配内存空间。

MAP 指示符确定结构的基地址“#”指示符标志数据项所需空间和标号。

（1）绝对映像。下面的代码定义了一个数据结构，其基地址为 4096。

```
MAP    4096
consta     #    4    ; consta 使用了 4 bytes,并且地址为 4096
constb     #    4    ; constb 使用了 4 bytes,并且地址为 5000
x          #    8    ; x 使用了 8 bytes,并且地址为 5004
y          #    8    ; y 使用了 8 bytes,并且地址为 5012
string     #    256  ; string 从地址 5020 开始,可以表示达 256 bytes 长的字符串
```

可以用 LDR 访问结构中的数据项：LDR R4，constb

（2）相对映像。由于 LDR 和 STR 指令访问范围限制在 4K 以内，所以当上述 LDR 指令在 8192 以上位置，就需要用偏移寻址方式。

```
MOV r9,#4096           ; or #0x1000
LDR R4,[r9,constb - 4096]
```

我们可以用相对映像重新定义这个数据结构：

```
MAP 0
consta     #  4     ;consta 使用了 4 bytes,并且地址为 0
constb     #  4     ;consta 使用了 4 bytes,并且地址为 4
x          #  8;     x 使用了 8 bytes,并且地址为 8
y          #  8     ; y 使用了 8 bytes,并且地址为 16
string     #  256   ;string 从偏移地址 24 开始,可以表示达 256 bytes 长的字符串
```

访问 constb 的代码变成这样：

```
MOV r9,#4096
LDR R4,[r9,constb]
```

采用相对映像定义的结构可以实现多个实例。

（3）基于寄存器映像。如果编程时能够固定一个寄存器作为相对映像的基寄存器，那就可以把这个寄存器定义为结构的一部分。

```
MAP 0,r9
consta     #    4    ;consta 使用了 4 bytes,并且地址为 0（从 r9 开始）
constb     #    4    ;consta 使用了 4 bytes,并且地址为 4
x          #    8    ; x 使用了 8 bytes,并且地址为 8
y          #    8    ; y 使用了 8 bytes,并且地址为 16
string     #    256  ;string 从偏移地址 24 开始,可以表示达 256 bytes 长的字符串
```

访问 constb 的代码如下：

```
ADR r9,datastart
LDR R4,constb          ; => LDR R4,[r9,#4]
```

（4）程序相对映像。如果用 pc（R15）作为映像的基地址寄存器，则称为程序相对映像。结构定义如下：

```
datastruc % 280             ; 储存了 280 bytes 的内存为 datastruc
MAP datastruc
consta    #    4
constb    #    4
x         #    8
y         #    8
string    #    256
```

访问 constb 的代码如下：

```
LDR R2,constb     ; => LDR R2,[pc,offset]
```

（5）强制对齐。如果结构的大小不是 4 B 对齐，则会影响其后的数据或代码。如下面的例子：

```
StartOfData     EQU    0x1000
EndOfData       EQU    0x2000
MAPStartOfData
Char        #    1
ChaR2       #    1
ChaR3       #    1
Integer     #    4          ; alignment = 3
IntegeR2    #    4
String      #    MaxStrLen
Array       #    ArrayLen * 8
BitMask     #    4
EndOfUsedData      #    0
ASSERTEndOfUsedData  <= EndOfData
```

ALIGN 指示符在这里没有用，因为 ALIGN 只在分配内存时起作用，但 MAP 并不分配内存空间。可以在结构中直接插入一个字节补齐 4 B，也可以使用下面的编码技巧：

```
StartOfData   EQU    0x1000
EndOfData     EQU    0x2000
      MAPStartOfData
Char      #    1
ChaR2       #    1
ChaR3       #    1
EndOfChars      #     0                        ;EndofChars 只作为一个标志
Padding      #   ( - EndOfChars):AND:3     ;EndofChars 的具体位置设置补齐数据项
```

```
Integer      #      4
IntegeR2      #      4
String      #MaxStrLen
Array      #ArrayLen * 8
BitMask      #      4
EndOfUsedData      #    0                    ;EndofUsedData 作为该结构结束位置的标志
      ASSERTEndOfUsedData  <= EndOfData
```

（6）访问多个映像。映像的目的是定义结构，并且重复利用。使用相对映像和基于寄存器映像都能做到这一点。下面的例子采用相对映像定义了三维空间点坐标结构，并实现下列操作：

```
newloc. x = oldloc. x + ( value in R0 ) ;
newloc. y = oldloc. y + ( value in R1 ) ;
newloc. z = oldloc. z + ( value in R2 ) ;
```

代码如下：

```
MAP   0            ; 两次相对映像 Non - register ,在 oldloc 和 newloc 地址为旧的和新的数据
Pointx   #      4  ;oldloc and newloc 地址都被标签为了在其他区域进行内存定位
Pointy   #      4
Pointz   #      4
; code
ADR   r8,oldloc
ADR   r9,newloc
LDR   R3,[r8,Pointx]             ; 从 oldloc（r8）加载
ADD   R3,R3,R0
STR   R3,[r9,Pointx]             ; 存储到 newloc（r9）
LDR   R3,[r8,Pointy]
ADD   R3,R3,R1
STR   R3,[r9,Pointy]
LDR   R3,[r8,Pointz]
ADD   R3,R3,R2
STR   R3,[r9,Pointz]
```

8.6 习题

1. ARM 体系结构中有多少种异常中断？它们分别是在什么情况下发生？
2. 实现简单 printf 函数，实现字符格式（%c），整数格式（%d），字符串格式（%s）的输出功能。
3. 系统是怎样通过寄存器的进位来计算系统时间的？
4. MMU 是如何实现虚拟地址到物理地址的映射的？
5. 编写一个可以写入任意长度字节的程序。

第 9 章　微型机接口

随着科学技术的发展，计算机已成为工业控制、数据采集、系统控制、信息管理等各个领域的重要工具，计算机通过相关的接口对外部各种控制对象进行检测、控制和数据交换。计算机接口作为计算机与外部设备连接的桥梁，已成为计算机应用不可缺少的一个重要方面。本章介绍了微型机接口的概念以及中断、DMA 这两种典型的信息传送方式。

9.1　微型机接口的基本知识

微型机（简称为微机）接口是微机与外设的通道，简单地说，一个接口的基本功能是在系统总线和输入/输出（I/O）设备之间传输信号，提供缓冲作用，以满足接口两边的时序要求，它主要有寻址功能、输入/输出功能、数据转换功能、联络功能、中断管理功能、位功能、可编程功能、错误检测功能。本节主要介绍了微型机接口的概念，以及输入/输出设备的数据传送方式。

1. 接口的概念

所谓接口就是 CPU 与外设进行消息交换的中转站，外部设备（简称为外设）通过接口电路和系统总线相连。一个微机应用系统一般由中央处理器（CPU）、存储器、基本的 I/O 系统以及将它们连接在一起的各种信号线和接口电路组成，如图 9-1 所示。

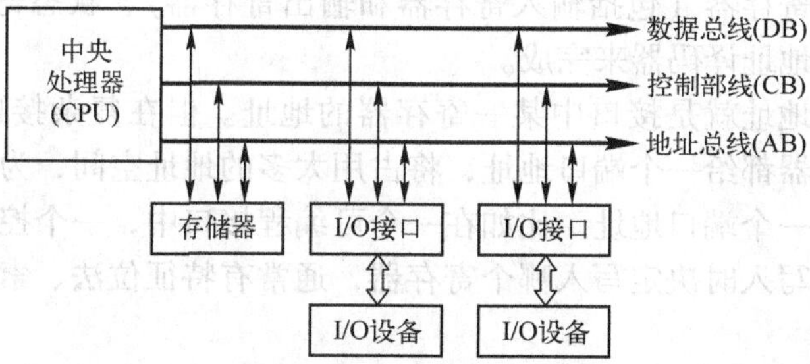

图 9-1　微机应用系统组成

I/O 设备的种类很多，有电子式、电磁式、机械式等，I/O 接口电路中最基本的接口电路有 8255 可编程并行接口电路、8253 可编程定时/计数器、8251 可编程串行接口电路、8237 直接存储器存取电路（DMA）、82380 多功能接口电路以及现代微型计算机系统中的系统控制逻辑芯片等。对于这样品种繁多的接口，一般可按以下标准进行分类：

1）按使用的角度分类：可分为系统接口和应用接口。

2）按应用的范围分类：可分为专用接口和通用接口。

3）按信息的传送形式分类：可分为并行接口和串行接口。

4）按使用的信号类型分类：可分为数字接口和模拟接口。

2. 接口的功能和组成

接口电路的作用是把计算机输出的信息变成外设能够识别的信息，把外设输入的信息转化成计算机所能接受的信息。为实现 CPU 与外设之间高效、可靠的信息交换，微机接口需要具备以下功能：数据缓冲功能、设备选择功能（寻址功能）、信号转换功能、输入/输出功能、联络功能、时序控制功能、可编程功能、错误检测功能、中断管理功能和可复位功能。

接口一边通过微机总线与 CPU 连接，一边通过数据线、控制线和状态线与外设连接，如图 9-2 所示是一个简单的 I/O 接口形式。

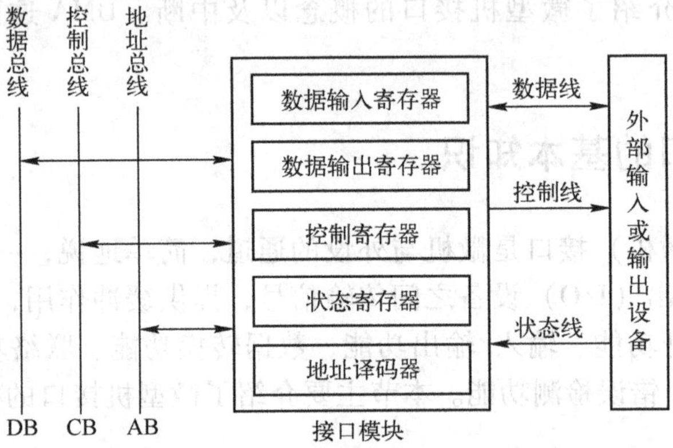

图 9-2　外部设备通过接口与系统的连接

CPU 通过接口与外设交换的是数据信息、控制信息和状态信息 3 种信息，这些信息分别存放在接口的不同类型寄存器中，CPU 与外设进行信息交换实际上是对这些寄存器进行读或写操作，这些寄存器往往被称为端口，一个接口往往包含多个端口。按存放信息的类型，这些寄存器分为数据寄存器（包括输入寄存器和输出寄存器）、状态寄存器和控制寄存器，这些寄存器的选择由地址译码器来完成。

一般来说，端口地址就是接口中某一寄存器的地址。但在复杂接口中，有许多的寄存器，如果每一个寄存器都给一个端口地址，将占用太多的地址空间，为解决这个问题，通常使若干个寄存器共用一个端口地址。比如在一个可编程接口中，一个控制端口可包括多个控制寄存器，向该端口写入时决定写入哪个寄存器，通常有特征位法、索引法和特定顺序法。

9.2　I/O 设备数据传送方式

微机与外设之间的信息传送实际上是 CPU 与接口之间的信息传送，本节介绍它们之间信息传送的主要方式。

9.2.1　微型机 I/O 端口的布局

1. I/O 端口的寻址特点

（1）端口地址空间为 1 KB。PC 微机系统提供的端口数目是 1024 个，能够对 2^{16} (65 536)个 8 位 I/O 端口进行寻址，但 PC 微机系统从硬件上对 I/O 端口的数量进行了限制，使得其端口地址空间为 000H ~ 3FFH，其有效译码地址是 A_0 ~ A_9 这 10 条地址线。

（2）使用专门的控制信号访问

1）利用$\overline{IOR}$、$\overline{IOW}$信号控制对端口的读/写。

2）用 AEN 信号控制非 DMA 传送。

3）用$\overline{IOCS_{16}}$信号控制是 8 位还是 16 位的 I/O 端口。

4）用SBHE或BHE信号控制端口奇偶地址。

（3）使用 I/O 指令对端口编程。CPU 使用 IN 指令或 OUT 指令访问端口。

2. I/O 端口的地址分配

PC 的 I/O 接口可分为两大类：系统板上的 I/O 接口芯片和扩展槽上的 I/O 接口控制卡，相应的 PC 系统微机把 I/O 端口地址空间分为两部分，即把 1024 个端口地址空间的前 256 个端口（000H～0FFH）供系统板上的 I/O 接口芯片使用，后 768 个端口（100H～3FFH）供扩展槽上的 I/O 接口控制卡使用。I/O 端口地址分配见表 9-1。

表 9-1　I/O 端口地址分配

I/O 接口名称	I/O 端口地址范围	I/O 接口名称	I/O 端口地址范围
DMA 控制器 1	000H～01FH	游戏控制卡	200H～20FH
DMA 控制器 2	0C0H～0DFH	并行口控制卡 1	370H～37FH
DMA 页面控制器	080H～09FH	并行口控制卡 2	270H～27FH
中断控制器 1	020H～03FH	串行口控制卡 1	3F8H～3FFH
中断控制器 2	0A0H～0BFH	串行口控制卡 2	2F8H～2FFH
定时器	040H～05FH	同步通信卡 1	3A0H～3AFH
键盘控制器	060H～06FH	同步通信卡 2	380H～38FH
RT/CMOS RAM	070H～07FH	单显控制卡 MDA	3B0H～3BFH
NMI 屏蔽寄存器	070H	彩显控制卡 CGA	3D0H～3DFH
协处理器	0F0H～0FFH	彩显控制卡 EGA/VGA	3C0H～3CFH
硬盘控制卡	1F0H～1FFH	软盘控制卡	3F0H～3F7H

9.2.2　I/O 端口地址的译码

译码电路的目的是当 CPU 访问某个 I/O 系统时，产生相应的片选信号。在一个 I/O 系统中，往往有多个端口地址，所以译码电路应根据需要对一个地址区间产生片选信号。一般把地址信号分为两部分：一部分是高地址信号，它与其他控制信号组合后经过译码电路产生一个片选信号，选中某个 I/O 接口芯片；另一部分是低地址信号，它经过接口芯片内部的译码电路译码后用于选中该接口电路的某个端口，实现接口芯片的片内寻址。

地址译码电路可分为固定式端口地址译码电路和可选式端口地址译码电路。

9.2.3　CPU 与外设之间的信息传送方式

（1）无条件传送方式。无条件传送方式又称为同步方式，它所有的操作均由执行程序完成，主要适用于 CPU 或外部设备始终是准备好了的情况，或者微机和外设是完全同步的情况。

（2）程序查询方式。微机和外设之间大部分情况是不同步的，当 CPU 执行 IN/OUT 指令时，很难保证外设一定准备就绪，因此接口控制程序在读取或发送数据之前，先要查询外设的状态信息，由 CPU 主动通过 I/O 指令询问指定设备的当前状态，当外设准备就绪后才进行数据传送，否则微机就处于等待状态。采用这种方式传送数据，需要数据端口和状态端口这两种端口。

(3) 中断处理方式。中断传送方式不需要反复查询外设的状态，当外设准备好和 CPU 交换数据时，由外设通过 I/O 接口向 CPU 发出中断请求，CPU 响应中断请求后，暂停当前正在执行的程序，转入输入/输出中断服务程序，完成了数据交换之后继续执行原先的程序。

这种方式，CPU 不用等待外设的状态信息，使 CPU 可以与外设同步工作，大大提高了 CPU 的工作效率。

(4) DMA 控制方式。中断方式由于每次中断处理过程中都要花费大量时间进行中断的进入和返回、现场保护和恢复，同时使用 IN、OUT、MOV 等指令传送数据在传送大批量数据时也要很多时间，因此对于数据块的传送采用中断方式就显得太慢，此时往往采用 DMA 方式。

DMA 即直接存储器存取，DMA 方式不通过 CPU，而由 DMA 控制器（DMAC）来控制外设与内存之间、外设与外设之间的数据交换，CPU 让出总线的控制权，处于等待状态。当 DMA 传送结束后，CPU 重新恢复对总线的控制权，这些过程均由微机硬件系统来实现。

(5) I/O 处理机方式。当微机系统有大量的 I/O 设备时，前 3 种方式都难以满足要求，因此在大中型计算机系统中普遍采用专用 I/O 处理机方式。I/O 处理机方式（IOP）也就是 I/O 通道方式。在这种方式中，I/O 处理机可以直接访问系统主存，当需要进行 I/O 操作时，CPU 进行初始设置之后，将传送控制的功能下放给 I/O 处理机，CPU 只负责数据处理功能。I/O 处理机获取控制权后，自动完成全部的 I/O 操作，CPU 和 I/O 处理机分时使用内存，实现了 CPU 内部运算与 I/O 设备的并行工作。

9.3 中断系统

中断控制方式不仅是主机与外设传送数据的有效方式，而且还是计算机技术中最为重要的和最为有效的技术。中断技术使整个计算机系统的工作效率大大提高。中断在计算机中应用极为广泛，它不仅可用于数据传输，以提高数据传输过程中 CPU 的利用率，还可以用来处理一些需要实时响应的事件，例如异常、时钟、掉电和特殊状态等。本节介绍中断的概念和应用。

9.3.1 中断系统概述

1. 中断的基本概念

所谓“中断”，是指在 CPU 正常运行程序时，由于内部事件或外部事件引起 CPU 暂时停止正在运行的程序，转而去执行请求 CPU 服务的内部事件或外部事件的服务子程序，待该服务子程序处理完毕后又返回到被中止的程序继续运行，这一过程叫做中断。常将为实现中断功能而采用的硬件和软件措施称为中断系统。中断是微机系统重要的功能之一。

(1) 中断系统的功能。为了满足中断的要求，一般中断系统应具有以下功能：

1）能实现中断响应，中断服务及返回。

2）能实现中断优先权排队。

3）能实现多重中断嵌套处理。

（2）中断的优先级。在微机中，由于具有多个中断源，就有可能出现在某一时刻有若干个中断源同时发出中断请求的情况，而 CPU 在任一时刻只能响应并处理一个中断，这就要求 CPU 能确定响应的次序。中断的优先级是系统设计者根据各个中断源工作性质的轻重缓急，给中断源安排一个服务顺序，即级别。CPU 实现中断优先级排队的方法分为软件和硬件两种。

1）软件查询中断优先级：软件查询中断优先级需要相应电路的支持。在电路中，中断请求信号被锁存在中断请求寄存器中，并通过或门送入 CPU 的中断请求 INTR 端，这样任一个中断源有中断请求时，均可向 CPU 发出中断请求信号。当 CPU 响应中断后，把中断请求寄存器的状态读入 CPU，逐位查询其状态，查到哪个中断源有请求，就转入哪个中断源的中断服务程序。通过设定查询次序决定各中断源优先级别的高低，先查询的中断优先级别最高，后被查询的优先级依次降低。这种方法的优点在于硬件电路简单，优先权安排灵活，缺点是响应中断的速度慢，对中断源较多的情况下会影响到中断响应的实时性。硬件中断优先级排队则可较好地克服这个缺点。

2）硬件优先级排队：采用菊花链法确定优先级的方法是硬件优先级排队电路中确定优先级的一个较为简单的方法，其电路如图 9-3 所示。在每个中断源的接口电路中设置一个逻辑电路，这些逻辑电路组成一个传送 CPU 的中断响应信号$\overline{INTA}$的链条，称为菊花链。当任何一个外设有中断请求时，都会产生中断请求信号送到 CPU 的$\overline{INTA}$引脚。如果 CPU 允许中断，则发出中断响应信号$\overline{INTA}$。该信号在菊花链中传递，如果某接口中无中断请求信号，则 INTA 信号可以通过该接口的菊花链逻辑电路原封不动地向后传递；如果该接口中有中断请求信号，则该接口中的逻辑电路就使得$\overline{INTA}$信号不再向后传递。这样，CPU 发出的$\overline{INTA}$信号可以从最靠近 CPU 的接口开始沿着菊花链逐级向后传递，直至被一个有中断请求信号的接口封锁为止。在有多个中断源同时申请中断时，离 CPU 最近的接口最先得到响应，因此它的优先权最高，离 CPU 越远的接口，其优先权就越低。

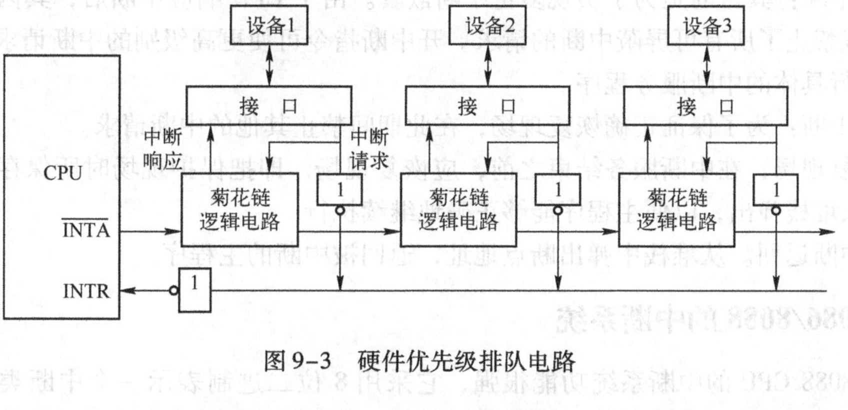

图 9-3　硬件优先级排队电路

菊花链方式的优点是中断响应速度快，电路比较简单。缺点是由于门电路的延迟作用，使链条的长度受到限制，而且由于中断的优先级是由硬件决定的，因此也不易修改。

2. 中断的处理过程

通常，当中断到来的时候，CPU 在允许中断的情况下，会停止正在运行的主程序，转而处理中断事件。虽然不同微机的中断系统有所不同，但实现中断的处理过程是相同的。一个完整的中断处理过程可分为 4 个过程：中断请求、中断响应、中断服务和中断返回。

（1）中断请求。中断请求是由中断源提出的，中断源需要 CPU 服务时，首先要发出一个有效的中断请求信号，送到 CPU 的中断输入端。中断请求信号分为边沿触发和电平触发。边沿触发指的是 CPU 根据中断请求端上有无从低到高或从高到低的跳变来决定中断请求信号是否有；电平触发指的是 CPU 根据中断请求端上有无稳定的电平信号来确定中断请求信号是否有效。8086/8088 CPU 的非屏蔽中断 NMI 为边沿触发，而可屏蔽中断 INTR 为电平触发。

（2）中断响应。当有中断请求后，CPU 并非立即响应。对于可屏蔽的中断请求，CPU 需要满足两个条件：一是 CPU 内部处于开中断状态，即 CPU 内部的中断屏蔽触发器是处于允许中断请求状态的；二是在 CPU 执行完现行指令后，即中断操作不能打断一条指令的执行。对于非屏蔽中断的响应，CPU 只需满足后一个条件即可。

在满足中断响应的条件下，CPU 会停止正在运行的主程序，转而处理中断事件，CPU 进入中断响应周期，这其中主要包括以下几个步骤：

1）关中断：在 CPU 响应中断后，发出中断响应信号$\overline{INTA}$，同时内部自动关闭中断，以禁止接收其他的中断请求。

2）保护断点：把断点处的程序计数器 PC 的内容压入堆栈，以备中断处理完成后能正确地返回主程序断点。以上两项工作一般由硬件完成。

3）形成中断服务程序入口地址，并转入该服务程序。CPU 要对中断请求进行处理，必须找到相应的中断服务程序的入口地址。每个中断服务程序都有一个入口地址，CPU 通过一定的途径取得这个入口地址，并将 CPU 转入中断服务程序。

（3）中断服务

1）保护现场：为了使中断服务程序在返回主程序后不影响主程序的继续运行，在中断服务子程序的开始要将有关的各个寄存器的内容推入堆栈保护起来，这称为保护现场。

2）开中断：其目的是为了实现多重中断嵌套。由于 CPU 响应中断后，其内部自动关闭中断，这就禁止了所有可屏蔽中断的请求。开中断指令可使更高级别的中断请求得到响应。

3）执行具体的中断服务程序。

4）关中断：为了保证正确恢复现场，在此期间禁止其他的中断请求。

5）恢复现场：在中断服务结束之前，应恢复现场，即把保护现场时所保存的各个寄存器的内容从堆栈弹出，以便主程序能够正确地继续执行。

（4）中断返回。从堆栈中弹出断点地址，返回被中断的主程序。

9.3.2 8086/8088 的中断系统

8086/8088 CPU 的中断系统功能很强，它采用 8 位二进制表示一个中断类型，因此有 256 个不同的中断，编号为 0 ~ 255。按中断产生的方法分类，可分为外部中断和内部中断两类。

1. 外部中断

外部中断也称硬件中断，即由外部（主要是外设）的请求引起的中断。外部中断包括非屏蔽中断和可屏蔽中断。

（1）非屏蔽中断。非屏蔽中断通过 CPU 的 NMI 引脚引入，由上升沿触发。非屏蔽中断不受中断允许标志 IF 的限制，其中断类型码（也称为中断向量码）固定为2，这种中断一旦产生，CPU 在执行完当前指令后就会立即响应，因此它的优先级高于可屏蔽中断。非屏蔽中断通常用来处理系统中出现的重大故障或紧急情况，如电源掉电、关键设备出现故障等。

（2）可屏蔽中断。可屏蔽中断的中断请求信号从 CPU 的 INTR 端引入，高电平有效。可屏蔽中断受中断允许标志位 IF 的约束，只有当 IF =1 时，CPU 才会响应可屏蔽中断；如果 IF =0，即使中断源有中断请求，CPU 也不会响应，这种情况称为中断被屏蔽。

由于大多数外部中断源都归结可屏蔽中断中，而8086/8088 CPU 只有一个可屏蔽中断请求输入引脚，因此在 8086/8088 中断系统中，在 CPU 之外又设计了一个中断控制器（如8259A）。由中断控制器来对多个可屏蔽中断源进行优先级控制，且提供中断类型码。

2. 内部中断

内部中断也称为软件中断，是由 CPU 内部指令引起的中断。8086/8088 CPU 的内部中断有 5 种类型。

（1）除法错误中断 - 类型 0 中断。在执行除法指令时，若发现除数为 0 或商超过了寄存器所能表达的范围，则立即产生一个中断类型码为 0 的内部中断。

（2）单步中断 - 类型 1 中断。8086/8088 CPU 中有一个陷阱标志位 IF。CPU 每执行完一条指令后，都会检查 IF 的状态。若发现 IF =1，则 CPU 就自动产生中断类型码为 1 的中断，使 CPU 每执行完一条指令后就进入中断，我们称这种工作方式为单步工作方式。在调试程序时，单步工作方式是非常有用的。

（3）断点中断 - 类型 3 中断。这是在调试程序过程中为设置程序断点而提供的中断形式。断点中断的指令为 INT 3，CPU 执行该指令后就会产生一个中断类型码为 3 的中断。INT 3 指令是单字节指令，专门用于在程序中设置断点来调试程序。

（4）溢出中断 - 类型 4 中断。若在算术运算指令后加入一条 INTO 指令，则 INTO 指令将测试溢出标志 OF。当 OF =1（表示算术运算结果发生溢出），则立即产生一个中断类型码为 4 的中断，称为溢出中断。溢出中断为程序员提供了处理运算溢出的手段。

（5）用户自定义的软件 - 类型 n 中断。在 8086/8088 CPU 的指令中，有一条 INT n 指令，这是一条双字节指令，指令的第一个字节为操作码，第二个字节 n 为该中断的中断类型码。执行该指令即产生中断，用户可以通过设置不同的中断向量码 n 形成用户自己定义的软件中断事件。

3. 中断向量表

所谓中断向量，就是中断服务程序的入口地址。以前面的叙述可知，在 8086/8088 CPU 的中断系统中，无论是外部中断还是内部中断，每个中断源都有一个与它相对应的中断向量码。当 CPU 识别出某个中断源的中断请求并予以响应时，控制逻辑就将该中断的中断向量码送入 CPU，提供响应的中断服务程序的入口地址，转入中断服务。用中断向量来确定中断源，主要是用硬件来实现的。

8086/8088 CPU 的中断向量表如图 9–4 所示，它是中断类型与它对应的中断服务程序入口地址之间的换算表。系统规定在内存的前 1 KB（地址 00000H ~ 003FFH）的空间内存放中断向量表，每个中断向量占有 4 B，可容纳 256 个中断向量（中断类型）。每个中断向量的前 2 B 存放中断处理子程序入口地址的偏移地址，即 IP 指针的内容，后 2 B 存放中断处理子程序的段地址，即 CS 的内容。

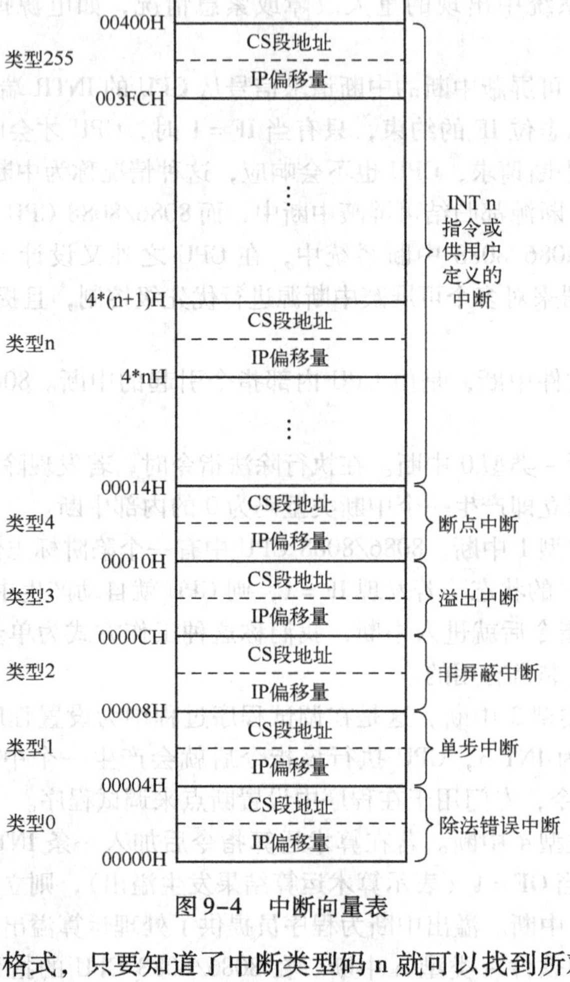

图 9–4　中断向量表

根据中断向量表的格式，只要知道了中断类型码 n 就可以找到所对应的中断向量在表中的位置。中断向量在中断向量表中的存放地址可用如下公式计算得到。

$$中断向量在中断向量表中的首地址 = 中断类型号\ n \times 4$$

当 CPU 响应中断后，就自动地取出 4n 和 4n + 1 单元的内容送入 IP，取出 4n + 2 和 4n + 3 单元的内容送入 CS，从而转入中断处理程序。

4. 中断的处理过程

（1）非屏蔽中断响应过程。NMI 中断不受 IF 标志的影响，即无论 IF 的状态如何，CPU 都会响应这个中断请求。NMI 中断的中断类型码为 2，CPU 会自动计算出中断向量。接下来的处理过程是：

1）将中断类型码乘以 4，得到中断向量表地址。

2）将 CPU 的标志寄存器内容压入堆栈，以保护各个标志位。

3）清除 IF 和 TF 标志，屏蔽新的 INTR 中断和单步中断。

4）保存断点，即把断点处的 IP 和 CS 值压入堆栈。

5）将从中断向量表中取出的中断服务程序的入口地址，分别送至 CS 和 IP 中。

6）按 CS 和 IP 中的地址执行中断服务程序。

进入中断服务程序后，先要保护现场，然后进行中断服务，服务完毕恢复现场，最后执行中断返回指令 IRET，使程序返回到断点处继续执行。

（2）可屏蔽中断响应过程。在 INTR 信号有效时，如果 CPU 的中断允许标志 IF = 1，则 CPU 在执行完当前指令后，响应 INTR 线上的中断请求。CPU 的响应过程是执行两个中断响应总线周期，在第一个中断响应总线周期，CPU 输出有效的总线锁定信号 $\overline{LOCK}$，使总线在此期间处于封锁状态。在第二个中断响应总线周期，CPU 送出第二个 $\overline{INTA}$ 信号时，总线锁定信号 $\overline{LOCK}$ 撤除，总线被解除封锁，地址允许信号 ALE 也变为低电平（无效），即允许数据线工作。此时中断控制器将当前中断服务程序所对应的中断类型码送到数据线上供 CPU 读取。

（3）中断源优先级。在 8086/8088 系统中，存在多个中断源，因此要给这多个中断源安排优先等级，系统中断的优先级如下：

高 除法错误中断
溢出中断
INT n 指令中断
非屏蔽中断
可屏蔽中断
低 单步中断

8086/8088 的中断系统规定，内部中断（INT）优先级高于非屏蔽中断（NMI），非屏蔽中断优先级高于可屏蔽中断（INTR）。但单步中断是一个例外，它是所有中断源中优先级最低的，并且还受 IF 的屏蔽。

9.3.3 可编程中断控制器 8259A

Intel 8259A 可编程中断控制器（Programmable Interrupt Controller，PIC）是专门用于系统中断管理的大规模集成电路芯片，它的主要功能有：

1）具有 8 级优先权控制，通过级联可扩展至 64 级优先权控制。

2）对任何一个级别的中断源都可以由编程进行屏蔽或开放。

3）在中断响应周期，可提供响应的中断向量，从而使 CPU 迅速找到中断服务程序的入口地址。

4）可以通过编程来选择不同的工作方式。

8259A 把中断源识别、中断优先权排队、中断屏蔽、提供中断向量等功能集于一身，因而能方便地进行外部中断的管理。通过对 8259A 进行编程，就可以管理 8 ~ 64 级优先权中断、设定中断型号以及中断请求方式和优先权模式。

1. 8259A 内部结构

8259A 的内部结构框图如图 9-5 所示，它由 8 部分组成。

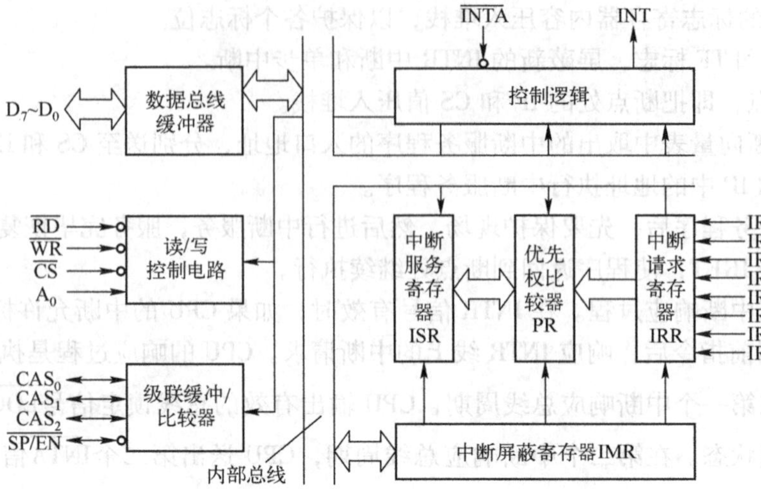

图 9-5　8259A 内部结构框图

（1）中断请求寄存器 IRR。IRR 是 8259A 与外设中断源相连的接口，它是一个 8 位锁存器，用来锁存外设送来的 $IR_7 \sim IR_0$ 中断请求信号。当有某个中断源申请中断时，使 8 位寄存器的相应位置 1，其内容可以用 OCW_3 命令读出。

（2）中断屏蔽寄存器 IMR。IMR 是一个 8 位的寄存器，与 8259A 处理的 8 位中断 $IR_7 \sim IR_0$ 相对应，用于设置中断请求的屏蔽信号。当某位置为 1 时，禁止与该位相对应的中断源申请中断，为 0 则表示允许中断。IMR 的内容可以由程序修改。

（3）中断服务寄存器 ISR。ISR 是一个 8 位寄存器，与 8 级中断 $IR_7 \sim IR_0$ 相对应，用于记录当前正在服务的所有中断级，包括尚未服务完而中途被更高优先级打断的中断级。若 CPU 响应了 IR_i 的中断请求，则 ISR 中与之对应的第 i 位置 1。当 ISR 为全 0 时，表示无任何中断服务。

（4）优先权比较器 PR。PR 用于识别和管理各中断请求信号的优先级别。当几个中断请求信号同时出现时，由 PR 从中断请求寄存器 IRR 中选出优先权最高的那一位，并将其送到 ISR 中的对应位中。当 8259A 正在为某一级中断服务时，若又出现新的中断请求，则由 PR 判断新出现的中断请求的优先级是否高于正在处理的那一级，若是，则 PR 就使 INT 线变为高电平，送给 CPU，为它提出中断申请；若不是，则 PR 不为它提出中断申请。

（5）控制逻辑。控制逻辑电路中有 7 个寄存器。$ICW_1 \sim ICW_4$ 用来存放初始化程序设定的工作方式字，管理 8259A 的工作；$OCW_1 \sim OCW_3$ 用来存放操作命令字，对中断处理过程进行动态控制。

控制逻辑的作用有两个：一是根据 IRR、IMR 和 PR 的状态通过 INT 引线向 CPU 发中断申请；二是接收来自 CPU 的中断响应信号 $\overline{INTA}$。$\overline{INTA}$ 信号使 ISR 的相应位置 1，表示 CPU 将要执行该中断源的中断服务程序，并使中断请求寄存器的相应位置 0，避免产生多次中断。

（6）数据总线缓冲器。这是一个 8 位的双向三态缓冲器，是 8259A 与系统数据总线的接口。CPU 向 8259A 发送的数据、命令、控制字及 8259A 向 CPU 输送的数据、状态信息都要经过数据总线缓冲器。

（7）读/写控制电路。读/写控制电路接收 CPU 送来的读/写命令$\overline{RD}$、$\overline{WR}$，片选信号$\overline{CS}$以及端口选择信号 A_0，以实现 CPU 对 8259A 的读/写操作。CPU 对 8259A 进行写操作时，用 OUT 指令使$\overline{WR}$有效，把写入 8259A 的命令字通过数据总线送到相应的寄存器内。CPU 对 8259A 进行读操作时，用 IN 指令使$\overline{RD}$有效，把相应的 IRR、ISR 或 IMR 寄存器的内容通过数据总线读入 CPU。

（8）级联缓冲/比较器。级联缓冲/比较器用于多块 8259A 的级联，使中断可由 8 级扩展至 64 级。与 CPU 相连的 8259A 叫主 8259A，与主 8259A 相连的 8259A 叫从 8259A。级联方式中，将主、从 8259A 的 $CAS_2 \sim CAS_0$对应连接，主 8259A 的 $CAS_2 \sim CAS_0$为输出线，从 8259A 的 $CAS_2 \sim CAS_0$为输入线。并将从 8259A 的 INT 与主 8259A 的 IR_i相连接。此时，主 8259A 在第一个$\overline{INTA}$响应周期内通过 $CAS_2 \sim CAS_0$送出 3 位识别码，而和此识别码相符的从 8259A 将在第二个$\overline{INTA}$响应周期内释放中断类型码到数据总线上，使 CPU 进入相应的中断处理程序。

2. 8259A 的编程

对 8259A 编程的过程实际上就是对其内部寄存器进行初始化设置的过程，一旦初始化过程结束，当出现外部中断请求时，8259A 就可以按初始设置的工作方式执行中断响应过程。8259A 的初始化是通过 CPU 对 8259A 送 4 个初始化命令字 ICW 以及 3 个操作命令字 OCW。由于 8259A 只有两个地址（奇地址 $A_0=1$ 和偶地址 $A_0=0$），但却有多个命令字，因此各命令字的设置要求按一定的顺序进行。

（1）初始化命令字 ICW。初始化命令字通常是系统启动时由初始化程序设置的，一旦设定，一般在工作过程中就不再改变。在 CPU 向 8259A 写入初始化命令字时，必须按照初始化命令字的顺序 $ICW_1 \sim ICW_4$进行。

1）ICW_1（初始化字）：写 ICW_1 的条件：$A_0=0$，$D_4=1$。这时写入的数据就被当成 ICW_1。ICW_1的格式如图 9-6 所示。

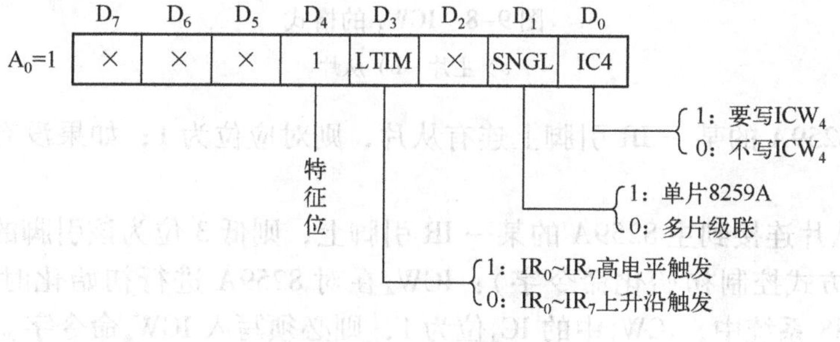

图 9-6　ICW_1 的格式

① D_4：特征位。固定为 1，表示当前设置的是初始化命令字 ICW_1。

② D_3（LTIM）：中断请求信号触发方式设定。LTIM = 1，电平触发；LTIM = 0，边沿触发。

③ D_1（SNGL）：单片/级联方式设定。SNGL = 1，单片使用；SNGL = 0，级联使用。

④ D_0（IC_4）：ICW_4设置。$IC_4=1$，设置 ICW_4；$IC_4=0$，不设置 ICW_4。在 8086/8088 系统中，8259A 必须设置 ICW_4，因此该位必须为 1。

⑤ 8086/8088 系统不用 D_7、D_6、D_5及 D_2位，可设为 0。

2）ICW_2（中断向量字）：ICW_2是设置中断类型码的初始化命令字，紧随在 ICW_1之后 8259A 初始化的第二个命令字。它必须写在奇地址端口，即 8259A 的 $A_0=1$。ICW_2的格式如图 9-7 所示。

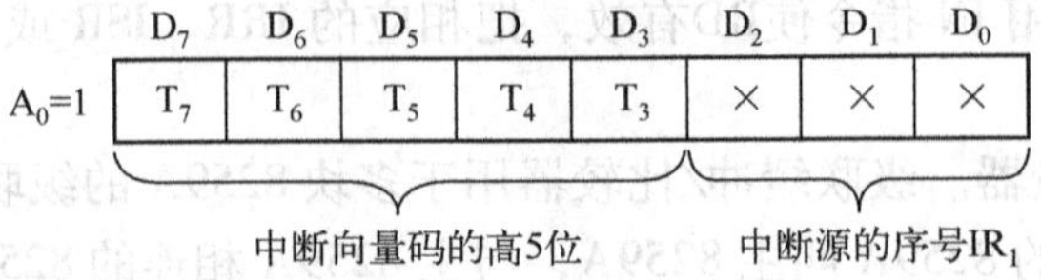

图 9-7　ICW_2 的格式

① $D_7 \sim D_3$：由用户根据 IR_i中断源的中断向量在中断向量表的位置决定该中断源的中断类型码。

② $D_2 \sim D_0$：指明引入中断的引脚（$IR_0 \sim IR_7$）的序号。

③ 在 8086/8088 系统中，$D_2 \sim D_0$不需要编程，其固定值为 000，在响应时由中断源序号填入这 3 位。

3）ICW_3（级联控制字）：ICW_3仅用于 8259A 的级联方式，即只有在 ICW_1中的 SNGL＝0 时，才初始化 ICW_3。ICW_3分为主片和从片两种格式。ICW_3应紧接着 ICW_2写入同一 I/O 地址中，ICW_3的格式如图 9-8 所示。

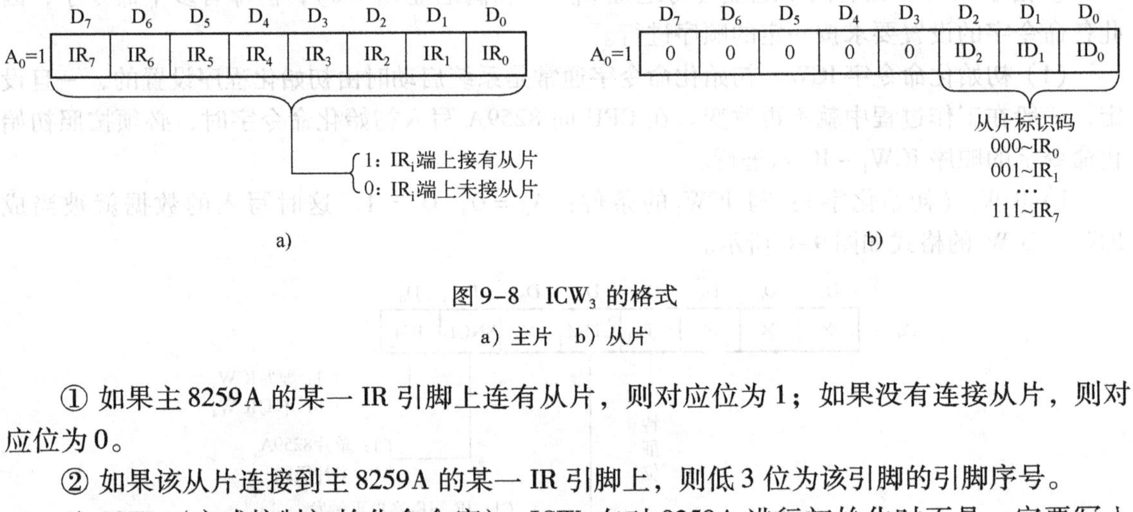

图 9-8　ICW_3 的格式

a）主片　b）从片

① 如果主 8259A 的某一 IR 引脚上连有从片，则对应位为 1；如果没有连接从片，则对应位为 0。

② 如果该从片连接到主 8259A 的某一 IR 引脚上，则低 3 位为该引脚的引脚序号。

4）ICW_4（方式控制初始化命令字）：ICW_4在对 8259A 进行初始化时不是一定要写入的，在 8086/8088 系统中，ICW_1中的 IC_4位为 1，则必须写入 ICW_4命令字。它占据奇地址端口，即 8259A 的 $A_0=1$。ICW_4的格式如图 9-9 所示。

① $D_7 \sim D_5$：特征位。这 3 位始终为 0，用来表示 ICW_4的标识码。

② D_4（SFNM）：嵌套方式选择位。SFNM＝1，8259A 工作在特殊全嵌套方式，该方式一般用于多片 8259A 级联方式；SFNM＝0，8259A 工作在全嵌套方式。

③ D_3（BUF）：缓冲方式选择位。BUF＝1，8259A 工作在缓冲方式；BUF＝0，8259A 工作在非缓冲方式。

④ D_2（$M/\overline{S}$）：主从选择位。该位只有在 BUF＝1（即缓冲方式）时才有效。BUF＝0

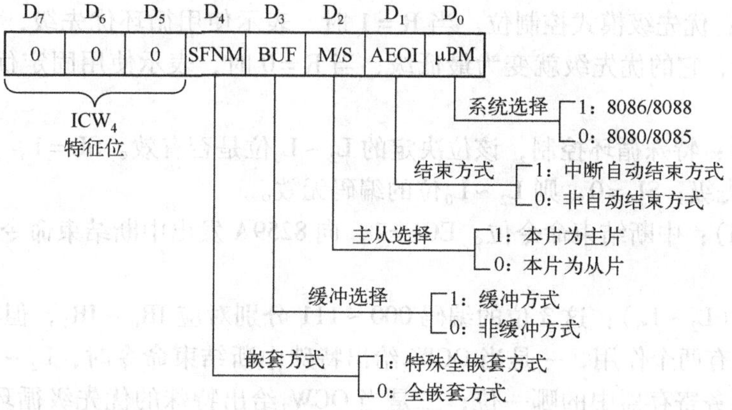

图 9-9　ICW_4 的格式

时，该位的设置无效。在缓冲方式下，$M/\overline{S}=1$，8259A 为主片；$M/S=0$，8259A 为从片。

⑤ D_1（AEOI）：中断结束方式选择位。AEOI = 1，系统采用自动结束方式；AEOI = 0，系统采用非自动结束方式。

⑥ D_0（μPM）：系统选择位。μPM = 1，用 8086/8088 CPU；μPM = 0，用 8080/8085 CPU。

（2）操作命令字 OCW。向 8259A 写入初始化命令字之后，8259A 就进入设定的工作状态，准备接收外部中断源的中断请求信号。在系统运行中，还可以随时写入操作命令字，以便灵活地改变 8259A 的某些功能。8259A 有 3 个操作命令字 OCW_1、OCW_2和 OCW_3。与初始化命令字 ICW 不同，写入操作命令字的顺序没有严格要求，而是按需要写入。但它们对应的端口地址有严格规定，OCW_1必须写入奇地址端口（$A_0=1$），OCW_2和 OCW_3必须写入偶地址端口（$A_0=0$）。

1）OCW_1（中断屏蔽字）：OCW_1是中断屏蔽字，初始时为全 0（全部允许中断），写入时要求地址线 $A_0=1$。OCW_1的格式如图 9-10 所示。OCW_1的内容直接写入中断屏蔽寄存器 IMR 中，$M_7 \sim M_0$对应着中断屏蔽寄存器 IMR 的各位，其每一位控制一根中断请求输入线，屏蔽字为“1”的位所对应的中断请求线被屏蔽；否则，即被允许。

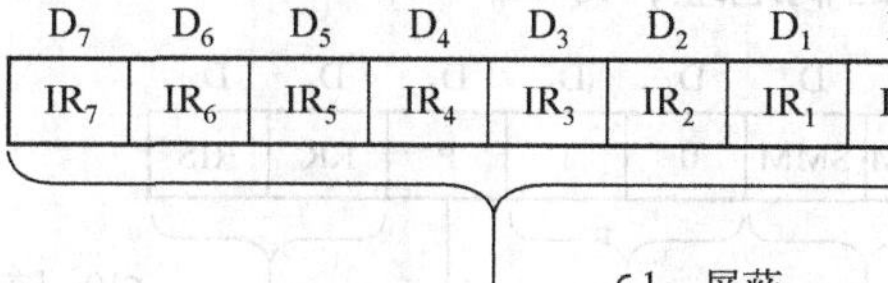

图 9-10　OCW_1 的格式

例：
```
MOV  AL,   41H
OUT  21H,  AL
```

执行这两条指令就把 IR_0和 IR_6上的中断请求封锁了。

2）OCW_2（中断结束和优先级循环控制字）：这是一个常用的控制字，它有两个作用：对 8259A 发出中断结束命令（包括普通结束 EOI 和特殊结束 SEOI），它还可以控制中断优先级的循环。OCW_2的格式如图 9-11 所示。它与 OCW_3共用一个端口地址，但其特征位 $D_4D_3=00$，因此不会发生混淆。OCW_2写入时要求地址线 $A_0=0$。

① D_7（R）：优先级模式控制位。当 R=1 时，表示使用循环优先级，即一个优先级的中断服务结束后，它的优先级就变为最低级；当 R=0 时，表示使用固定优先级，即 IR_7 最低，IR_0 最高。

② D_6（SL）：特殊循环控制，该位决定的 $L_2 \sim L_0$ 位是否有效。SL=1，则 $L_2 \sim L_0$ 位对应的 IR_i 为最低优先级；SL=0，则 $L_2 \sim L_0$ 位的编码无效。

③ D_5（EOI）：中断结束命令位。EOI=1，向 8259A 发出中断结束命令；EOI=0，这位不起作用。

④ $D_2 \sim D_0$（$L_2 \sim L_0$）：这 3 位的编码 000～111 分别对应 $IR_0 \sim IR_7$，但只有 SL=1 时才有效。$L_2 \sim L_0$ 位有两个作用，一是当 OCW_2 给出特殊中断结束命令时，$L_2 \sim L_0$ 位指出具体要清除当前中断服务寄存器中的哪一位；二是当 OCW_2 给出特殊的优先级循环方式命令字时，$L_2 \sim L_0$ 位用来指出哪个中断的优先级最低。R、SL、EOL 三者组合所代表的含义见图 9-11 的说明。

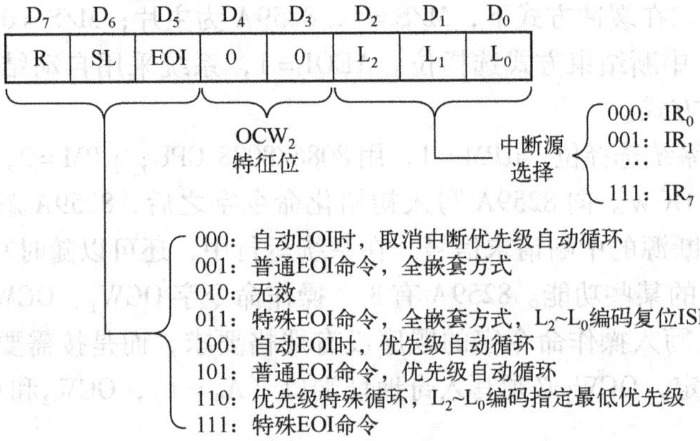

图 9-11　OCW_2 的格式

3）OCW_3（屏蔽和读状态控制字）：OCW_3 的功能是分别设置特殊屏蔽方式、中断查询方式、读取中断申请寄存器 IRR 或中断服务寄存器 ISR 中的内容。OCW_3 的格式如图 9-12 所示。OCW_3 必须写入 8259A 的偶地址，即 $A_0=0$。

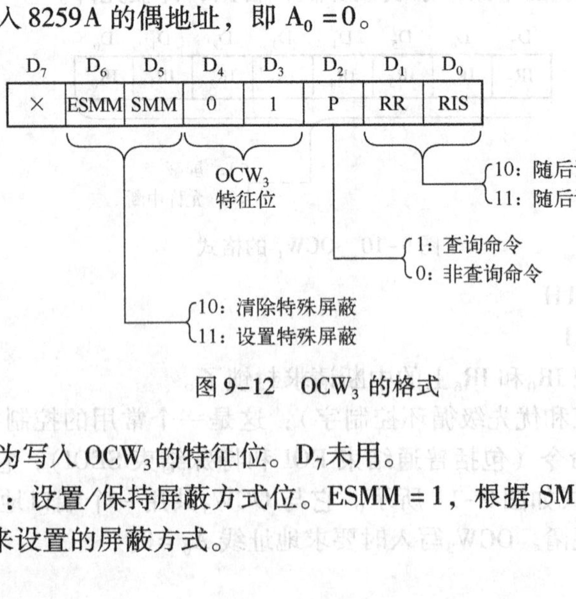

图 9-12　OCW_3 的格式

① $D_4D_3=01$，为写入 OCW_3 的特征位。D_7 未用。

② D_6（ESMM）：设置/保持屏蔽方式位。ESMM=1，根据 SMM 位重新设置屏蔽方式；ESMM=0，保持原来设置的屏蔽方式。

③ D_5（SMM）：与 ESMM 位配合设置屏蔽方式。ESMM = 1，SMM = 1，设置特殊屏蔽方式；ESMM = 1，SMM = 0，清除特殊屏蔽方式，恢复为一般屏蔽方式；ESMM = 0，保持原来设置的屏蔽方式，SMM 不起作用。

④ D_2（P）：查询命令位。当 P = 0 时，不发送查询命令；当 P = 1 时，8259A 工作在查询中断方式，即 8259A 不是通过硬件引脚向 CPU 发中断请求，而是 CPU 用程序查询的方式了解哪个中断源需要服务。一旦发出查询命令，如果有中断请求，就将中断服务寄存器 ISR 中的相应位置 1，并将特定的查询字送到数据总线上供 CPU 读入和分析。这个查询字的内容可以报告有无中断申请及申请服务的最高优先权等级。图 9-13 为查询字格式。

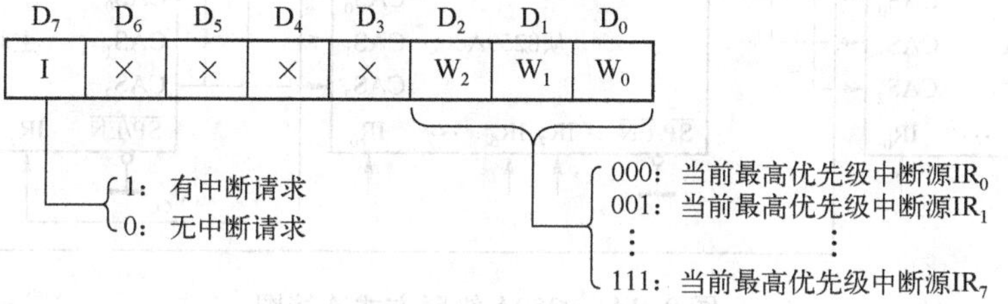

图 9-13　查询字格式

查询字的 D_7位的 I 指明是否有中断申请出现。若有中断申请，则 I = 1；若没有中断申请，则 I = 0，CPU 继续执行程序。$W_2 \sim W_0$位表示正在申请服务的最高优先等级的二进制代码。$D_6 \sim D_3$位未使用。

⑤ D_1（RR）和 D_0（RIS）；读 8259A 内部寄存器的内容。D_1 D_0 = 10，则将读入中断请求寄存器 IRR 的内容；D_1 D_0 = 11，则读的是中断服务寄存器 ISR 的内容。

当 D_1 = 0 时，这两位不起作用。

3. 8259A 的应用

（1）8259A 的级联。当中断源超过 8 个时，就无法用一片 8259A 来进行管理，这时可采用 8259A 的级联工作方式。指定一片 8259A 为主片，它的 INT 输出接到 CPU 上。而其余的 8259A 均作为从片，其 INT 输出接到主片的 IR 输入端。没有连接从片 INT 输出的主片的 IR_i 输入端，可以直接作为中断请求输入端使用。可以根据需要选择从片的数目，最多为 8 片，因而最多允许有 64 个中断请求输入。

8259A 级联方式连接图如图 9-14 所示。主 8259A 的 $CAS_2 \sim CAS_0$分别送到各个从 8259A 的 $CAS_2 \sim CAS_0$上，构成 8259A 主从级联控制结构。CPU 发出的中断响应信号$\overline{INTA}$，主 8259A 和从 8259A 均可接收。主 8259A 的$\overline{SP}/\overline{EN}$接 V_{CC}；从 8259A 的$\overline{SP}/\overline{EN}$接地。CPU 的地址译码逻辑分别对所有 8259A 进行地址译码（$\overline{CS}$，A_0）。

（2）8259A 的应用举例。据前所述，8259A 有两类编程命令：一类是设立初始化命令字；另一类是设立操作命令字。在中断系统运行之前，系统中的每一个 8259A 首先必须按照 $ICW_1 \sim ICW_4$顺序由 CPU 写入 2 ~ 4 个 ICW 初始化命令字，该初始化程序必须放在主程序之前，如果使用多片 8259A，还要写 ICW_3，并且主片和从片的 ICW_3要分别写入；对于 OCW 命令字的设置，可以不按严格的顺序写入命令字，一般它们可放在程序的任意位置。

下面以图 9-14 的 8259A 级联方式为例，举例说明主、从片级联方式的初始化编程。图

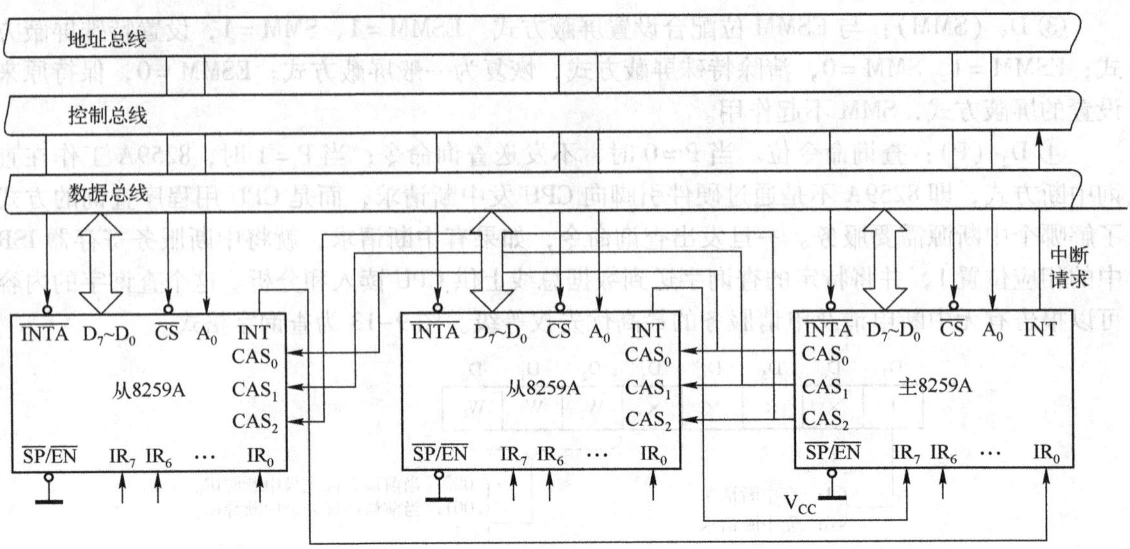

图 9-14　8259A 级联方式连接图

9-14 共 15 级中断，主 8259A 的 CAS_2 ~ CAS_0 与从 8259A 的 CAS_2 ~ CAS_0 互相连接，从片的 INT 直接连到主片的 IR_7 上，主、从片的中断请求信号均采用边沿触发，采用完全嵌套方式，缓冲设置为非缓冲方式，即主 8259A 的 SP/EN 接 V_{CC}，从 8259A 的 SP/EN 接地，设定 0 ~ 7 级对应主片的中断号为 08H ~ 0FH，8 ~ 15 级对应从片的中断号为 70H ~ 77H，根据以上要求，系统上电时，8259A 主片和从片初始化的程序段如下。

【例 9-1】 8259A 的级联。

```
;初始化 8259A 主片,设主片端口偶地址为 20H,奇地址为 21H
MOV  DX,  20H
MOV  AL,  11H
OUT  DX,  AL          ;设置 ICW1:边沿触发,多片
MOV  DX,  21H
MOV  AL,  08H
OUT  DX,  AL          ;设置 ICW2:中断类型号的高 5 位
MOV  DX,  21H
MOV  AL,  80H
OUT  DX,  AL          ;设置 ICW3:主片的 IR7 上接从片
MOV  DX,  21H
MOV  AL,  01H
OUT  DX,  AL          ;设置 ICW4:非缓冲,完全嵌套,非自动中断结束
⋮
;初始化 8259A 从片,设从片端口偶地址为 0A0H,奇地址为 0A1H
MOV  DX,  0A0H
MOV  AL,  11H
OUT  DX,  AL          ;设置 ICW1:边沿触发,多片
MOV  DX,  0A1H
```

```
MOV  AL,  70H
OUT  DX,  AL      ;设置 ICW2:中断类型号的高 5 位
MOV  DX,  0A1H
MOV  AL,  07H
OUT  DX,  AL      ;设置 ICW3:从片 INT 接在主片的 IR7 端
MOV  DX,  0A1H
MOV  AL,  01H
OUT  DX,  AL      ;设置 ICW4:非缓冲,完全嵌套,非自动中断结束
⋮
```

9.4 DMA

DMA 是一种外设与存储器或存储器与存储器之间直接传送数据的方法。在进行 DMA 存取时，CPU 让出总线控制权，不再采用输入、输出指令的方式进行数据存取，而用硬件方法由 DMA 控制器控制总线，使存储器和外设直接交换数据，减少了中间环节，提高了传送速度。本节主要介绍中断的基本概念、管理、实现、应用以及 DMA 的原理、DMA 控制器以及它的编程。

9.4.1 DMA 传送方式

1. DMA 的传送过程

DMA 传送包括：

1）DMA 读传送，存储器→I/O 设备。

2）DMA 写传送，I/O 设备→存储器。

3）存储单元传送，存储器→存储器。

实现 DMA 传送的关键部件是 DMA 控制器（DMAC）。系统总线分别受到 CPU 和 DMAC 这两个部件的控制，即 CPU 可以向地址总线、数据总线和控制总线发送信息（非 DMA 方式），DMAC 也可以向地址总线、数据总线和控制总线发送信息（DMA 方式）。但在同一时刻，系统总线只能接受一个部件的控制。究竟由哪个部件来控制系统总线，是通过这两个部件之间的联络信号来实现的。

下面以 I/O 设备与存储器进行数据传送为例说明 DMAC 传送的过程：

1）首先 CPU 对 DMAC 进行功能设定，送入存储器的起始地址、数据长度等控制参数，然后由 I/O 设备向 DMAC 发出请求信号。

2）DMAC 接到 I/O 设备发出的 DMA 请求后，向 CPU 发出总线请求，请求 CPU 脱离对系统总线的控制，而由 DMAC 接管对系统总线的控制。

3）CPU 在执行完现行的总线周期后，向 DMAC 发出总线响应信号。

4）CPU 将系统总线让出，处于等待状态，由 DMAC 接管对系统总线的控制。

5）DMAC 向 I/O 设备发出 DMA 应答信号。

6）进行 DMA 传送。即 DMAC 把有关地址送到地址总线，通过控制总线向存储器和 I/O 设备发出读/写信号，从而完成一个字节的传送。

7）重复第 6）步，直至设定的字节数传送完毕。

8）DMAC 将总线请求信号变成无效，同时脱离对系统总线的控制，CPU 检测到总线请求信号无效后，就将总线响应信号变成无效，CPU 恢复对系统总线的控制，开始正常运行。

2. DMA 操作的基本方法

DMA 技术的出现，使得外部设备可以通过 DMAC 直接访问存储器，与此同时，CPU 可以继续执行程序。DMAC 与 CPU 分时使用存储器的方法有以下 3 种。

（1）周期挪用方式。在这种方式下，利用 CPU 不访问存储器的那些周期来实现 DMA 操作，此时 DMA 操作使用总线不用通知 CPU 也不会妨碍 CPU 的工作。采用这种方式时，为避免同 CPU 的操作发生冲突，要求 CPU 能产生一个是否正在使用存储器的标志信号，DMAC 通过判断标志信号来实现 DMA 操作。周期挪用并不减慢 CPU 的操作，但需要复杂的时序电路，而且数据传送过程是不连续和不规则的。

（2）周期扩展方式。在这种方式下，当需要进行 DMA 操作时，由 DMAC 发出请求信号给时钟电路，时钟电路把供给 CPU 的时钟周期加宽，而提供给存储器和 DMAC 的时钟周期不变。这样就使 CPU 在加宽的时钟周期内操作而不往下进行，而被加宽的时钟周期相当于若干个正常的时钟周期，用来进行 DMA 操作。加宽的时钟结束后，CPU 仍按正常时钟继续操作。这种操作方式可以使 CPU 操作和 DMA 操作同时进行，但会降低 CPU 的处理速度。

（3）CPU 停机方式。这是一种最常用也是最简单的 DMA 传送方式。在这种方式下，当要进行 DMA 传送时，DMAC 向 CPU 发出总线请求信号，迫使 CPU 在现行的总线周期结束后，使其地址、数据、控制总线处于高阻状态，从而让出总线的控制权，并给出 DMA 响应信号，使 DMAC 可以控制总线进行数据传送，直到 DMA 操作完成，CPU 再恢复对总线的控制权，继续执行被中断的程序。很显然，在这种 DMA 传送过程中，CPU 基本处于不工作状态。这种传送方法的优点是控制简单，它适用于数据传输率很高的设备进行成组传送；缺点是 CPU 的利用率要降低，CPU 对中断的响应操作也会受到影响。

3. DMA 控制器的基本功能

为了完成直接数据传送操作，DMAC 应具有以下基本功能。

1）能接收外设的请求，并向 CPU 发出 DMA 请求信号。

2）当 CPU 发出 DMA 响应信号后，能接管对总线的控制，进入 DMA 操作方式。

3）能寻址存储器，即能输出地址信息和修改地址。

4）能向存储器和外设发出相应的读/写控制信号。

5）能控制传送的字节数，判断 DMA 传送是否结束。

6）在 DMA 传送结束后，能发出 DMA 结束信号，释放总线，使 CPU 恢复正常工作。

9.4.2 DMA 控制器 8237A

Intel 8237A 是一种高性能可编程 DMA 控制器，一个芯片中有 4 个独立的 DMA 通道，每个通道可分别进行数据传送，工作在 5 MHz 时的最高数据传送速率可达 1.6 Mbit/s，一次传送最大达 64 KB，能够实现存储器与外部设备间或存储器两个区域间的数据传送。每个通道的 DMA 请求可以分别允许和禁止，具有不同的优先级，并且每个通道的优先级可以是固定的，也可以是循环的。

1. 8237A 的内部结构

8237A 的内部结构如图 9-15 所示，它包括定时和控制逻辑、命令控制逻辑、优先级控制逻辑、寄存器组及地址/数据缓冲器等，8237A 的内部寄存器类型和数量见表 9-2。

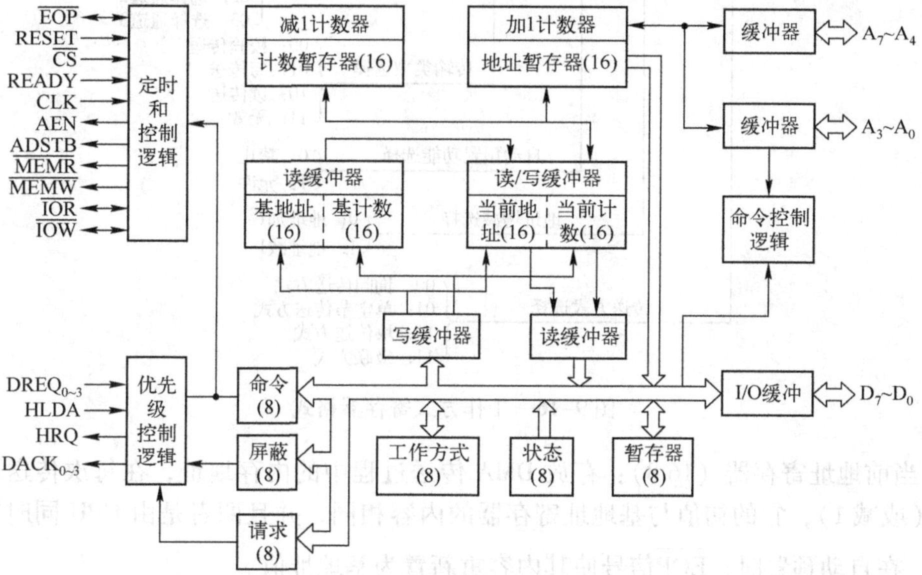

图 9-15　8237A 的内部结构

表 9-2　8237A 内部寄存器

寄存器名称	容量/B	数　量	寄存器名称	容量/B	数　量
基地址寄存器	16	4	状态寄存器	8	1
基字节计数器	16	4	命令寄存器	8	1
当前地址寄存器	16	4	暂存寄存器	8	4
当前字节计数器	16	4	工作方式寄存器	8	4
临时地址寄存器	16	1	屏蔽寄存器	4	1
临时字节计数器	16	1	请求寄存器	4	1

（1）8237A 内部寄存器的功能。8237A 内部有 4 个独立通道，每个通道都有各自的 4 个寄存器，包括地址寄存器（基地址寄存器及当前地址寄存器）和字节计数器（基字节计数器及当前字节计数器）。另外还有各个通道共用的寄存器，包括工作方式寄存器、命令寄存器、状态寄存器、屏蔽寄存器、请求寄存器以及暂存寄存器等。通过对这些寄存器的编程，可实现 3 种 DMA 操作类型和 3 种 DMA 操作方式、两种工作时序、两种优先级排队、自动预置传送地址和字节数。

1）工作方式寄存器：它用于设置 DMA 的操作类型、操作方式、地址改变方式、自动预置以及选择通道。其格式如图 9-16 所示。

2）基地址寄存器（16 B）：存放 DMA 传送的内部首地址，在初始化时，由 CPU 以先低字节后高字节顺序写入。传送过程中基地址寄存器的内容不变。其作用是在自动预置时，将它的内容重新装入当前地址寄存器。

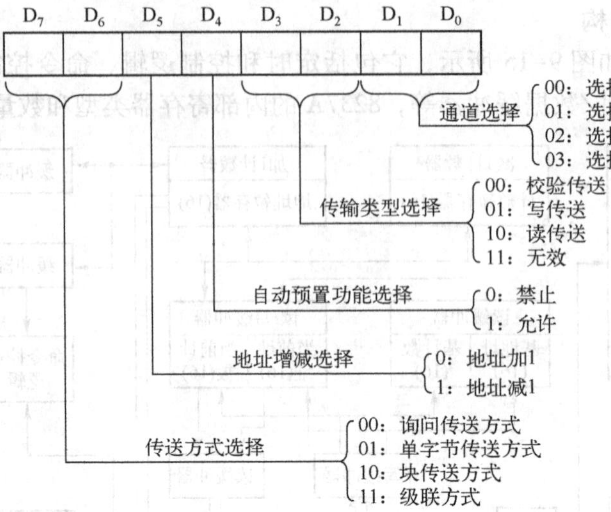

图 9-16　工作方式寄存器格式

3）当前地址寄存器（16 B）：存放 DMA 传送过程中的内存地址，在每次传送后地址自动加 1（或减 1），它的初值与基地址寄存器的内容相同，并且两者是由 CPU 同时写入同一端口的。在自动预置时，$\overline{\text{EOP}}$信号使其内容重新置为基地址值。

4）基字节计数器（16 B）：存放 DMA 传送的总字节数，在初始化时，由 CPU 以先低字节后高字节顺序写入。传送过程中基字节计数器的内容不变，当自动预置时，将它的内容重新装入当前字节计数器。对基字节计数器的预置应注意的是，由于 8237A 执行当前字节计数器已为 0 的那个 DMA 周期时，传送过程才结束，所以若欲传送 N 字节，则写入基字节计数器的字节总数应为 N－1。

5）当前字节计数器（16 B）：存放 DMA 传送过程中没有传送完的字节数，在每次传送之后，字节计数器减 1，当它的值减为零时，便产生$\overline{\text{EOP}}$，表示字节数传送完毕。它的初值与基字节计数器的内容相同，并且两者由 CPU 同时写入同一端口的。自动预置时，$\overline{\text{EOP}}$信号使当前字节计数器的内容重新预置为基计数值。

6）屏蔽寄存器（4 B）：在 8237A 的 DMA 控制器的每个通道内有一个屏蔽触发器。4 个通道共有 4 个屏蔽触发器，构成一个 4 位的屏蔽寄存器。如果某一位为 1，则禁止接收该位对应通道的 DMA 请求；如果某一位为 0，则允许接收该位对应通道的 DMA 请求，如果某个通道设置为以非自动预置方式传送数据，当它的当前字节计数器的值从 0000H 减到 FFFFH 时或在$\overline{\text{EOP}}$引脚上加低电平信号时，都将使对应通道的屏蔽触发器置 1，从而屏蔽了 DMA 请求。屏蔽寄存器也可由屏蔽字来设置或撤销。屏蔽命令有两种格式，即写单通道屏蔽的屏蔽字和写 4 个通道屏蔽位的屏蔽字。

① 单个通道屏蔽寄存器。即每次只能屏蔽一个通道，具体是哪个通道由 D_1D_0 决定。$D_2=1$，则禁止该通道的 DMA 请求；$D_2=0$，则允许该通道的 DMA 请求。其格式如图 9-17 所示。

② 4 个通道屏蔽寄存器。可任意屏蔽 4 个通道中的某个或某几个通道（只需在相应位置数即可），置“1”表示屏蔽，置“0”表示允许。其格式如图 9-18 所示。

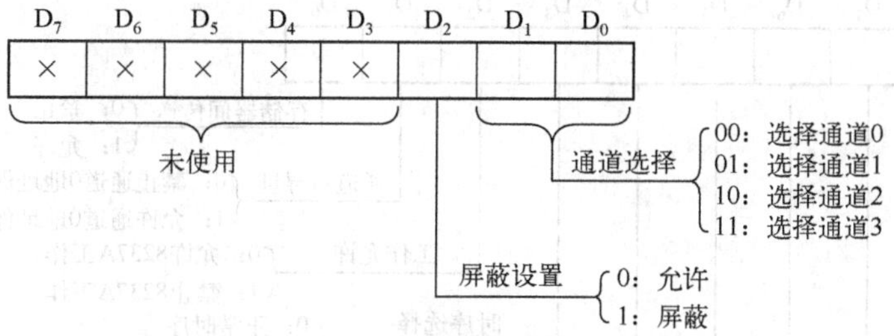

图 9-17　单个通道屏蔽寄存器格式

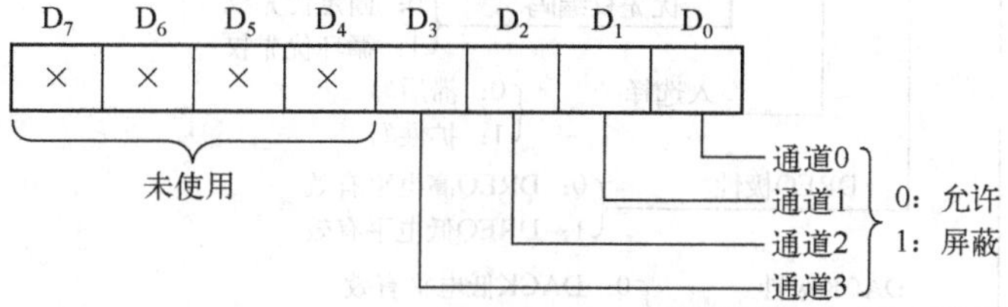

图 9-18　4 个通道屏蔽寄存器格式

7）请求寄存器（4B）：DMA 请求可由 I/O 设备发出，也可由软件产生。请求寄存器就是用于由软件来启动 DMA 请求的，存储器到存储器传送就是利用软件 DREQ 来启动的。这种软件请求 DMA 传输操作必须是块字节传输方式，并且在传送结束后，$\overline{EOP}$信号会清除相应的请求位。因此，每执行一次软件请求 DMA 传送，都要对请求寄存器编程一次，如同硬件 DREQ 请求信号一样。RESET 信号清除整个请求寄存器。软件请求位是不可屏蔽的。其格式如图 9-19 所示。请求使用的通道号由最低两位 D_1 D_0 的编程决定。D_2是请求使用位，$D_2=1$，请求使用该通道；$D_2=0$，不请求。

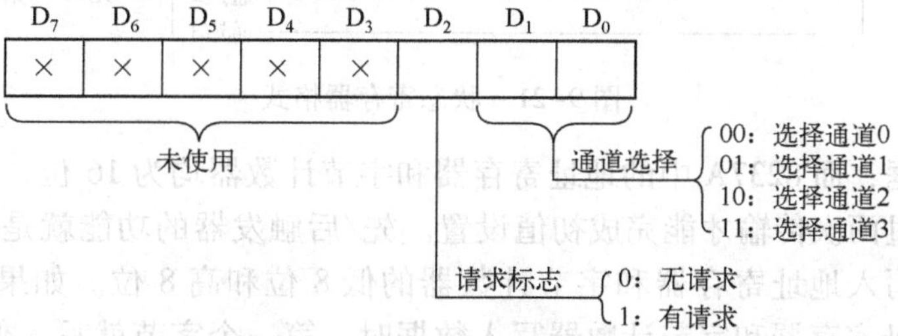

图 9-19　请求寄存器格式

8）命令寄存器（8B）：用来控制 8237A 的操作，其内容由 CPU 写入，由复位信号 RESET和清除命令清除。其格式如图 9-20 所示。

9）状态寄存器（8B）：用来表示 8237A 各个通道是否终止计数（即$\overline{EOP}=0$）和 DREQ 请求是否仍然有效的状态。其格式如图 9-21 所示。

D_0 ~ D_3位表示 4 个通道中哪些通道计数已结束或出现外加$\overline{EOP}$信号。D_4 ~ D_7位表示 4 个通道中哪些通道有 DMA 请求还未处理。

10）暂存寄存器：用于存储器对存储器传送时，暂时保存从源地址读出的数据。RESET 信号和总清除命令可清除暂存寄存器的内容。

11）先/后触发器：它的功能是用来控制 DMA 通道中地址寄存器和字节计数器的初值设置的。由于 8237A 只有 8 根数据总线，一般与 CPU 的低 8 位数据总线相连接。所以，一次

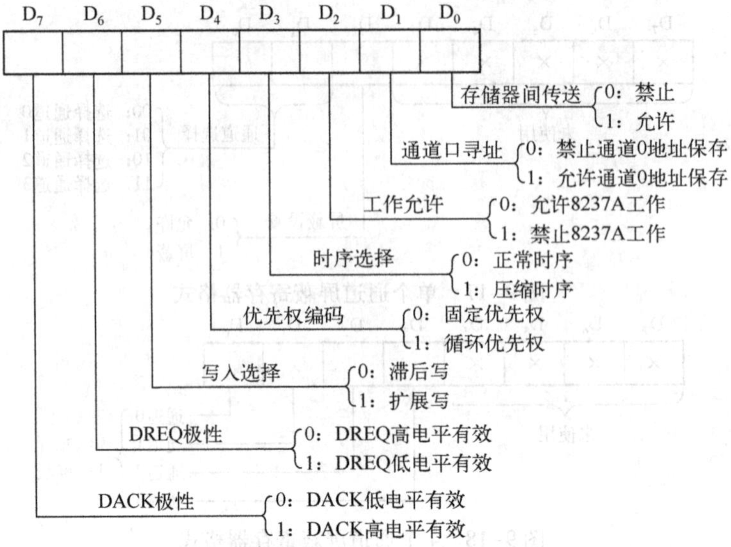

图 9-20 命令寄存器格式

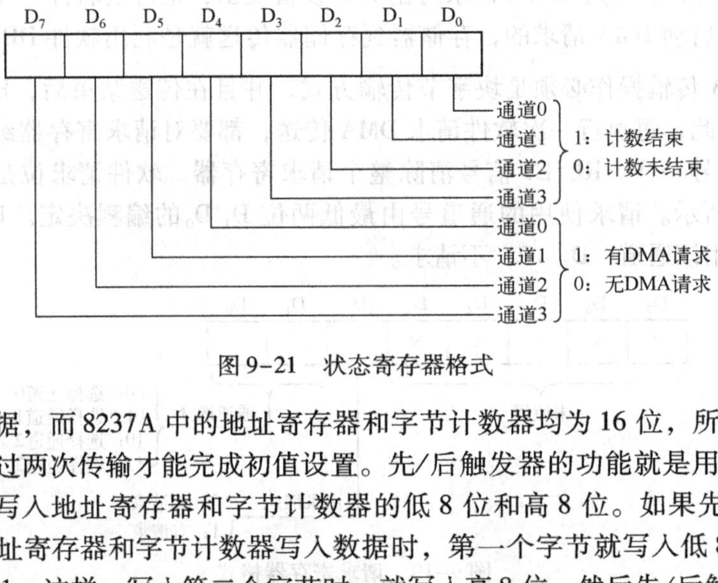

图 9-21 状态寄存器格式

只能传输 8 位数据，而 8237A 中的地址寄存器和字节计数器均为 16 位，所以，这个寄存器和计数器都要通过两次传输才能完成初值设置。先/后触发器的功能就是用来控制把两次传输的初值正确地写入地址寄存器和字节计数器的低 8 位和高 8 位。如果先/后触发器置 0，那么，CPU 向地址寄存器和字节计数器写入数据时，第一个字节就写入低 8 位。接着，先/后触发器自动置 1，这样，写入第二个字节时，就写入高 8 位，然后先/后触发器又置 0。所以，为了保证能正确地设置初值，要事先将先/后触发器清 0。

（2）8237A 各寄存器端口地址。8237A 的编程命令是通过对内部寄存器的写操作来执行的，而状态寄存器和暂存器中的内容可以通过读操作读出来。在对内部寄存器进行写操作或读操作时，CPU 要在信号线 $\overline{CS}$、$\overline{IOR}$、$\overline{IOW}$ 和 $A_3 \sim A_0$ 地址线上送出相应的信号，这些信号决定了 8237A 是否被选中，选中之后是读操作还是写操作，是对哪个寄存器进行操作。表 9-3 给出了 8237A 有关信号和各种命令的对应关系。

（3）8237A 的软命令。8237A 有 3 条特殊的“软命令”。所谓软命令就是只要对特定的地址进行一次写操作（即 CS 和内部寄存器地址与 $\overline{IOW}$ 同时有效），命令就生效，而与写入的具体数据无关。它们是：

1）清先/后触发器命令：执行该软命令时，将先/后触发器清 0，保证从低 8 位开始进行读/写操作。

表 9-3　8237A 寄存器端口地址

$A_3A_2A_1A_0$	读操作（$\overline{IOR}=0$）	写操作（$\overline{IOW}=0$）
0000	读通道 0 的当前地址寄存器	写通道 0 的基地址与当前地址寄存器
0001	读通道 0 的当前字节计数器	写通道 0 的基字节计数及当前字节计数器
0010	读通道 1 的当前地址寄存器	写通道 1 的基地址与当前地址寄存器
0011	读通道 1 的当前字节计数器	写通道 1 的基字节计数及当前字节计数器
0100	读通道 2 的当前地址寄存器	写通道 2 的基地址与当前地址寄存器
0101	读通道 2 的当前字节计数器	写通道 2 的基字节计数及当前字节计数器
0110	读通道 3 的当前地址寄存器	写通道 3 的基地址与当前地址寄存器
0111	读通道 3 的当前字节计数器	写通道 3 的基字节计数及当前字节计数器
1000	读状态寄存器	写命令寄存器
1001	–	写请求寄存器
1010	–	写单个通道屏蔽寄存器
1011	–	写工作方式寄存器
1100	–	写清除先/后触发器命令 *
1101	读暂存寄存器	写总清除命令 *
1110	–	写清 4 个通道屏蔽寄存器命令 *
1111	–	写置 4 个通道屏蔽寄存器

注：* 为软命令。

2）总清除命令：该命令的功能和 RESET 信号相同。执行该软命令时，将命令寄存器、状态寄存器、请求寄存器、暂存寄存器以及先/后触发器清零，使屏蔽寄存器置为全 1（即屏蔽状态），使 8237A 处于空闲状态。

3）清屏蔽寄存器命令：该命令将 4 个通道的屏蔽位全部清零，这样，4 个通道均允许接受 DMA 请求。

2. 8237A 的应用举例

对于 8237A 应用，首先我们要进行初始化的编程，在初始化程序段中对 8237A 写入命令控制字、屏蔽初始化通道、写入工作方式、对先/后触发器清零、写入地址/字节寄存器，然后写入解除屏蔽命令，最后在程序的适当位置向请求寄存器写入命令字，以开始使相应的通道进行 DMA 的传送。

下面的应用举例是通过 DMA 进行内存到内存的传输，但在大多数情况下，8237A 主要还是完成外设接口和内存之间的传输。要实现内存到内存的传输，首先把数据源的数据送到 8237A 的暂存器中，然后再将它从暂存器中送到目的地，显然，每次内存到内存的传输要用到两个 DMA 周期，通常固定地用通道 0 的地址寄存器存放源地址，用通道 1 的地址寄存器和字节计数器存放目的地址和计数值。传输时，目的地址寄存器可设置为加 1 或减 1 操作，但是，源地址寄存器的值可以通过对控制寄存器设置而保持不变，使得源数据可以传输到整个选定的内存区域。

【例 9-2】 编写一段 DMA 应用程序。要求通过 8237A 控制器，把从源地址 SDATA 开始的 500 B 的数传输到从 DDATA 开始的数据区域，假设 8237 的端口地址为 0200 ~ 020FH。

在编程前，必须十分熟悉 8237A 的内部寄存器的结构和功能以及表 9-3 的内容。

其初始化程序如下：

```
START: MOV  DX,DMA+0DH      ;0DH 为总清除端口地址
       MOV  AL,0XXH         ;0XXH 为任意值
       OUT  DX,AL           ;写入命令寄存器,执行总清除命令
       MOV  DX,DMA+00H      ;通道 0 地址寄存器的端口地址
       MOV  AX,SDATA        ;源数据块首地址
       OUT  DX,AL           ;设置地址寄存器低 8 位
       MOV  AL,AH
       OUT  DX,AL           ;设置地址寄存器高 8 位
       MOV  DX,DMA+02H      ;通道 1 地址寄存器的端口地址
       MOV  AX,DDATA
       OUT  DX,AL
       MOV  AL,AH
       OUT  DX,AL           ;将目的数据块的首地址送入通道 1 地址寄存器
       MOV  DX,DMA+03H      ;通道 1 字节计数寄存器端口地址
       MOV  AX,500
       OUT  DX,AL
       MOV  AL,AH
       OUT  DX,AL           ;将数据块字节数送入通道 1 字节计数器
       MOV  DX,DMA+08H      ;08H 为控制寄存器的口地址
       MOV  AL,01H          ;定义 8237A 的控制字为存储器到存储器模式
       OUT  DX,AL
       MOV  DX,DMA+0CH      ;0CH 为先/后触发器口地址
       MOV  AL,0XXH         ;0XXH 可为任意值
       OUT  DX,AL           ;清先/后触发器
       MOV  DX,DMA+0BH      ;0BH 为工作方式寄存器口地址
       MOV  AL,88H          ;定义工作方式为数据块、通道 0 为 DMA 读传送
       OUT  DX,AL
       MOV  DX,DMA+0CH      ;0CH 为先/后触发器口地址
       MOV  AL,0XXH         ;0XXH 可为任意值
       OUT  DX,AL           ;清先/后触发器
       MOV  DX,DMA+0BH      ;0BH 为工作方式寄存器口地址
       MOV  AL,85H          ;定义 8237A 通道 1 的工作方式为 DMA 写传送
       OUT  DX,AL
       MOV  DX,DMA+0CH      ;0CH 为先/后触发器口地址
       MOV  AL,0XXH         ;0XXH 可为任意值
       OUT  DX,AL           ;清先/后触发器
       MOV  DX,DMA+0FH      ;0FH 为通道屏蔽寄存器口地址
       MOV  AL,0CH
       OUT  DX,AL           ;对不使用的通道予以屏蔽(屏蔽通道 2、3)
```

```
MOV  DX,DMA+0CH     ;0CH为先/后触发器口地址
MOV  AL,0XXH        ;0XXH可为任意值
OUT  DX,AL          ;清先/后触发器
MOV  DX,DMA+09H     ;09H为请求寄存器口地址
MOV  AL,04H         ;向通道0发出DMA请求
OUT  DX,AL
HLT
```

9.5 习题

1. 接口电路的作用是什么？应该具备哪些功能？

2. 微机与外设交换信息有哪几种方式？

3. I/O 端口有哪几种寻址方式？

4. PC 系统微机支持的端口数目是多少？其端口地址空间是如何分配的？

5. 地址译码电路分为哪几种？

6. 片选信号有何作用？

7. 什么是中断？采用中断有哪些优点？

8. 什么是中断源？微机中一般有哪几种中断源？

9. 中断向量表的功能是什么？如何利用中断向量表获得中断服务程序的入口地址？

10. 8086/8088 的内部中断有哪些？内部中断的特点是什么？

11. INTR 中断和 NMI 中断有什么区别？

12. 如果 8259A 初始化过程需要 ICW_4，系统使用多个 8259A 且输入是电平触发的，则 ICW_1应写入什么值？假定所有无用位均为 0。

13. 假定主 8259A 配置成 IR_3 ~ IR_0 输入直接从外部电路接收输入，IR_7 ~ IR_4 由从片的 INT 输出提供，则主片的初始化命令字 ICW_3应写入什么值？

14. 试按以下设计要求编写 8259A 的初始化程序。8259A 采用单片方式、8 个中断请求输入信号均为边沿触发、完全嵌套方式，设定 0 ~ 7 级对应的中断号为 08H ~ 0FH。

15. 采用 DMA 方式为什么能实现高速传送？

16. 简述 DMA 传送数据的一般过程。

17. 简述 DMA 的成组传送方式和请求传送方式的异同点。

18. 8237A 有哪些内部寄存器？各有什么功能？

19. 什么叫软命令？8237A 有几个软命令？

20. 8237A 在什么情况下处于空闲周期和有效周期？

21. 试编写一段利用 DMA 方式把从网络接收的数据存入到内存缓冲区中的初始准备程序。要求使用 8237A 的通道 1，页面地址寄存器地址为 83H，内存缓冲区地址为 2300：0040H，传送字节数为 200。

第 10 章　可编程接口芯片

目前在控制系统中，经常使用可编程接口芯片，这种芯片的参数可由程序方便地设定，控制灵活，同时经 CPU 设置初值后该芯片与 CPU 并行工作，不占用 CPU 的时间。本章介绍了典型的可编程接口芯片的原理和应用。

10.1　8255 并行接口

并行接口是微机与外设交换信息的重要通道，在微机系统中被广泛地使用。本节主要介绍了 8255A 可编程并行接口芯片的概念、功能、内部结构，以及可编程原理。

10.1.1　并行接口的概念

并行接口就是把一个字符的各数位用几条线同时进行传输，并行接口芯片和外设之间一次传送数据的位数是多位，通常是一字节或一个字。一个并行接口可以设计为只作为输出接口，也可以只作为输入接口，此外，还可以将它设计成既作为输入又作为输出的接口。在后一种情况下，有两种方法可以采用，一种方法是利用同一个接口中的两个通路，一个作为输入通路，一个作为输出通路；另一种方法是用一个双向通路，既作为输出又作为输入。

例如：如果一个并行接口连接一个打印机，那么，这个接口只作为输出口来用。如果一个并行接口连接卡片读入机，那么，这个接口只作为输入口来用。一个既连接纸带读入机，又连接纸带穿孔机的接口应用两个分开的通路，一个作为输入通路，一个作为输出通路。

10.1.2　Intel 8255A 可编程并行接口

8255A 是 Intel 系列的并行接口芯片。8255A 控制作为通用的可编程并行通信接口芯片，是为 80x86 微处理器设计的配套电路。这类电路有 82C55A（CMOS 型）、82055、Zilog PIO、MC6820 等。该电路的可编程控制特性，使得它带有的并行输入/输出端口 PA、PB 和 PC，能够在不同工作方式下工作。因此，在微机系统中被广泛地使用。由于它是可编程的，可以通过软件来设置芯片的工作方式，所以，用 8255A 连接外部设备时，通常不需要附加外部电路，给使用带来很大的方便。

8255A 与是一个 40 引脚双列直插式封装芯片，8255A 内部结构图如图 10-1 所示，它由以下 4 个模块组成：

（1）数据总线缓冲器。数据总线缓冲器是宽度为 8 位、双向、三态的缓冲器，直接挂接在 PC 8 位数据总线 $D_7 \sim D_0$上。8255A 编程时的各种命令字，或被读取的状态字也是通过数据总线缓冲器传送的。

（2）读/写控制逻辑。CPU 通过输入和输出指令，将地址信息和控制信息送至该部件，使其向 A 组、B 组发出控制信号。

（3）A 组和 B 组控制部件。A 组控制部件：控制 A 口及 C 口的高 4 位；B 组控制部件：

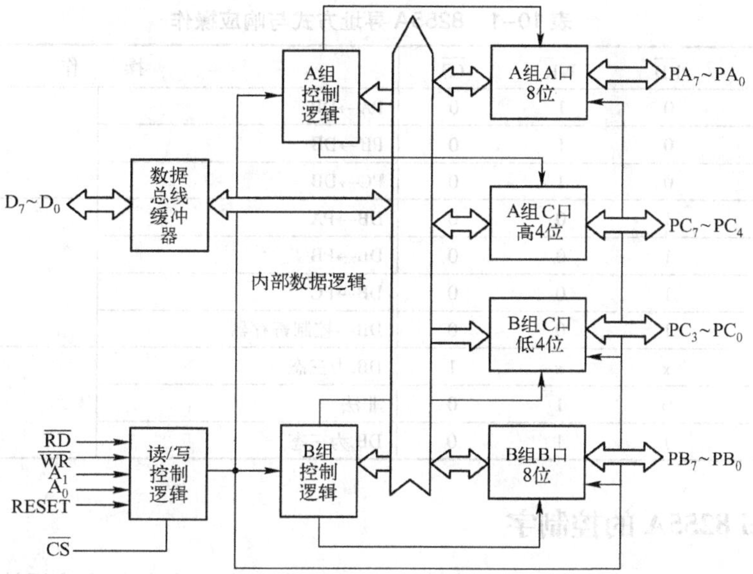

图 10-1　8255A 内部结构

控制 B 口及 C 口的低 4 位。

这两组控制部件接收读/写控制逻辑来的命令，从数据总线接收控制字，向响应的端口发出命令，以控制其动作。

（4）数据端口 A、B、C。8255A 的 3 个 8 位数据端口：

A 口具有输出锁存器/缓冲器和输入缓冲器，在方式 2 下输入/输出均锁存。

B 口具有输出锁存器/缓冲器和输入缓冲器。

C 口具有输出锁存器/缓冲器和输入缓冲器。C 口除作为输入和输出口外，还可作为控制口，C 口的高 4 位 $PC_7 \sim PC_4$ 配合 A 口工作，C 口的低位 $PC_3 \sim PC_0$ 配合 B 口工作，它们分别用于输出控制信号和输入状态信号，具体情况在工作方式描述中介绍。

（5）8255A 引脚介绍。

$D_0 \sim D_7$：数据线，三态双向 8 位缓冲器，用来读/写数据和写控制字。

$PA_0 \sim PA_7$：A 口 8 位数据输入锁存器和 8 位数据输出锁存器/缓冲器。

$PB_0 \sim PB_7$：B 口 8 位输入锁存器和 8 位数据输出锁存器/缓冲器。

$PC_0 \sim PC_7$：C 口 8 位输入锁存器和 8 位数据输出锁存器/缓冲器。

$\overline{CS}$：片选信号，低电平有效。为低电平时，8255A 才能与 CPU 交换信息。

$\overline{WR}$：写控制信号，低电平有效。为低电平时，8255A 才能接收写入的数据或控制字。

$\overline{RD}$：读控制信号，低电平有效。为低电平时，允许 CPU 从 8255A 读取信息。

A_0、A_1：端口选择线，在 8255A 中共有 4 个端口地址，它们是 A 口、B 口、C 口 3 个数据口，以及一个控制寄存器端口。这 4 个端口是用 A_1、A_0状态组合来进行选择。通常将 A_1、A_0接地址总线的最低位上，使 8255 这 4 个端口地址是连续的，见表 10-1。

A_1、A_0读/写控制$\overline{RD}$、$\overline{WR}$与片选信号$\overline{CS}$组合后进行寻址实现相应的操作。

RESET：复位信号，高电平有效。为高电平时，8255A 所有的寄存器清零，所有的输入/输出均处于输入状态。

表 10-1　8255A 寻址方式与响应操作

A_1	A_0	$\overline{RD}$	$\overline{WR}$	$\overline{CS}$	操　作	
0	0	0	1	0	PA→DB	输入
0	1	0	1	0	PB→DB	
1	0	0	1	0	PC→DB	
0	0	1	0	0	DB→PA	输出
0	1	1	0	0	DB→PB	
1	0	1	0	0	DB→PC	
1	1	1	0	0	DB→控制寄存器	
x	x	x	x	1	DB 为三态	禁止
1	1	0	1	0	非法	
x	x	1	1	0	DB 为三态	

10.1.3　Intel 8255A 的控制字

8255A 控制字有两类。一类用于定义各端口的工作方式，称为方式选择控制字；另一类用于对 PC 口的任一位进行置位或复位操作，称为置位或复位控制字。对 8255A 进行编程时控制字都被写入控制寄存器中。但方式选择控制字的 D_7 位总是“1”，而置位或复位控制字的 D_7 位总是“0”。8255A 正是利用这一位来区这两个字的。因此，D_7 位被称为控制字的标志位。

1. 方式选择控制字

8255A 具有 3 种基本工作方式，在对 8255A 初始化编程时，应向控制字寄存器写入方式选择控制字，用来规定 8255A 正是利用这一位来区分这两个字的。这 3 种基本工作方式如下：

方式 0——基本输入/输出方式；

方式 1——选通输入/输出方式；

方式 2——双向总线 I/O 方式。

当系统复位时，8255A 的 RESET 输入端为高电平，使 8255A 复位，所有的数据端口都被置成输入方式；当复位信号撤除后，8255A 继续保持复位时预置的输入方式。如果希望它以这种方式工作，就不用再进行初始化。

通过用输出指令对 8255A 控制字寄存器编程，写入方式控制字。对 3 个数据口的方式工作进行设定时，PA 口的工作方式没有限制；PB 口只能工作于方式 0 或方式 1；PC 口可以被分成两个 4 位的端口，除了作为一般的输入/输出口，还可为 PA 口和 PB 口提供联络信号。

方式选择控制字的格式如图 10-2 所示。其中，D_7 位为标志位，它必须等于“1”；D_6D_5 位用于选择 PA 口的工作方式；D_2 位用于 PB 口的工作方式；其余 4 位分别用于选择 PA、PB、PC 口的输入/输出方式，置“1”表示输入，置“0”表示输出。

2. 置位/复位控制字

PC 口具有位控功能。将置位/复位控制字写入控制寄存器，就可以把 PC 口的某一位置“1”或清零。PC 口置位/复位控制字的格式如图 10-3 所示。在 PC 口置位/复位控制字中 D_3、D_2、D_1 三位用来选择 PC 口的某一位。D_0 位规定对该位是进行置“1”操作还是清“0”操作。例如当置位/复位控制字为 00000111B 时，其意义是把 PC_3 置“1”。

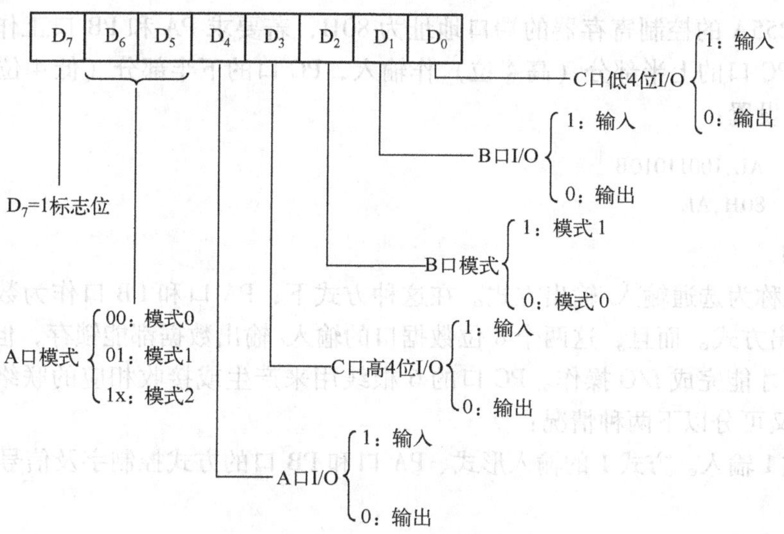

图 10-2　方式选择控制字格式

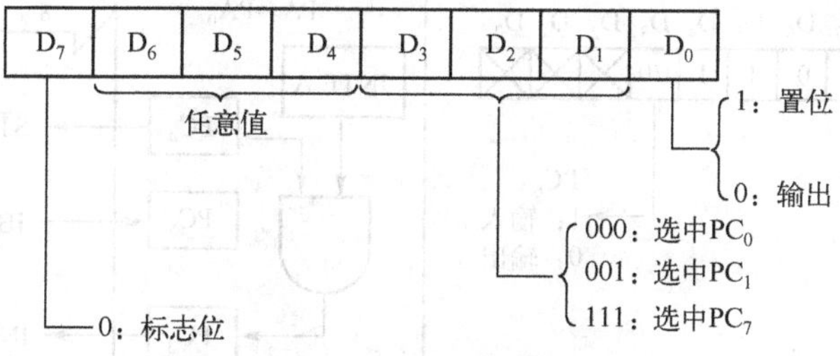

图 10-3　置位/复位控制字的格式

10.1.4　Intel 8255A 的工作方式

8255A 具有 3 种工作方式，通过向 8255A 的控制寄存器写入方式选择字，就可以规定各端口的工作方式。当 8255A 工作于方式 1 和方式 2 时，PC 口可用做 PA 口或 PB 口的联络信号。

1. 方式 0

方式 0 称为基本输入/输出方式，它适用于不需要用应答信号的简单输入/输出场合。

工作在方式 0 时，8255A 构成两个 8 位端口（PA、PB）和两个 4 位的端口（PC 口上半部分和 PC 口下半部分）。其中任何一个端口都可用做输入/输出。CPU 与这些端口交换数据时，可以直接用输入指令端口读取数据，或用输出指令将数据写入指定端口，而不需要任何应答联络信号。对于方式 0，还规定输出信号可以被锁存，而输入不能锁存，在使用时要加以注意。方式 0 通用控制字格式如图 10-4 所示。

其中，D_6D_5 为“00”，选择 PA 口，工作于方式 0；D_2 为“1”，选择 PB 口，工作方式 0；D_7 为“1”，为标志位；余下的 D_4D_3 和 D_1D_0 这 4 位可以是任意值，由此构成 4 个端口的 16 种不同组态。

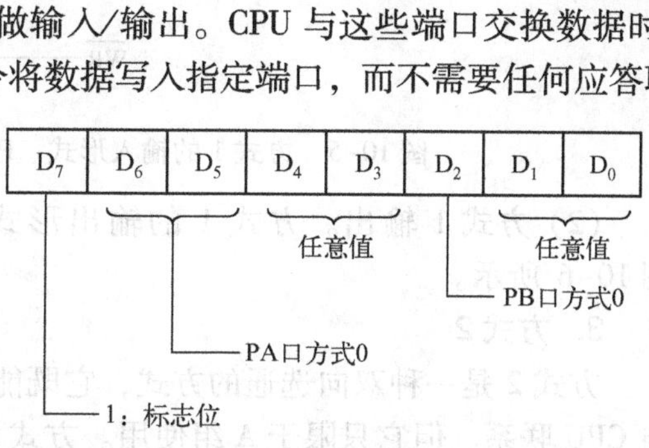

图 10-4　方式 0 通用控制字格式

例如设8255A的控制寄存器的端口地址为80H，若要求PA和PB口工作于方式0，PA口、PB口和PC口的上半部分（高4位）作输入，PC口的下半部分（低4位）为输出，可用下例指令来设置：

```
MOV  AL,10011010B
OUT  80H,AL
```

2. 方式1

方式1也称为选通输入/输出方式。在这种方式下，PA口和PB口作为数据口，均可工作于输入/输出方式。而且，这两个8位数据口的输入/输出数据都能锁存，但它们必须在联络信号控制下才能完成I/O操作。PC口的6根线用来产生或接收相应的联络信号。选通输入/输出方式又可分以下两种情况：

（1）方式1输入。方式1的输入形式、PA口和PB口的方式控制字及信号连接如图10-5所示。

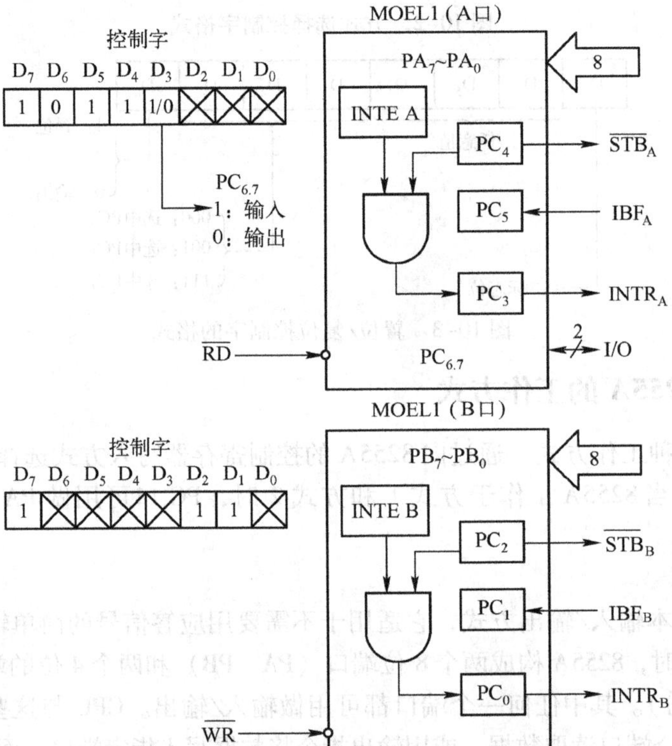

图10-5　方式1的输入形式、PA口和PB口的方式控制字及信号连接

（2）方式1输出。方式1的输出形式、PA口和PB口的方式控制字及信号连接如图10-6所示。

3. 方式2

方式2是一种双向选通的方式，它既能发送，也能接收数据。可用中断方式或查询方式与CPU联系。但它只限于A组使用。方式2使用一个8位的双向PA口和一个5位的控制口（PC口）。输入、输出均可锁存。方式2的端口控制及信号连接如图10-7所示。

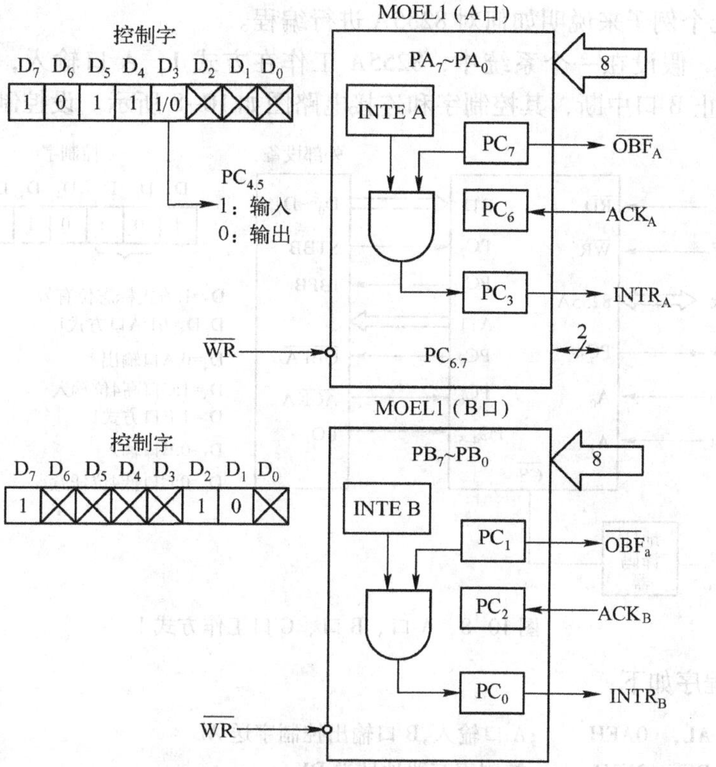

图 10-6　方式 1 的输出形式、PA 口和 PB 口的方式控制字及信号连接

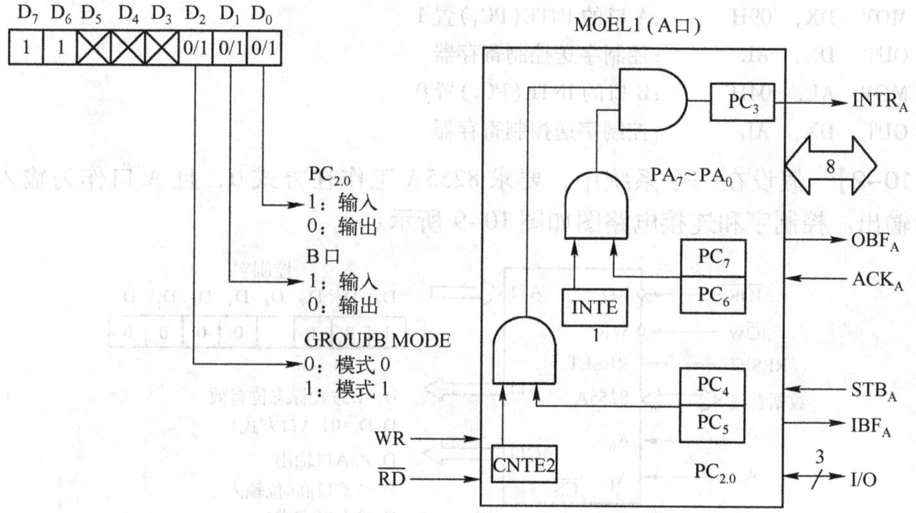

图 10-7　PA 口工作于方式 2 的端口状态和控制

10.1.5　Intel 8255A 编程

8255A 工作时首先要初始化，即要写入控制字，来指定其工作方式，接着还要用控制字将中断标志 INTE 置 1 或置 0，这样就可以编程将数据从数据总线通过 8255A 送出，或由外设通过 8255A 的某口将数据送至数据总线，由 CPU 接收。

通过下面几个例子来说明如何对 8255A 进行编程。

【例 10-1】 假设在一个系统中，8255A 工作在方式 1，A 口输入，B 口输出，PC_4 ~ PC_5为输入，禁止 B 口中断，其控制字和连接电路图如 10-8 所示。设控制字地址为 2F3H。

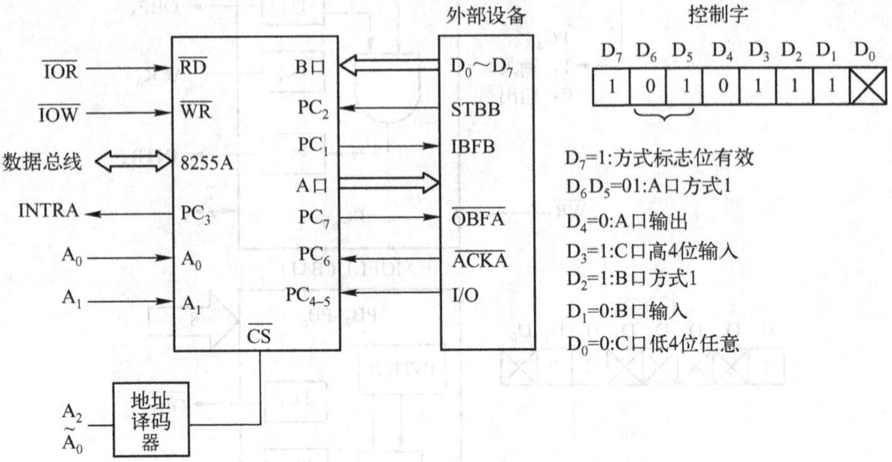

图 10-8　A 口、B 口、C 口工作方式 1

其初始化程序如下：

```
MOV   AL,  0AEH     ;A 口输入,B 口输出控制字送 AL
MOV   DX,  2F3H     ;控制寄存器地址送 DX
OUT   DX,  AL       ;控制字送控制寄存器
MOV   DX,  09H      ;A 口的 INTE(PC4)置 1
OUT   DX,  AL       ;控制字送控制寄存器
MOV   AL,  04H      ;B 口的 INTE(PC2)置 0
OUT   DX,  AL       ;控制字送控制寄存器
```

【例 10-2】 假设在一个系统中，要求 8255A 工作在方式 0，且 A 口作为输入，B 口、C 口作为输出。控制字和连接电路图如图 10-9 所示。

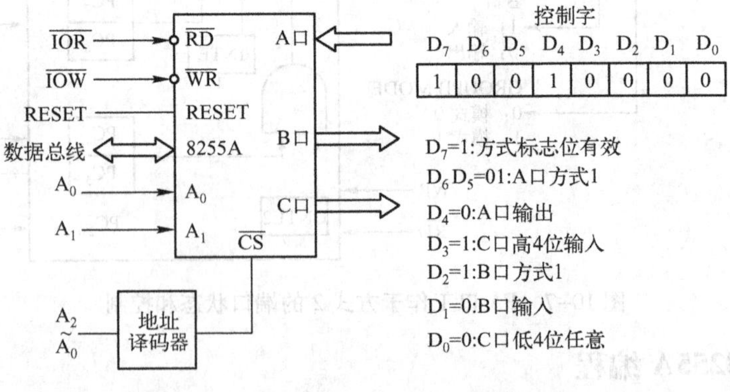

图 10-9　A 口、B 口、C 口工作在方式 0

设片选信号$\overline{CS}$由 A_9 ~ A_2 决定，设为 10111100B，当 A_1A_0 = 11 时，控制字地址为 2F3H 其工作程序如下：

```
MOV    AL, 90        ;方式0,A口输入,B、C口输出
MOV    DX, 2F3H      ;控制寄存器地址送DX
OUT    DX, AL        ;控制字送控制寄存器
MOV    DX, AL        ;A口地址送DX
IN     AL, DX        ;从A口读入数据
MOV    DX, 2F1H      ;B口地址送DX
MOV    AL, DATA1     ;要输出的数据DATA1送AL
OUT    DX, AL        ;将输出的数据DATA1送B口
MOV    DX, 2F2H      ;C口地址送DX
MOV    AL, DATA2     ;要输出的数据DATA2送AL
OUT    DX, AL        ;将DATA2送C口输出
```

【例10-3】 8255A作为打印机接口示意图如图10-10所示（工作方式0），现将A端口作为传送字符的通道，工作方式0，输出方式；B端口未用；端口C也工作于方式0，PC_2作为BUSY信号输入端，故$PC_3 \sim PC_0$为输入方式，PC_0作为$\overline{STB}$信号输出端，故$PC_7 \sim PC_4$为输出方式。

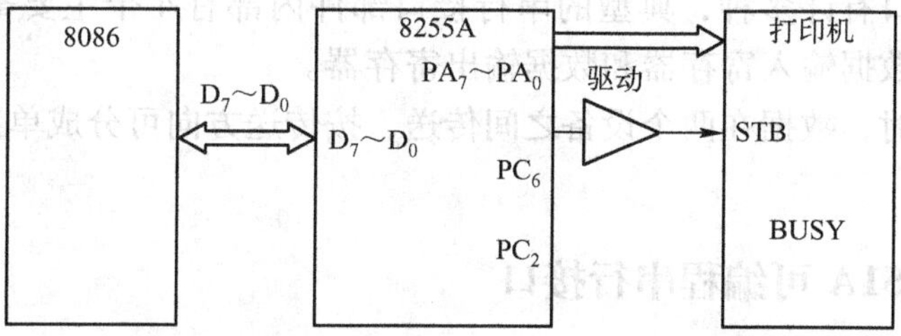

图10-10 8255A作为打印机接口示意图

设8255A的端口地址如下：

A端口:00D0H　　C端口:00D4H
B端口:00D2H　　控制口:00D6H

具体程序段如下：

```
PP:   MOV  AL,81H     ;控制字,使A、B、C三个端口均工作于方式0,A端口为输出,
                      ;PC7~PC4为输出,PC3~PC0为输入
      OUT  0D6H,AL
      MOV  AL,0DH     ;用置1/置0方式使PC6为1,即STB为高电平
      OUT  0D6H,AL
LPST: IN   AL,0D4H    ;读端口C的值
      AND  AL,04H
      JNZ  LPST       ;如不为0,说明忙,信号为1,即打印机处于忙状态,故等待
      MOV  AL,CL
      OUT  0D0H,AL    ;如不忙,则把CL中字符送端口A
      MOV  AL,0CH
      OUT  0D6H,AL    ;使STB为0
```

```
INC   AL
OUT   0D6H,AL          ;再使STB为1
 ⋮     ⋮               ;后续程序段
 ⋮     ⋮
```

10.2 8251串行接口

串行接口也是一种在微机系统中被广泛地用于与外设交换信息的重要通道。本节主要介绍可编程串行接口芯片8251A的概念、功能、内部结构以及可编程原理。

10.2.1 串行接口的概念

许多外部设备和计算机是按照串行方式来进行的。也就是说，串行数据是一位一位地沿着一条传送线从一个设备传送到另一个设备。在传输过程中，每一位数据占据一个固定的时间长度。这种情况下，就是用串行接口把这个外部设备连接到总线上。

可编程串行接口有许多种，典型的串行接口部件内部有4个主要寄存器，即控制寄存器、状态寄存器、数据输入寄存器和数据输出寄存器。

串行数据传送时，数据在两个设备之间传送，按传送方向可分成单工、半双工和全双工3种形式。

10.2.2 Intel 8251A可编程串行接口

通用可编程的同步/异步接口器件的种类有多种，除Intel 8251A外还有Zilog SIO、INS8250、PC16550D等。它们的基本功能很相似，都可以通过编程实现串行接口的基本任务。

8251A是与Intel CPU配套的可编程串行接口芯片，该电路是一个全双工双缓冲器的发送/接收器（Universal Asynchronous Receiver-Transmitter，UART）接口器件。通过编程，可以工作在同步方式，也可以工作在异步方式。在同步方式下。波特率为0～64 Kbit/s，异步方式下波特率为0～19.2 Kbit/s。

1）在同步方式时，可以用5、6、7或8位来代表字符，并且内部能自动检测同步字符，从而实现同步，另外，8251A也允许同步方式下增加奇/偶校验位进行校验。

2）在异步方式下，也可以用5、6、7或8位来代有字符，用1位作为奇/偶校验。此外，8251A在异步方式下能自动为每个数据增加1个启动位，并能根据编程为每个数据增加1个、1.5个或2个停止位。

1. 8251A的结构

8251A结构如图10-11所示，可分成5个主要部分：数据总线缓冲器、接收器、发送器、调制解调控制电路及读/写控制电路。

（1）数据总线缓冲器。数据总线缓冲器是8251A与系统总线之间的接口，内部包含3个具有三态、双向功能的8位缓冲器，即状态缓冲器、接收数据缓冲器和发送数据/命令缓冲器。其中状态缓冲器用来寄存8251A的工作状态，它的内容可随时由CPU读取。以便CPU

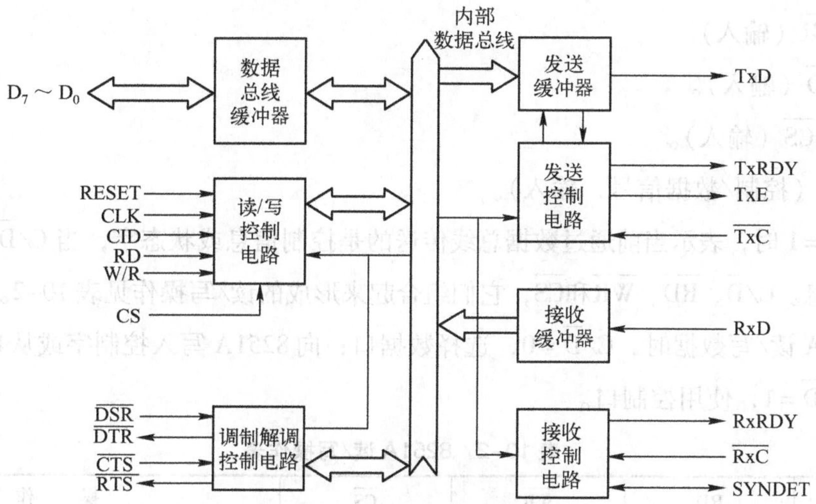

图 10-11　8251A 的结构图

进行查询测试。接收数据缓冲器用来存放接收到并已经装配完的字符。发送数据/命令缓冲器用来寄存 CPU 送入 8251A 的数据或命令，这个缓冲器是发送数据和命令共用的，所以必须分时使用。CPU 向 8251A 送入命令是为了控制 8251A 的内部操作，并建立起一定的工作方式。

数据线 $D_7 \sim D_0$ 与系统和的数据总线相连，除用来在 8251A 和 CPU 间传送数据外，还可用于传送命令或状态信息。

（2）接收器。与接收器有关的信号如下：

1）接收数据 RxD（Receiver Data，输入）。

2）接收数据准备好 RxRDY（Receiver Ready，输出）。

3）同步检测/断点检测 SYNDET/BRKDET（Sync Detect /Break Detect，输入/输出）。

4）接收时钟 $\overline{RxC}$（Receiver Clock，输入）。

（3）发送器。与发送器有关的信号如下：

1）发送数据 TxD（Transmitter Data，输出）。

2）发送器准备好 TxRDY（Transmitter Ready，输出）。

3）发送器空 $\overline{TxE}$（Transmitter Empty，输出）。

4）发送器时钟（Transmitter Clock，输入）。

（4）调制/解调控制电路。调制/解调控制电路用来控制 8251A 和调制解调器的连接，再经过标准电话线完成与远程计算机之间的通信。8251A 用 $\overline{DTR}$、$\overline{DSR}$、$\overline{RTS}$ 和 $\overline{CTS}$ 4 条信号线，完成与 MODEM 之间的通信联络。

（5）读/写控制电路。读/写控制电路用来接收 CPU 的控制信号和控制命令，决定 8251A 的工作状态，并向 8251A 内部的功能部件发相应的控制信号。从 CPU 送到读/写控制电路的控制信号有：

1）复位信号 RESET（输入）。

2）时钟 CLK（输入）。

3）写$\overline{WR}$（输入）。

4）读$\overline{RD}$（输入）。

5）片选$\overline{CS}$（输入）。

6）$C/\overline{D}$（控制/数据信号，输入）。

当$C/\overline{D}=1$时，表示当前通过数据总线传送的是控制信息或状态字，当$C/\overline{D}=0$时，传送的是数据信息。$C/\overline{D}$、$\overline{RD}$、$\overline{WR}$和$\overline{CS}$，它们组合起来形成的读/写操作见表10-2。由表10-2可知，对8251A读/写数据时，$C/\overline{D}=0$，选择数据口；向8251A写入控制字或从8251A读取状态字时，$C/\overline{D}=1$，使用控制口。

表10-2　8251A读/写操作表

$C/\overline{D}$	$\overline{RD}$	$\overline{WR}$	$\overline{CS}$	操　作
0	0	1	0	CPU从8251A读数据
0	1	0	0	CPU向8251A写数据
1	0	1	0	CPU读取8251A的状态字
1	1	0	0	CPU向8251A写入控制字
*	1	1	0	数据总线浮空
*	*	*	1	数据总线浮空

2. 工作原理

（1）接收器的工作原理。

1）异步接收方式：当8251A工作于异步方式，CPU发出允许接收数据的命令时，接收器就一直监视着RxD端的信号电平，一旦检测到低电平，即作为起始位，并且启动接收器内计数器时钟脉冲进行计数。若接收的时钟频率为波特率的16倍，则计数器计到半个数位传输时间，也就是计到8时，如检测RxD端仍是低电平，就确认收到了一个有效的起始位。之后8251A每隔16个时钟周期，就对RxD进行一次取样。采集到数据被送到移位寄存器中，并进行奇偶校验。最后删除起始位和停止位，再经内部总线送到数据缓冲器中。这时使RxRDY端输出高电平，用来通知CPU已准备好一个字符，等待CPU读取。同时，状态寄存器的RxRDY位置“1”。

2）同步接收方式：在同步接收方式下，8251A首先搜索同步字符。具体地说，8251A监视着RxD端，把接收到的每一位数据送入移位寄存器，并与同步字符寄存器的内容进行比较。如果两者不等，则继续接收数据和进行移位比较等操作；若两者相同，则8251A将SYNDET端置为高电平，表示已实现同步过程。如果采用双同步的方式，则需搜索到两同步字符后，才认为已实现同步。

若采用外同步方式工作，则由外部电路来检测同步字符。一旦实现同步之后，接收器才能接收同步数据。首先接收器继续用时钟信号对RxD线进行取样，然后把取得的数据送到移位寄存器中，每当接收到的数据位数达到一个字符所规定的数位时，就将移位寄存器的内容经内总线送到数据缓冲器中，同时使RxRDY引脚上输出高电平，通知CPU已准备好一个字符。

(2) 发送器的工作原理。

1) 异步发送方式：在异步发送方式下，当程序置 TxEN = 1 和 $\overline{CTS}$ = 0 时，才开始发送。发送时，发送器为每个字符加上一个起始位，并且按编程要求加上奇/偶校验及停止位。起始位、数据位、校验位和停止位总是在发送时钟 $\overline{TxC}$ 的下降沿从 8251A 发出，数据传输的波特率是发送时钟频率的 1 倍、1/16 或 1/64。

2) 同步发送方式：在同步发送方式下，也要在程序置 TxEN = 1 和 $\overline{CTS}$ = 0 时，才开始发送过程。发送器先按编程要求发送一个或两个同步字符，然后发送数据块。

同步发送时，若 8251A 正在发送数据，而 CPU 来不及提供新的数据，这时 8251A 的发送器会自动插入同步字符，这样就能满足同步发送不允许数据之间存在间隙的要求。

3. 8251A 与 CPU 及外设的连接

8251A 的信号可分为两组，一组是 8251A 与 CPU 之间的接口信号，另一组是它与外设之间的接口信号。

(1) 8251A 与 CPU 之间的连接。8251A 的数据线 $D_7 \sim D_0$ 与 CPU 的低 8 位数据总线 $D_7 \sim D_0$ 相连，$C/\overline{D}$ 与系统地址总线 A_1 相连。地址总线的其余位经译码后产生片选信号，与 8251A 的 CS 相连。而 8251A 的 $\overline{RD}$、$\overline{WR}$、CLK 和 RESET 信号可直接与 CPU 的相应引脚相连。

TxRDY、TxE、RxRDY 和 BRKDET 输出信号，作为 CPU 与 8251A 之间的收发联络信号。在查询方式时，被用作状态信号；在中断方式时，TxRDY 和 RxRDY 可作为向 CPU 请求发送或接收数据的中断请求信号。

(2) 8251A 与外设之间的连接。在这组引线中，RxD 接收外设送来的串行数据，TxD 向外部发送串行数据。还带有专用的电平转换电路，发送数据时，将 TTL 电平的 TxD 信号转换为 EIA 电平；接收数据时，则把 EIA 电平转换为 TTL 电平。

10.2.3 Intel 8251A 编程

8251A 控制器是一个可编程的多功能通信接口芯片。使用时必须对它进行初始化编程，以确定它的具体工作方法。例如确定接口工作于同步还是异步方式，确定波特率因子、字符格式等。

系统启动后用硬件电路使 8251A 复位或通过软件使它复位，就可对 8251A 进行初始化编程。系统复位后，首先应将方式字写入同步字符，确定 8251A 的工作方式。若将 8251A 置为同步工作方式，写入方式字后，应接着写入同步字符，最后写命令字。若置为异步工作方式，在写入方式字后，接着就写命令字。

1. 方式字

8251A 的方式字的格式如图 10-12 所示。图中，B_2B_1 用来确定 8251A 是工作于同步方式还是异步方式。当 B_2B_1 为“00”时，则为同步方式；而当 B_2B_1 不为“00”时为异步方式，且 B_2B_1 的 3 种组合还是可以用来选择输入时钟频率与波特率之间的系数。

L_2L_1 用以确定字符的位数，可以是 5 ~ 8 位。EP、PEN 用以确定校验的方式，可以采用奇校验或偶校验。S_2S_1 用来决定停止位的个数。当方式字的最低两位 B_2B_1 = 00 时，8251A 工作于同步方式，同步方式格式如图 10-12b 所示。ESD 位为外同步检测位，当它为 1 时，

8251A 工作于外同步方式，SYNDET 为输入；为 0 时，工作于内同步方式，SYNDET 为输出。SCS 为“1”，为单字符同步；SCS 为“0”，采用双字符同步。其他几位的意义与异步方式字相同。

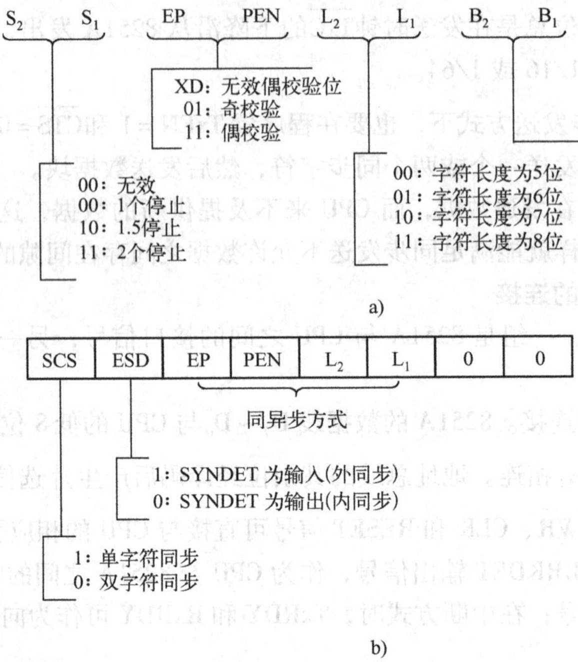

图 10-12　8251A 方式字格式

2. 命令字

8251A 的命令字格式如图 10-13 所示。

D_7	D_6	D_5	D_4	D_3	D_2	D_1	D_0
EH	TR	RTS	ER	SBRK	RxE	DTR	TxEN

图 10-13　8251A 命令字格式

TxEN 位：允许发送位。只有当 TxEN 为“1”时，才允许发送器发送数据。

RxE 位：允许接收位。当 RxE 为“1”时，接收器才能接收数据。

DTR 位：数据终端准备好位。当 DTR 为“1”时，就DTR迫使端输出有效的低电平，用以通知 MODEM，数据终端已做好了接收数据的准备。

RTS 位：请求发送位。当 RTS 为“1”时，迫使 RTS 端输出低电平，表示计算机已准备好了数据，请求向 MODEM 或外设发送数据。

SBRK 位：发送空白字符。正常工作时，SBRK 位应保持为“0”，当它为“1”时，就迫使 TxD 端输出低电平，也就是一直在发送空白字符。

ER 位：清除错误标志。8251A 允许设置 3 个出错标志，它们是奇偶校验错标志 PE、溢出标志 OE 和帧校验错误标志 FE。当 ER 位等于“1”时，将 PE、OE 和 FE 3 个标志位同时清“0”。

IR 位：内部复位信号。该位置“1”时，使 8251A 重新回到接收方式字的状态。

EH 位：外部搜索方式位，它只对内同步方式有效。该位置“1”时，8251A 会从 RxD 端输入的信息流中搜索特定的同步字符，若找到，则使 SYNDET/BRKDET 端输出高电平。

3. 状态字

8251A 用状态寄存器来存放工作状态，其内容可由 CPU 读取，状态字格式如图 10-14 所示。

D_7	D_6	D_5	D_4	D_3	D_2	D_1	D_0
DSR	SYNDE	FE	OE	PE	TxE	RxRDY	TxRD

图 10-14　状态字格式

FE（帧出错）：当 FE 为“1”时，表示在异步方式工作中，接收器没有检测到停止位。它由命令字中的 ER 为“1”来复位。FE 不禁止 8251A 的工作。

OE（溢出错）：当 OE 为“1”时，表示接收器已接收到一个字符，但 CPU 尚未取走前一个字符，这样造成字符丢失。OE 不能禁止 8251A 的操作，它由命令字中的 ER 位复位。

PE（校验错）：当发现校验错误时，PE 为“1”。同样它由命令中的 ER 位复位，而且 PE 也不能禁止 8251A 的工作。

DSR（数据设备准备好）：这是外设送来的状态信号。

TxRDY（发送器准备好）：当发送数据缓冲器空时，TxRDY 为“1”。

SYNDET、TxE 和 RxRDY 的定义与同名的引脚信号相同。

4. 8251A 的初始化编程

（1）异步方式初始化程序。在接通电源时，8251A 能通过硬件电路自动进入复位状态。为了保证在送方式和命令字之前 8251A 已正确复位，首先应向 8251A 的控制口连续写入 3 个全“0”，然后再向该端口送入一个复位字（40H），用软件命令使 8251A 可靠复位。这样才能向它写入方式字和命令字，它们都被写入控制口。8251A 是通过写入次序来区分它们的，先写入方式字，再写命令字。

特别值得注意的是，每对 8251A 的控制口进行一次写入操作，都需要有写恢复时间（约延迟 16 个时钟周期）。下面给出能实现这种延时功能的程序：

```
REVTIME MACRO
MOV      CX,02            ;4 个时钟周期
D0:LOOP D0                ;16 个时钟周期
ENDM
```

但是，向 8251A 写入数据字符不需要延时，因为 8251A 要等到前面一个字符移出后，才能写入新字符，移位所需要的时间远大于恢复时间。

若要求 8251A 工作于异步方式，波特率系数为 16，有 7 个数据位，一个停止位，采用偶校验，控制口地址为 3F2H，写恢复时间程序为 REVTIME，则对 8251A 进行初始化的程序为：

```
MOV   DX,3F2H             ;控制口
```

```
MOV   AL,00H
OUT   DX, AL            ;向控制口写入第一个“0”
REVTIME                 ;延时
OUT   DX,AL             ;向控制口写入第二个“0”
REVTIME
OUT   DX,AL             ;向控制口写入第三个“0”
REVTIME
MOV   AL,40H            ;恢复字
OUT   DX,AL
REVTIME
MOV   AL,7AH            ;方式字:波特率系数为16、7个数据位、一个停止位、偶校验
OUT   DX,AL             ;写入方式字
REVTIME
MOV   AL,15H            ;命令字:允许接收、发送数据,清错误标志
OUT   DX,AL             ;写入命令字
```

（2）同步方式初始化程序。同步方式时的初始化程序，开始和异步方式一样，向控制口写入3个“0”和软件复位命令字（40H），接着再向控制口写入方式字，然后再送同步字符（常用16H作为同步字符），最后，再写命令字。

假设8251A的控制口地址为3F2H，写恢复时间程序为REVTIME，8251A工作在内同步方式，采用双同步字符（同步字符为16H）、奇校验、7位数据位。则对8251A的初始化程序为：

```
MOV   DX,3F2H           ;控制口
⋮                       ;复位操作,同上
MOV   AL,18H            ;方式字:双同步、内同步、奇校验、7位数据位
OUT   DX,AL             ;送方式字
REVTIME                 ;延时
MOV   AL,16H
OUT   DX,AL             ;送第一个同步字符
REVTIME
OUT   DX,AL             ;送第二个同步字符
REVTIME
MOV   AL,95H            ;命令字:启动搜索同步字符,错误标志复位,允许收、发
OUT   DX,AL
```

10.3 可编程定时/计数器芯片

定时/计数器是微机系统中重要的接口电路，CPU通过才能获取时钟信息和相关的同步控制信息，本节主要介绍了定时/计数器的相关概念，结合8253定时/计数器，阐述了可编程定时/计数器的内部结构、功能、工作方式和编程的方法。

10.3.1 定时/计数器的概念

在微机应用系统中，经常要求能够对外部事件进行计数，或者为外设提供定时控制，作为实现控制和管理的依据，完成这个功能的就是定时/计数器。如果被计数的信号有固定的周期，这种计数就成为一种定时方式。实现定时和计数有两种方法：硬件定时和软件定时。

1. 软件定时

软件定时是利用 CPU 每执行一条指令都需要几个固定的指令周期的原理，运用软件编程方式进行定时的。

2. 硬件定时

硬件定时是利用专门的定时电路实现精确定时的。这种定时方式又可分为简单硬件定时和利用可编程接口芯片实现定时。

（1）简单硬件定时。通过数字电路来实现定时，通常是使用单稳延时电路。该电路中，用一个脉冲去触发一个单稳电路，产生一个持续时间间隔的单稳脉冲。但这种电路的定时值不易改变，灵活性差。

（2）可编程定时。目前在控制系统中，通常采用可编程定时/计数芯片来实现延时。这种芯片的定时和计数功能可由程序方便地设定，控制灵活，同时经 CPU 设置初值后，该芯片与 CPU 并行工作，不占用 CPU 的时间。

10.3.2 Intel 8253 可编程定时/计数器

IBM PC/XT 使用 8253－5，PC/AT 使用 8254－2 作为定时系统的核心芯片，两者的外形引脚及功能都是兼容的，本节以 8253 为例进行分析。

1. Intel 8253 的结构

8253 是一种 24 引脚的双列直插式芯片，外部结构如图 10-15 所示。它使用单 5V 电源，一根引脚用于地线，13 引脚用于与 CPU 的连接，另外 9 根分配给 3 个独立的 16 位定时/计数器（也称为 3 个独立通道）用于与外设的连接，8253 的逻辑结构如图 10-16 所示。

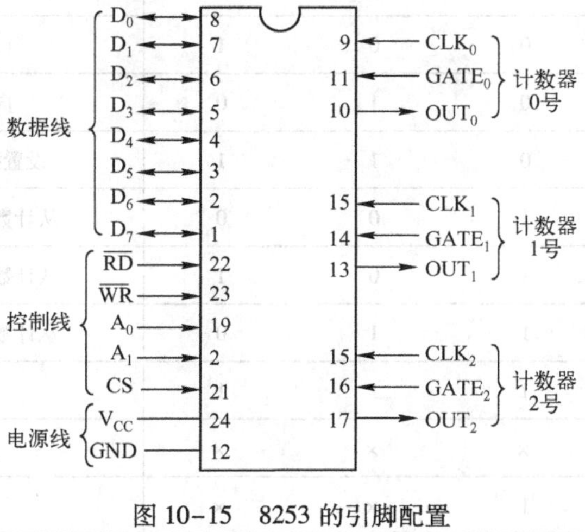

图 10-15　8253 的引脚配置

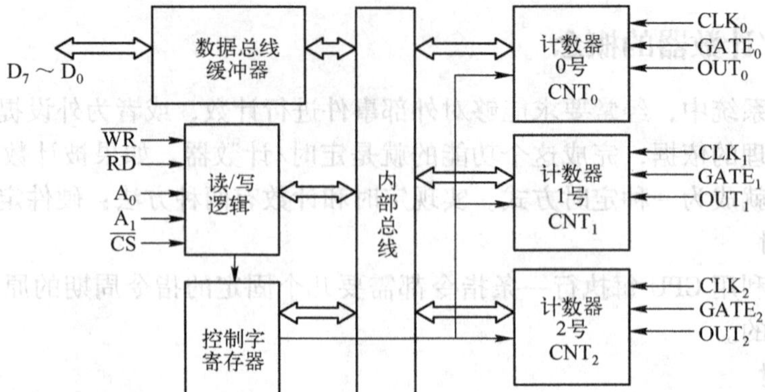

图 10-16　8253 逻辑结构框图

（1）与 CPU 相连的信号线。

1）数据总线 $D_0 \sim D_7$：三态双向数据线，用于传送数据和控制字，计数器的计数值也通过数据总线读取。

2）写输入信号$\overline{WR}$：输入信号，用于对 8253 寄存器进行写操作，低电平有效。

3）读输入信号$\overline{RD}$：输入信号，用于对 8253 寄存器进行读操作，低电平有效。

4）片选信号$\overline{CS}$：输入信号，根据 CPU 送出的地址信号译码产生片选信号，低电平有效。即$\overline{CS}$低电平时，表示 CPU 选中 8253，可对 8253 进行读写，否则表示未选中。

5）片内寄存器地址输入信号 A_0、A_1：8253 内部计数器和控制寄存器编码选择信号，用于选择 8253 内部寄存器，以便对它们进行读写操作，A_1A_0 编码与 8253 内部寄存器的对应关系见表 10-3。

表 10-3　A_1A_0 编码与 8253 内部寄存器的对应关系

$\overline{CS}$	$\overline{RD}$	$\overline{WR}$	A_1	A_0	寄存器选择和操作
0	1	0	0	0	向计数器 0 写入初值
0	1	0	0	1	向计数器 1 写入初值
0	1	0	1	0	向计数器 2 写入初值
0	1	0	1	1	设置控制字或者给一个命令
0	0	1	0	0	从计数器 0 中读出当前计数值
0	0	1	0	1	从计数器 1 中读出当前计数值
0	0	1	1	0	从计数器 2 中读出当前计数值
0	0	1	1	1	无操作三态
1	×	×	×	×	未选中，三态
0	1	1	×	×	无操作三态

（2）计数器与外设相连的信号线。每个计数器均有 3 条信号线与外设相连，它们的作用如下。

1）计数输入时钟信号 CLK：输入信号，用于输入定时基准脉冲或计数脉冲。在 8253 进行定时或计数时，每输入一个时钟信号 CLK 就使定时或计数值减 1，它是计量的基本时钟。3 个计数器各有一个独立的时钟输入信号，分别是 CLK_0、CLK_1、CLK_2。

2）计数器输出信号 OUT：输出信号，当定时或计数值减至 0 时，在 OUT 上输出相应的电平指示计数完成，或输出脉冲波形。3 个计数器各有一个计数器输出信号，分别是 OUT_0、OUT_1、OUT_2。

3）选通信号（门控输入）GATE：输入信号，用于启动或禁止计数器的工作，使计数器和计测对象同步。GATE 信号控制对 CLK 信号的计数，再对计数的值与预先设定的值进行比较，决定 OUT 信号的输出状态。对 8253 的 6 种不同工作方式，GATE 信号的控制作用不同。3 个计数器各有一个选通信号，分别是 $GATE_0$、$GATE_1$、$GATE_2$。

2. Intel 8253 的功能

8253 的主要功能有：

1）每个计数器有 6 种工作方式。

2）计数脉冲可以是系统脉冲，也可以是外部事件。

3）计数时可以使用二进制，也可以使用 BCD 码。

4）触发方式可以是软件触发，也可以是硬件触发。

5）最大计数范围可达 0 ~ 65 535。

6）所有的输入/输出与 TTL 兼容。

从图 10-17 可见，8253 内部有 6 个模块，分别是 3 个 16 位计数器、1 个控制寄存器、1 个读/写逻辑和 1 个数据总线缓冲器。

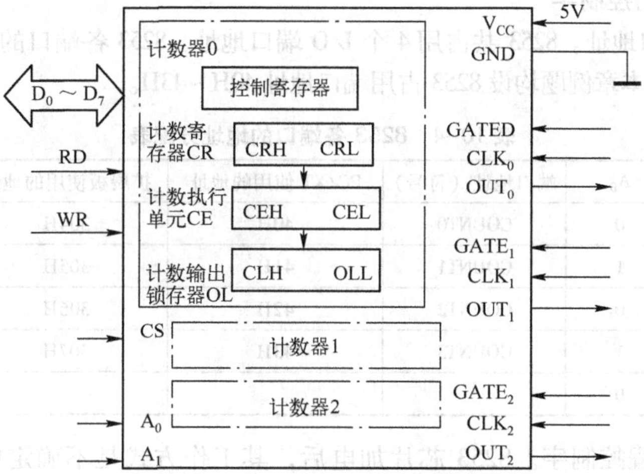

图 10-17　计数器逻辑结构图

（1）3 个独立的 16 位计数器。8253 内部的 3 个独立计数器分别为计数器 0、计数器 1、计数器 2。它们的结构完全相同，每个计数器的输入和输出都决定于本身所带的控制寄存器的控制字，它们之间工作完全独立。每个计数器内部都有一个 8 位的控制寄存器、一个 16

位的计数初值寄存器 CR、一个 16 位的计数执行部件 CE 和一个 16 位的输出锁存器 OL 组成。初始化时，首先向计数初值寄存器 CR 写入计数初值，然后送入计数执行部件 CE。

计数执行部件 CE 实际上是一个 16 位的减 1 计数器，在 GATE 启动计数工作后，在时钟脉冲 CLK 的作用下，进行减 1 计数，当减至 0 时，输出端输出相应信号表示计数结束。

输出锁存器 OL 用来锁存计数执行部件 CE 的内容，CPU 通过对输出锁存器 OL 进行读操作获取计数过程的当前值，不能直接从减 1 计数器中读出当前值。若要获取计数初值，则从计数初值寄存器中直接读出。

CR、CE 和输出锁存器 OL 均为 16 位寄存器，也可以用作 8 位寄存器，这样在 8 位数据总线的情况下 8253 仍然可以使用。

（2）控制字寄存器。此寄存器用来保存来自 CPU 送入的控制字。每个计数器都有一个控制字寄存器，用于保存该计数器的控制信息。控制字将决定计数器的工作方式、计数形式及输出方式，也能决定应如何装入计数器初值。8253 的 3 个控制字寄存器只占用一个地址号，根据控制字中最高二位来指定当前的控制字是发给哪一个计数器的。控制字寄存器只能写入，不能读取。

（3）读/写逻辑。读/写逻辑的任务是接收来自 CPU 的控制信号，完成对 8253 各计数寄存器的读/写操作。这些控制信号包括读信号 $\overline{RD}$、写信号 $\overline{WR}$、片选信号 $\overline{CS}$ 和片内寄存器对址信号 A_0、A_1。

（4）数据总线缓冲器。这是一个双向、三态 8 位缓冲器，它用于 8253 和系统数据总线连接。CPU 通过数据总线缓冲器将控制命令字和计数值写入 8253 计数器，或者从 8253 计数器读取当前计数值。8253 的 8 位数据线 $D_0 \sim D_7$ 通常与系统数据总线 $D_0 \sim D_7$ 相连。

10.3.3 Intel 8253 控制字和工作方式

1. Intel 8253 的控制字

（1）8253 的端口地址。8253 共占用 4 个 I/O 端口地址，8253 各端口的地址分配见表 10-4。如果没有特别指出，本章例题均设 8253 占用端口地址 40H ~ 43H。

表 10-4　8253 各端口的地址分配表

CS	A_1	A_0	端口地址（符号）	PC/XT 使用的地址	扩展板使用的地址	功　能
0	0	0	COUNT0	40H	304H	选中计数器 0
0	0	1	COUNT1	41H	305H	选中计数器 1
0	1	0	COUNT2	42H	306H	选中计数器 2
0	1	1	COUNT3	43H	307H	选中控制寄存器
1	0	0				器件未选中

（2）8253 的编程控制字。8253 芯片加电后，其工作方式是不确定的，为了正常工作，必须对 8253 进行初始化。

初始化主要是向控制字寄存器写入控制字，并且向已选定的计数器按控制字寄存器的要求写入计数初值。

控制字寄存器（又称为工作方式寄存器）是只写寄存器，它接收写入的控制字，控制字的格式如图 10-18 所示，其中 6 位用作控制、两位用于选择计数器。

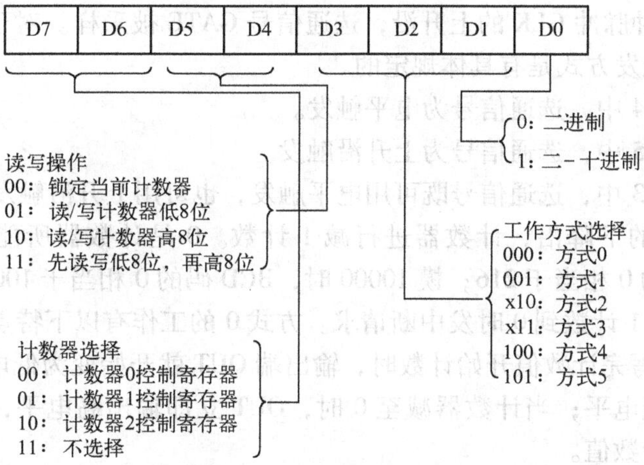

图 10-18　8253 编程控制字

1）SC_1SC_0（D_7D_6）：用于选择计数器。

2）RL_1RL_0（D_5D_4）：用于控制计数器读/写的字节数（1 或 2 B）以及读/写高低字节的顺序。

3）$M_2\sim M_0$（$D_3\sim D_1$）：用于选择计数器的工作方式。

4）BCD（D_0）：用于指定计数器的码制，是按二进制还是按 BCD 码进行计数。

在初始化中写入计数初值时，若控制字设定为按 BCD 码计数，在写入指令时初值仍然必须写成十六进制数的形式，即在数据后加后缀“H”，否则 CPU 会以为是十进制的数。如采用 BCD 码计数初值为 55，要求写成 55H；若写成 55，CPU 会当成是 37。

（3）8253 的读操作。在计数器的工作过程中，有时需要读出计数器当前的计数值，以便根据该数值进行判断，方法有两种：

1）读之前先停止计数：在读数之前，先使计数器停止工作，然后读数，目前一般不会使用这种方法。

2）读之前先送计数值锁存命令：这是常用的方法。在计数过程中，CPU 读取计数值时，读取的高低字节可能不是同一时刻的值，为了防止 CPU 读到这种无效值，CPU 进行计数值读取时必须锁存。进行锁存时，状态寄存器保存控制字寄存器的当前内容和输出信号 OUT 以及各计数标志的状态。当 CPU 向 8253 写入一个合适的控制值（即 $RL_1RL_0=00$）时，OLH 和 OLL 锁存 CE 中的当前计数值，然后跟随计数执行部件 CE 变化，直到允许锁存供 CPU 读取当前计数值时才停止。CPU 读取之后又跟随 CE 变化。计数器控制逻辑通过驱动内部总线使锁存器锁存，CE 本身不可读取，每当读取计数器时，读取的实际上是 OL 中的值。

2. Intel 8253 的工作方式

8253 作为一个可编程的芯片，可以用 6 种方式工作，但不论使用哪种方式工作，都要遵守下面几条基本规则：

1）控制字写入计数器时，所有的控制逻辑电路立即复位，输出端 OUT 进入初始状态（高电平或低电平）。

2）初始值写入之后，要经过一个时钟的上升沿和下降沿，计数执行部件才开始计数。

3）通常，在时钟脉冲 CLK 的上升沿，选通信号 GATE 被采样。对于一种给定的工作方式，对选通信号的触发方式是有具体规定的。

- 方式 0、方式 4 中，选通信号为电平触发。
- 方式 1、方式 5 中，选通信号为上升沿触发。
- 方式 2、方式 3 中，选通信号既可用电平触发，也可用上升沿触发。

4）在时钟脉冲的下降沿，计数器进行减 1 计数。0 是计数器所能容纳的最大初始值（模 16 时，二进制的 0 相当于 216；模 10000 时，BCD 码的 0 相当于 10000）。

（1）方式 0 - 减 1 计数到 0 时发中断请求。方式 0 的工作有以下特点：

1）当向计数器写完计数值开始计数时，输出端 OUT 就开始变为低电平，并且在计数到达 0 之前一直保持低电平；当计数器减至 0 时，OUT 立即输出高电平，并且一直保持高电平，直到写入新的计数值。

2）选通信号 GATE 为高电平时，计数器工作；GATE 为低电平时，计数器停止工作，其计数值保持不变；GATE 不影响输出端 OUT 的电平，因此在计数过程中，若 GATE 有一段时间为低电平，则输出端 OUT 的低电平持续时间将会延长。

3）在计数器工作期间，如果重新写入新的计数值，那么下一个时钟脉冲到来时，新的计数初值被送到计数执行部件，计数器将按新的初值重新计数。

【例 10-4】 设 8253 计数器通道 0 工作于方式 0，用 8 位二进制计数，其计数值为 50，采用 BCD 码计数，则它的初始化程序段如下：

```
MOV  AL,11H        ;设置控制字
OUT  43H,AL        ;写入控制字寄存器
MOV  AL,50         ;设置计数初值
OUT  40H,AL        ;写入计数初值寄存器
```

（2）方式 1 - 可编程单脉冲输出。方式 1 的工作有以下特点：

1）初始化后，输出端 OUT 变为高电平作为起始电平；写入计数值之后，计数器并不立即工作，直到选通信号 GATE 出现之后的一个时钟周期的下降沿，才开始工作，使 OUT 变为低电平，并在计数值为 0 前一直保持低电平；计数值为 0 后，输出 OUT 变为高电平。

2）在计数器工作期间，当选通信号 GATE 又出现一个上升沿时，计数器重新装入原先的计数初值，重新开始计数。

3）在计数器工作期间，如果有一个新的计数初值写入计数器，当前输出不受影响，一直要到当前的计数值减 0 并且选通信号 GATE 再次出现上升沿之后，才按新写入的计数值开始计数。

【例 10-5】 设计数器通道 1 工作于方式 1，按二进制计数，计数初值为 40H，它的初始化程序段为：

```
MOV  AL,62H        ;工作方式控制字
OUT  43H,AL
MOV  AL,40H            ;送计数初值
OUT  41H,AL
```

（3）方式 2 - 周期性时间间隔计时器（频率发生器）。方式 2 的工作有以下特点：

1）计数器工作期间，输出端 OUT 为高电平，当计数值减至 1（注意，不是 0）时，OUT 由高电平变为低电平，再减 1 之后，计数器变为 0，输出端 OUT 变为高电平，自动重装原计数值，重新开始计数。

2）在计数器工作期间，如果向该计数器重新写入新的计数值，计数器仍按原计数值计数，一直到下个输出周期才按新计数值计数。

3）选通信号 GATE 为高电平时，进行计数，GATE 为低电平时，停止计数，待 GATE 重新变为高电平后，计数器再按原先设定的计数初值重新开始计数。

【例 10-6】 设 8253 计数器 0 工作于方式 2，按二进制计数，计数初值为 0304H。

```
MOV   AL,00110100B          ;设控制字,通道 0,先读/写高 8 位,再读写低 8 位
                            ;方式 2,二进制计数
OUT   43H,AL
MOV   AL,04H                ;送计数值低字节
OUT   40H,AL
MOV   AL,03H
OUT   40H,AL                ;送计数值高字节
```

（4）方式 3 – 方波发生器。方式 3 与方式 2 基本相同，不同之处有以下两点：

1）输出端 OUT 输出的不是一个时钟周期的低电平，而是占空比为 1∶1 或近似 1∶1 的方波。

2）当计数初值为偶数时，输出波形的前一半为高电平，后一半为低电平，为完全对称的方波。

3）当计数初值为奇数时，输出端的高电平持续时间比低电平持续时间多一个时钟周期。

【例 10-7】 设 8253 计数器 2 工作在方式 3，按 BCD 码计数，计数初值为 4，则它的初始化程序段如下：

```
MOV   AL,10010111B          ;计数器 2,只读/写低 8 位,工作方式 3,BCD 码计数
OUT   43H,AL                ;控制字送控制字寄存器
MOV   AL,4                  ;送计数初值
OUT   42H,AL
```

（5）方式 4 – 软件触发选通。方式 4 的工作有以下特点：

1）写入控制字之后，输出端 OUT 变为高电平；写完计数初始值之后，计数器开始计数；计数器减至 0 后，OUT 变为低电平；低电平持续一个时钟周期后，输出又恢复为高电平，并且持续到下一次计数的开始。

2）选通信号 GATE 为高电平时，进行计数；为低电平时，停止计数，恢复为高电平时又继续原先的计数。

3）计数器工作期间，如果向计数器写入新的计数值，则计数器按新写入的计数值开始计数。

【例 10-8】 设 8253 计数器 1 工作于方式 4，按二进制计数，计数初值为 3，则初始化程序段为：

```
MOV   AL,058H               ;设置控制字寄存器
OUT   43H,AL                ;送控制字
```

```
MOV   AL,3         ;置计数初值
OUT   41H,AL       ;送计数初值
```

（6）方式5－硬件触发脉冲。方式5的工作有以下特点：

1）该方式中，写入计数初值之后，计数器并不是立即开始计数，而是由选通信号GATE的上升沿启动计数；计数器减至0后，先输出一个周期的低电平，然后恢复至高电平。

2）在计数器工作期间或结束后，如果GATE信号再次出现上升沿，则计数器将从原先设定的计数初值开始重新计数；计数过程中如果写入新值，计数过程不受影响；如果在写入新值的同时，GATE信号出现上升沿，则按新的初值计数。

【例10-9】 设8253的通道1工作于方式5，按二进制计数，计数初值为4000H，则它的初始化程序段为：

```
MOV   AL,01101010B        ;通道1,只读写高字节,方式5,二进制计数
OUT   43H,AL
MOV   AL,40H
OUT   41H,AL              ;送计数初值
```

10.3.4 Intel 8253编程

8253的控制寄存器和3个计数器具有独立的编程地址，并且根据控制字的内容可以确定所要操作的寄存器，因此8253的编程比较灵活。在编程时，只有两条规定必须严格遵守。

1）对计数器设置初值之前必须先写好控制字。

2）设置初始值时，要符合控制字的格式。

编程的命令有两类，一类是读出命令，用于读取计数器当前的值；一类是写入命令，用于设置控制字、初始值和锁存。

【例10-10】 已知8253的$f_{CLK}=1\,MHz$，端口地址为40H～43H，要求用8253连续产生10 s的定时时间，试设计该定时电路，并编写控制程序。

分析：根据已知的条件，用频率为1 MHz的时钟脉冲产生10 s的定时，需要的时钟脉冲个数$N=10/10^{-6}=10^7$，而8253中一个计数器的最大计数值为65536，因此必须使用两个计数器级联才能实现要求，设两个计数器的初值分别为N1和N2，则$N=N1\times N2$，为了减少计数误差，N1应尽量小，级联电路如图10-19所示。

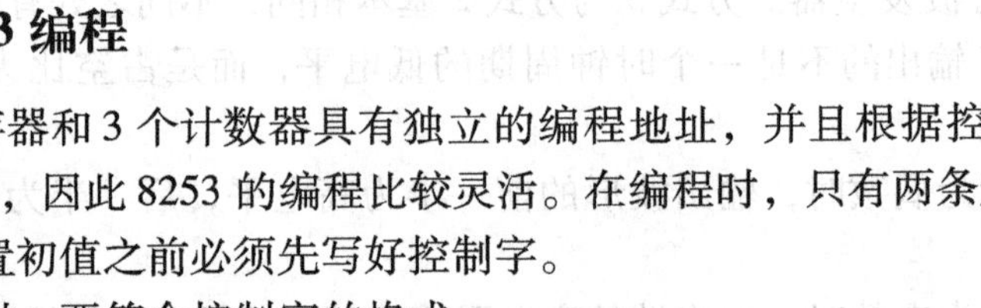

图10-19 8253计数器级联电路

在初始化程序中，设计数器1工作在方式3，计数器2工作在方式2，初始化程序如下：

```
MOV   AL,77H         ;设置计数器1的工作方式
```

```
OUT   43H,AL
MOV   AL,N1L              ;计数器 1 计数初值的低字节
OUT   41H,AL
MOV   AL,N1H              ;计数器 1 计数初值的高字节
OUT   41H,AL
MOV   AL,0B5H             ;设置计数器 2 的工作方式
OUT   43H,AL
MOV   AL,N2L              ;计数器 2 计数初值的低字节
OUT   42H,N2H
MOV   AL,N2H              ;计数器 2 计数初值的高字节
OUT   42H,AL
```

10.4 习题

1. 什么是并行接口？什么是串行接口？

2. 在并行接口中为什么要对输入/输出数据进行锁存？在什么情况下可以不锁存？

3. 8255A 有几种工作方式？每种工作方式有何特点？

4. 8255A 有哪几个控制字？每个控制字的各位含义是什么？

5. 假定 8255A 的地址为 1F0H ~ 1F3H，A 口用作方式 1 输入，请对它作初始化编程。

6. 试用 8255A 设计一个并行接口，实现主机与打印机的连接。打印机读入数据时需要一个 DS 信号选通，接收了一个数据后给出一个 ACK 回答。设并行接口地址为 1C0H ~ 1C3H。

7. 在串行数据传输中，什么是单工、半双工、全双工工作方式？

8. 写出 8251A 初始化编程。

9. 设 8251A 的端口为 FF0H、FF2H，要求 8251A 工作于异步工作方式，波特率因子为 16，有 7 个数据位，一个奇校验位，一个停止位，试对 8251A 进行初始化编程。

10. 定时/计数器在微机系统中有何作用？

11. 8253 如何实现定时？

12. 8253 定时/计数器的内部结构由哪几部分组成？

13. 8253 定时/计数器中各计数器的 CLK、GATE 信号有何作用？

14. 8253 有哪几种工作方式？各种方式有何特点？

15. 在 PC 中，8253 各计数器的最大计数是多少？如何超过这个计数范围去计数？

16. 选择 8253 的计数器 0 按方式 3 工作，CLK_0 频率为 1 MHz，要求输出频率为 40 kHz 的方波，试设计该初始化程序。

17. 某个应用系统中，8253 的端口地址为 290 H ~ 293 H，选择计数器 0 用作分频器（分频系统为 N1），计数器 2 用作计数器（计数值为 N2），试编写该初始化程序。

第 11 章　嵌入式系统接口电路

嵌入式系统的接口是其核心微处理器和外部设备进行连接和数据交换的通道，嵌入式微处理器功能强大，片内集成了许多部件，通过接口电路增加外部电路，可以形成功能更强大的应用系统。本章结合 PXA270 微处理器介绍了嵌入式系统的常见接口。

11.1　PXA27x 处理器

PXA27x 是 XScale 架构的处理器，内核采用 ARMV5TE，外围控制器众多，是一款高集成度高性能的优秀嵌入式处理器。PXA27x 处理器家族包含 3 种器件 PXA270、PXA271、PXA272，其中 PXA270 是 PXA27x 系列基本的的处理器芯片，PXA271 比 PXA270 增加了 32MB FLASH 和 32MB SDRAM，PXA272 比 PXA270 增加了 64MB FLASH。

11.1.1　PXA270 处理器组成

PXA270 的系统框图如图 11-1 所示，主要由时钟和电源管理模块、内部存储器模块、DMA 控制器、中断控制器、PWM 控制器和 LCD 控制器等部分组成。

1. 时钟和电源管理模块

时钟和电源管理模块负责管理处理器的复位、时钟、电源管理，并控制外围的电源芯片，优化处理器全局的电源消耗和性能。

复位管理可以使 PXA270 进入上电复位、硬件复位、看门狗复位、通用 I/O 口复位和睡眠唤醒复位这 5 种复位状态；时钟管理包含所有的时钟产生、选通和频率控制，时钟产生和分配由以下几部分组成：一个 13 MHz 的振荡器、一个 32.768 kHz 的时钟保持振荡器、外部锁相环单元；电源管理控制所有的内部和外部电源，以及其进出顺序，根据处理器的不同电源模式而有所不同：正常模式、空闲模式、深空闲模式、待命模式、睡眠模式和深睡眠模式等。

2. 内部存储器模块

内部存储模块主要包含 6 个单元：系统总线接口、控制状态寄存器、电源管理、内存页多路管理、队列和四页静态存储器。

PXA270 内部有 256KB SRAM，分成 4 个 8K × 64 位的页，每页都有一个专门的入口队列，所有访问内部存储器空间的操作都要通过系统总线来完成；内存电源管理和 PXA270 的电源管理一起构成了内存部分电源的不同工作模式的管理，PXA270 有 6 级工作模式，分别为：正常模式、空闲模式、深度空闲模式、等待备用模式、睡眠模式和深度睡眠模式。

3. DMA 控制器

通过使用 DMA 控制器，可以不用 CPU 介入而直接在内部存储器、外部存储器和片上外设之间传输数据，PXA270 包含 32 路独立的 DMA 通道，通过 4 个 32 位的控制寄存器进行配

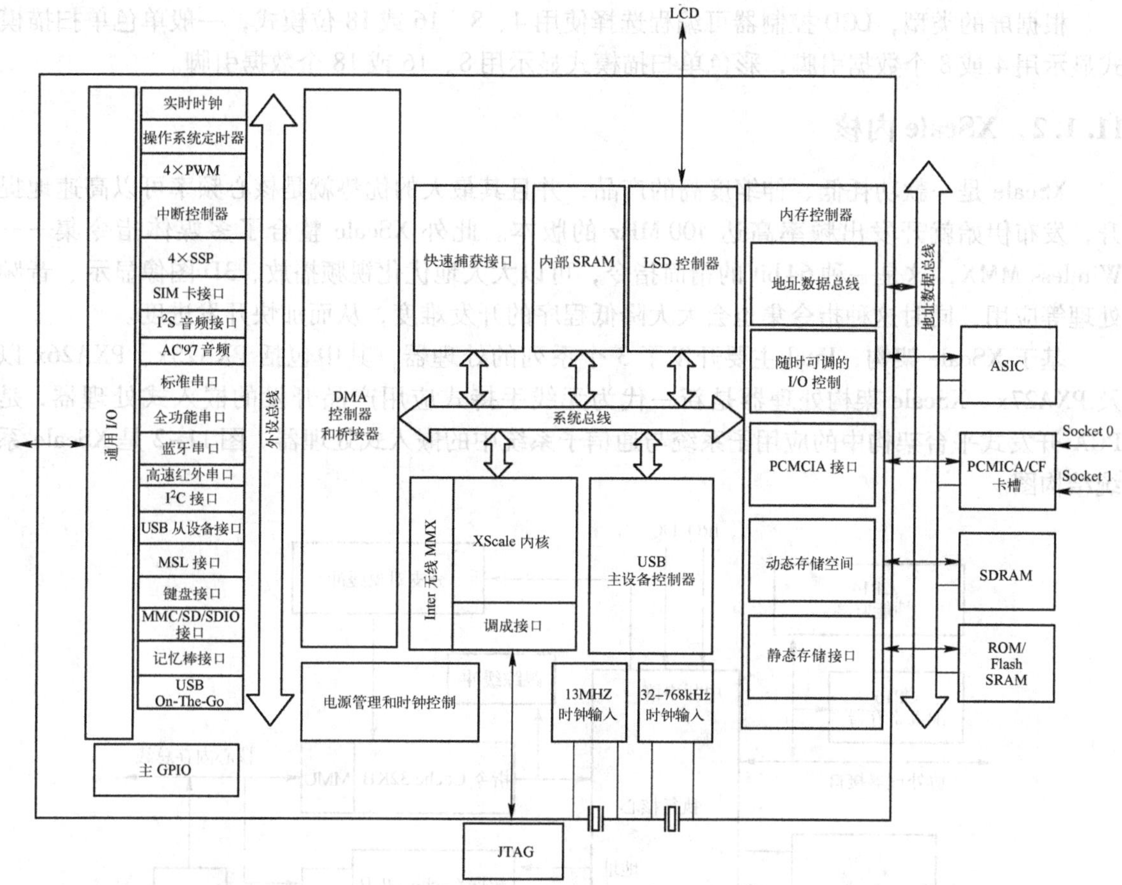

图 11-1　PXA270 系统框图

置，实现不同的传输方式。DMA 控制器控制着 DREQ <2:0 >，PREQ <67:0 >，IREQ <2:0 > 和 DMA_IRQ 信号，DVAL <1:0 > 信号被内存控制器控制。

4. 中断控制器

中断控制器提供了一个二级中断机制，它可以接收来自外设或微处理器内部的中断请求，处理器内部的中断为主要的中断源，外部设备的中断请求次之。

中断控制寄存器 ICPR 设置决定中断的使能，设置“1”对应的中断功能被使能，中断控制寄存器 ICIP 和 ICFP 决定中断的 IRQ 和 FRQ 的模式。中断优先级寄存器 IPRs 指定不同的优先级别，ICHP 通过 IRQ 或 FRQ 最高优先级自动更新。

5. PWM 控制器

脉宽调制控制器产生 4 路独立的 PWM 控制信号（PWM0 ~ PWM3），通过独立的寄存器进行配置，占空比 50% 时频率范围为 49.6 kHz ~ 1.625 MHz，其他占空比可随根据需求进行配置，它通过模拟滤波器提供了一个数字到模拟的转换，主要应用于通过改变占空比来调节 LED 的亮度、LCD 对比度控制等场合。

6. LCD 控制器

PXA27x 的 LCD 屏控制器包含了 PXA25x 系列的所有功能，此外还增加了许多新功能的支持，支持每像素点 18 位、19 位、24 位和 25 位。

根据屏的类型，LCD 控制器可编程选择使用 4、8、16 或 18 位模式，一般单色单扫描模式显示用 4 或 8 个数据引脚，彩色单扫描模式显示用 8、16 或 18 个数据引脚。

11.1.2 XScale 内核

XScale 是一款功耗低、伸缩度高的产品，并且其最大的优势就是核心频率可以高速地提升，发布伊始就开发出频率高达 400 MHz 的版本。此外 XScale 整合了多媒体指令集——Wireless MMX，这是一种 64 bit 的精简指令，可以大大地优化视频播放、3D 图像显示、音频处理等应用，同时这种指令集也会大大降低程序的开发难度，从而加快开发进度。

基于 XScale 架构，Intel 主要开发了 3 个系列的处理器，其中包括 PXA25x、PXA26x 以及 PXA27x。XScale 架构处理器是新一代为无线手持式应用产品开发的嵌入式处理器，是 PCA 开发式平台架构中的应用子系统与通信子系统中的嵌入式处理器。图 11-2 是 XScale 系统结构图。

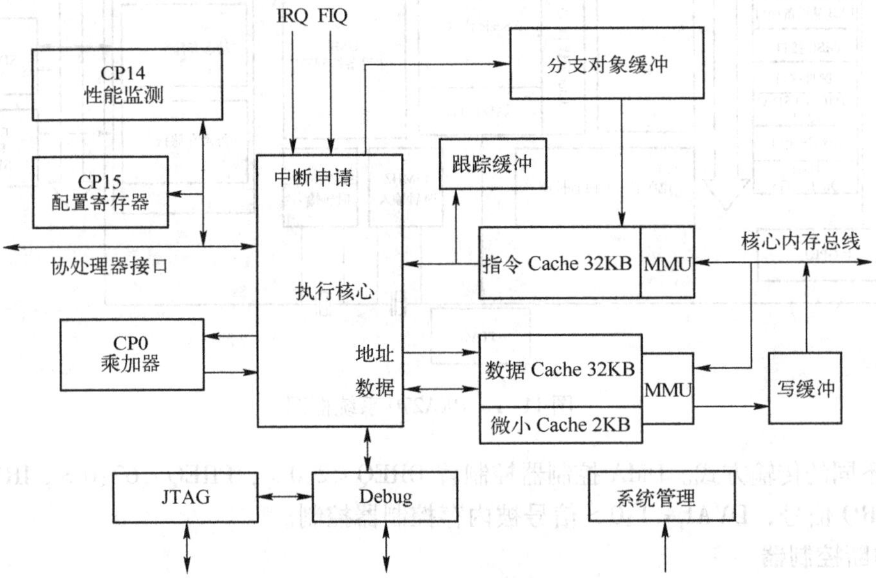

图 11-2 XScale 系统结构图

11.2 PXA270 处理器接口电路

Intel PXA270 是 Intel 公司推出的基于 ARM 微处理核的嵌入式处理器，它被广泛地应用于 PDA、智能手机等领域，这源于它具有卓越的性能。

PXA270 具有比较高的主频，最高可达 624 MHz。PXA270 还引入了 Intel SpeedStep 动态电源管理技术，在保证 CPU 高性能的情况下，最大限度地降低了移动设备功耗。SpeedStep 技术最初是用于 Intel 移动处理器，这种技术用通俗的语言表达就是系统需要多高的主频，它就调节到多高的频率，系统不需要很高时，它就将处理器主频调节到相应主频。从资料上我们可以了解到，SpeedStep 技术可以将 PXA270 的主频在 26 ~ 624 MHz（最高）调节，在系统完全空闲时，PXA270 可以运行在 26 MHz 的主频下，此时它的功耗将低于 0.1 mA。同时

PXA270 最引人注目的是加入了 Wireless MMX 技术，大大提升了多媒体处理能力。

11.2.1 GPIO

PXA270 处理器提供了 121 个 GPIO 引脚，同时提供了 36 个寄存器来控制这些引脚的工作方式和状态。

每个 GPIO 引脚可分别编程设置为输出或输入方式，作输入时可在上升或下降沿时产生中断。多数 GPIO 都有附加的功能，可编程设置它们为第二功能用于各种外围功能，如充当串口的输出/输入、LCD 控制器的数据通道口、将处理器从睡眠中唤醒的功能。需要注意的是，即便使用附加功能，仍然需要适当地设置引脚的相关寄存器，仍需通过 GPDR 设置它们的方向。

36 个寄存器控制了引脚的输出/输入方向、引脚状态以及引脚的附加功能。这些功能的实现和硬件的设计相关。对于不使用的 GPIO 引脚来说，如果将它们设置成输出状态，可以降低系统的电源消耗。在系统复位后，所有的 GPIO 寄存器被初始化为 0x0，这导致所有的 GPIO 引脚被初始化为输入状态。

当 GPIO 引脚被设置成输出状态时，可以通过向引脚赋值来决定引脚电平的高低。向 GPSR 寄存器的对应位写入 1 代表高电平，向 GPCR 寄存器的对应位写入 1（清零）代表低电平。

从 GPIO 引脚状态寄存器（GPLR）读取数据，可以获得当前引脚的状态。可通过 GPER 和 GFER 来设置上升或/和下降沿检测，并可用 GEDR 来读出跳变检测状态，允许时可产生中断。$GPIO_{15\sim0}$ 也可产生唤醒事件。

PXA270 的 GPIO 主要功能框架如图 11-3 所示。

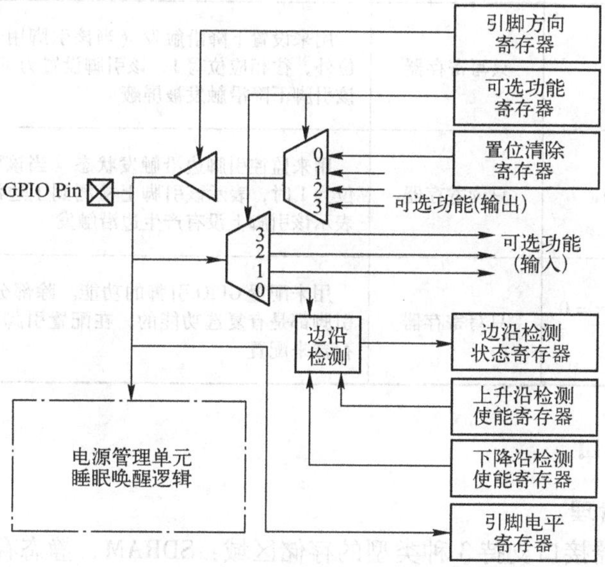

图 11-3 PXA270 GPIO 功能框架

PXA270 通过 36 个寄存器来控制 GPIO 引脚，这些寄存器可以分为以下几类：

1）4 个引脚状态寄存器（GPLR）。

2）8 个引脚输出状态寄存器（GPSR、GPCR）。

3）4 个引脚方向寄存器（GPDR）。

4）8 个选择上升沿或者下降沿被捕获的控制寄存器（GRER & GFER）。

5）4 个显示被选择边沿被触发的状态寄存器（GEDR）。

6）8 个决定引脚是否为普通 GPIO 的寄存器。

GPIO 寄存器的功能见表 11-1。

表 11-1　PXA270 GPIO 寄存器功能

寄存器名称	访问方式	功　能
GPLRx（x=0，1，2，3）	只读寄存器	用来监控 GPIO 引脚的状态（低电平或是高电平），除了部分保留位外，当相应位为 1 时，该引脚为高电平；当相应位为 0 时，该引脚为低电平
GPSRx（x=0，1，2，3）	只写寄存器	用来设置 GPIO 引脚的状态（低电平或是高电平），除了部分保留位外，往相应位写 1，该引脚输出高电平，写 0 没有影响
GPCRx（x=0，1，2，3）	只写寄存器	用来监控 GPIO 引脚的状态（低电平或是高电平），除了部分保留位外，往相应位写 0，该引脚为低电平，写 1 没有影响
GPDRx（x=0，1，2，3）	只写寄存器	用来设置 GPIO 引脚的方向（输入或是输出），除了部分保留位外，往相应位写 0，该引脚为输入功能，往相应位写 1，该引脚为输出功能
GRERx（x=0，1，2，3）	只写寄存器	用来设置上升沿触发（当该引脚用于中断时），除了部分保留位外，往相应位写 1，该引脚设置为上升沿触发，往相应位写 0，该引脚下降沿触发被屏蔽
GFERx（x=0，1，2，3）	只写寄存器	用来设置下降沿触发（当该引脚用于中断时），除了部分保留位外，往相应位写 1，该引脚设置为下降沿触发，往相应位写 0，该引脚下降沿触发被屏蔽
GEDRx（x=0，1，2，3）	只读寄存器	用来监控引脚边沿触发状态（当该引脚用于中断时），当相应位为 1 时，表示该引脚上检测到了边沿触发，当相应位为 0 时，表示该引脚上没有产生边沿触发
GAFRx_L、GAFRx_U（x=0，1，2，3）	只写寄存器	用来配置 GPIO 引脚的功能。除部分引脚外，PXA270 的 GPIO 引脚都是有复选功能的，在配置引脚功能时，要结合 GPDRx 寄存器来配置

11.2.2　存储器接口

1. 存储系统的管理

PXA270 的存储器接口支持 3 种类型的存储区域：SDRAM、静态存储器和卡存储器。

PXA270 的 SDRAM 的地址空间有 4 块区域：4 个 64 MB 的 SDRAM 空间（或者，在设置 1 GB 模式后的 4 个 256 MB 空间）。每个区域最高可以对应外部存储器的 64 MB 空间，当然各个平台具体需要多少空间，使用配置寄存器可以指定。这 4 个区域被分成两对：0/1 区域和 2/3 区域，这两对区域应该在配置上有所不同。

静态存储器有 6 块区域：6 个 64 MB 的静态空间。通过 26（MA［25：0］）位能在这 6 个分区中分别寻址最高达 64 MB。每个区域可以被单独设定支持以下类型的静态存储设备：

1）nCS［5：0］支持非突发型 ROM 或者 Flash 存储器。

2）nCS［5：0］支持不同延时周期得 I/O 设备。

3）nCS［5：0］支持突发型或者 Flash 存储器（非突发型写操作）。

4）nCS［5：0］支持突发型或者非突发型 SRAM。

5）nCS［3：0］支持同步静态内存。

卡存储器有两个区域：两个 256 MB 的卡空间。

2. 存储管理单元（MMU）和高速缓存（Cache）

多任务操作系统需要 MMU 实现虚拟地址空间到物理地址空间的转换，Cache 可以较好地解决高速的处理器和低速的主存储器之间的矛盾。

MMU 可以帮助系统对存储器进行复杂控制，这些复杂的控制主要通过转换表的机制来实现。通过转换表，用户可以实现以下对存储器的控制。在转换表中定义了不同大小的物理内存的属性和映射方式。

（1）虚拟地址到物理地址映射。几乎所有的处理器和操作系统中都使用虚拟地址（μCLinux 除外），使用虚拟地址能够给系统带来一定的性能提升。处理器指令系统使用的地址一般是虚拟地址，通过 MMU 就可以把这个虚拟地址映射到不同的物理地址，这个物理地址表示了被访问的主存储器的位置。

（2）存储器访问权限（Permissions）。它决定存储器区域是否可访问、可读、可写。访问权限的级别也受程序运行在用户状态还是特权状态的影响，并且与是否使用了域有关。

（3）高速缓存和缓冲位。从虚拟地址到物理地址的转换过程其实就是一个查询映射关系的过程，为了记录这种映射关系，处理器一般会使用高速缓存来实现这种快速的查询。在 ARM 中，这个高速缓存一般称为 TLB（Translation Lookaside Buffer）。

当处理器直接从主存储器中访问指令和数据时，PXA270 的高速主频和相对慢速的系统主存储器之间的矛盾将成为整个系统性能的瓶颈。为了解决这个速度矛盾，提出并使用了高速缓存（Cache）。Cache 是一种高速的存储器，一般由小容量的高速 SRAM 构成。Cache 的控制一般使用硬件来实现，因此，它不仅对应用程序员是透明的，对系统程序员也是透明的。

Cache 的基本原理请参考“计算机组成原理”课程。

3. DMA 控制

PXA270 中的 DMAC 的作用与微型机中 DMAC 一样。PXA270 的 DMA 控制器提供了 0 ~ 31 共 32 个 DMA 通道。每个从外设传来的 DMA 请求信号必须持续一个时钟周期以上。这些通道提供了 flow-through 的数据传输方式。

DMAC 可以在两种模式下运行：无描述符存取模式和描述符存取模式。模式的选取由 DCSRx［NODESCFETCH］位决定。在同一时间内，不同的通道里可以分别使用这两种模式。通道在转换运行模式之前必须停止数据处理。如果出现错误，则通道停留在停止状态，等待程序处理。

在无描述符存取模式下，DDADRx 被保留。程序不可以向 DDADRx 中写入数据，并且必须加载 DSADRx、DTADRx 和 DCMDx 寄存器。当运行位被设置后，DMAC 立刻运行，以传输数据。无描述符存取在数据传输的开始时被执行。

在有描述符存取模式下，DMAC 的寄存器用内存中的 DMA 描述符数据填充。多个 DMA 描述符可以被连成一个链表。这就允许 DMA 通道在一系列不连续的地址上进行数据传输。

DMA 请求描述符的第一个字的 0 位决定了本描述符是否是本次操作中最后一个描述符。如果是，则在处理完本描述符后，DMAC 停止操作。

如果程序接收到一个描述存取成功的中断，例如 DCSRx[STARTINTR] = 0b1，则程序必须向这个位中写入 1 来清除中断标记。程序应当先读出 DCSRx 中的值，进行修改(DCSRx [STARTINTR] = 0b1)，不修改 DCSRx[RUN]，然后将修改后的值写回 DCSRx。

一个 DMA 通道可以处于下列几种状态：

1）未初始化：通道在复位后处于未初始化状态。

2）有效描述符存取，未运行：在有描述符存取模式下，程序已经将描述符加载入通道的 DDADR；在非描述符存取模式下，已经设置了 DSADR、DTADR 和 DCMD 值，但是 DCSR [RUN] 为 0。

3）描述符存取，运行：正从内存中读取 DMA 描述符。

4）等待请求：通道正在等待开始传输数据的请求。

5）数据传输：通道正在传输数据。

6）通道错误：通道产生了错误，通道停留在停止状态，直到程序清除 DCSR [RUN] 位。

7）停止状态：通道终止运行。

DMAC 不能保证处理器到 I/O 设备（包括片上设备）的读写顺序。读写顺序必须由软件保证。

11.2.3 UART

PXA270 有 3 个通用异步接收/发送器（UART)：全功能 UART（FFUART)、蓝牙 UART（BTUART）和标准 UART（STUART)，串口可以通过 DMA 和可编程 I/O 控制，它们的编程方法相同。

UART 具有以下特征。

1）可在串行数据中加入或删去标准异步通信位（起始、停止、奇偶位）。

2）与 16550 功能兼容。

3）可程控波特率发生器。

4）单独控制的发送、接收、线路状态和数据设备中断。

5）可编程串行接口：

① 5、6、7 或 8 位字符。

② 奇、偶和无奇偶校验。

③ 1、1.5 或 2 位停止位产生。

④ 最高波特率为 921 kbit/s。

⑤ 错误起始位探测功能。

6）64 B 发送 FIFO。

7）64 B 接收 FIFO。

8）Modem 控制脚，允许通过软件控制数据流。每个 UART 有不同的 Modem 控制能力。

9）完全的状态报告能力。

10）内部诊断功能，包括：

① 断开通信线的反馈控制。

② 中止、奇偶和帧错误模拟。

11）可产生和检测线路中止。

12）发送和接收分开的 DMA 请求。

13）优先级中断系统控制。

14）低速红外异步接口，符合 IrDA 标准。

标准串口是 2 针（RxD 和 TxD）的基本串口，速度为 230.4 Kbit/s；蓝牙串口（BTUART）是 4 针的高速 UART，最高波特率为 921.6 Kbit/s，可连接至蓝牙模块，除了 RxD 和 TxD 外，它还有 nCTS 和 nRTS 控制脚。全功能串口（FF UART）为 9 针串口，支持 Modem 控制功能，其最高波特率为 230.4 Kbit/s。PXA270 UART 串口特性见表 11-2。

表 11-2　PXA270 UART 串口特性

串口类型	描　述	传输速度	引　脚
全功能 UART	包含 RS232 的全部 8 个引脚	230.4 Kbit/s	TxD（发送）和 RxD（接收） CTS（清除发送）和 RTS（请求发送） DTR（数据终端就绪） DCD（载波检测） DSR（数据设置就绪） RI（振铃检测）
蓝牙 UART	可以连接蓝牙模块具有 Modem 控制引脚	921.6 Kbit/s	TxD（发送）和 RxD（接收） CTS（清除发送）和 RTS（请求发送）
标准 UART	标准 2 引脚串口	230.4 Kbit/s	TxD（发送）和 RxD（接收）

11.2.4　中断控制器

中断控制器控制了处理器上的所有外部中断，并且保存了一级中断源的信息。它记录了一个中断是属于 FIQ 还是 IRQ，或者屏蔽中断。各个中断可以设置为 IRQ 或 FIQ 模式，并且 FIQ 的优先级高于 IRQ。

PXA270 的中断控制器采用两级的中断系统，由两层结构组成。第一级中断处理定位中断设备，这些设备的中断必须已经被使能（ICCR）或者在中断掩码寄存器（ICMR）中没有被屏蔽掉。第二级中断处理使用产生中断源设备（产生一级中断的外围设备）中的中断寄存器。

第一级中断处理由以下寄存器控制。

1）Interrupt Controller Pending 寄存器（ICPR）：记录系统中所有活动的中断。

2）Interrupt Controller IRQ Pending 寄存器（ICIP）：记录系统活动的所有 IRQ 中断，而 Interrupt Controller Level 寄存器（ICLR）可以通过编程向 ICIP 产生中断，然后由 ICIP 向系统产生一个 IRQ。

3）Interrupt Controller FIQ Pending 寄存器（ICFP）：记录系统活动的所有 FIQ 中断。Interrupt Controller Level 寄存器（ICLR）可以通过编程向 ICFP 发送中断，然后由 ICFP 产生 FIQ。

中断控制寄存器包含表 11-3 所示的寄存器，这些寄存器都是 32 位的。

表 11-3　PXA270 中断控制寄存器

名　称	访问方式	描　述
ICIP	R	中断控制器 IRQ 挂起寄存器
ICMR	R/W	中断控制器屏蔽寄存器
ICLR	R/W	中断控制器级别寄存器
ICFP	R	中断控制器 FIQ 挂起寄存器
ICPR	R	中断控制器挂起寄存器
ICHP	R	中断控制器最高优先级寄存器
ICIP2	R	中断控制器 IRQ 挂起寄存器 2
ICMR2	R/W	中断控制器屏蔽寄存器 2
ICLR2	R/W	中断控制器级别寄存器 2
ICFP2	R	中断控制器 FIQ 挂起寄存器 2
ICPR2	R	中断控制器挂起寄存器 2
ICCR	R/W	中断控制器控制寄存器
IPR0 ~ IPR39	R/W	中断优先级寄存器

系统复位后，FIQ 和 IRQ 中断默认关闭，并且所有中断控制器的寄存器都被清零。中断必须有软件控制才能使用。

ICCR 控制器决定了处理器在空闲状态下中断掩码是否有效。

ICCR 控制器只有 Bits［0］有效，其他位保留：

1）0——所有使能的中断都能将处理器从空闲状态中唤醒。

2）1——只有被使能的同时没有被屏蔽的中断才能将处理器从空闲状态中唤醒。

ICLR 寄存器、ICLR2 寄存器决定外设产生中断的类型，是否产生 FIQ 或者 IRQ 中断。如果中断挂起位没有被屏蔽掉，那么将根据 ICLR 中的相应位来决定产生中断的类型。如果中断被屏蔽，则 ICLR 中的相应位就无效。ICLR 在系统复位后被清零，然后必须由软件来重新配置 ICMR。

PXA270 处理器提供了多个外设接口和集成模块。每一个外设对应了一个中断位。ICLR 共有 32 位，对应了 32 个设备中断信号，用于控制对应的中断是使用 IRQ（对应位为 0）还是使用 FIQ（对应位为 1）。

ICMR、ICMR2 为中断屏蔽控制寄存器。当对应位为 1，表示允许对应的一级中断，当对应位为 0 时，表示屏蔽对应的一级中断。

ICMR 寄存器有 32 个中断屏蔽位，ICMR2 有两个屏蔽位，ICMR、ICMR2 寄存器的每一位控制了一个外部设备或者中断源。当外设产生中断时，只有当 ICMR 或者 ICMR2 的屏蔽位为 1 时，产生的中断才能被处理器处理。

在空闲状态下，ICMR 的启用必须先将 ICCR 设置为 1，否则任何产生的中断都将被处理器处理。

ICMR 在系统复位后被清零，这意味着所有的中断都被屏蔽，然后必须由软件来重新配置 ICMR。

ICIP、ICIP2 是 IRQ 中断挂起寄存器，当相应位为 1 时，表示该外设或中断源产生了中断信号；当相应位为 0 时，表示外设或中断源没有产生中断。

ICFP、ICFP2 是 FIQ 中断挂起寄存器，当相应位为 1 时，表示该外设或中断源产生了中断信号；当相应位为 0 时，表示外设或中断源没有产生中断。

IPR0 ~ IPR39 寄存器用来设置中断优先级，优先级为 0 ~ 39，0 为最高，39 为最低。如每一个寄存器的低 5 位用来存放设备 ID，寄存器 IPR0 指定的设备产生的中断级别最高，寄存器 IPR39 指定的设备产生的中断级别最低。设备 ID 的值为 0 ~ 39，每一个值对应了一个设备（设备 ID 和设备的映射是固定的，参看 PXA270 的数据手册）。

寄存器 ICHP 内包含了具有最高中断优先级的设备 ID。

11.2.5 LCD 控制器

1. LCD 控制器的特点

PXA270 的 LCD 控制器提供了连接 PXA270 处理器和一个平板显示器模块的接口，其中平板显示模块包含被动（双层超扭曲向列型液晶显示屏幕，DSTN）和主动（薄膜晶体管，TFT）平板显示器，它支持单色和多种彩色像点格式。在 PXA27x 的 LCD 寄存器中，包含了 16 个控制寄存器、35 个 DMA 寄存器、2 个状态寄存器、3 个 256 入口的调色板 RAM。LCD 控制器支持单屏或双屏显示，编码的像素点数据放于外部存储器的帧缓冲区中，LCD 控制器的专用通道 DMA 控制器把数据从存储区中取出，装入先进先出（FIFO）缓冲器中。

PXA270 处理器的 LCD 控制器具有以下特征：

1）显示方式。

① 支持单屏或双屏显示。

② 在无源单色模式下支持多至 256 级灰度（8 位）。

③ 在无源彩色模式下总共支持 16 777 216 色（24 位）。

④ 在有源彩色模式下支持多至 16 777 216 色（24 位）。

⑤ 支持每帧最多 18 位不带内部帧缓存的彩色显示。

⑥ 支持 8 位像素深度的无源双重彩色显示。

⑦ 支持每帧最多 24 位的彩色显示。

2）支持 64 个入口 24 位的 FIFO。

3）支持显示的尺寸从每帧 1 × 1 到 800 × 600 像素。

4）具有 3 个 256 入口 25 位的内部色彩调色板 RAM（每个基本层和叠加层各一个），可编程自动定位于每帧的开始位置。

5）支持 2 位、4 位、8 位、16 位、18 位和 24 位的 RGB 格式的像素深度。

6）在 RGBT 格式下叠加支持 16 bpp、19 bpp、24 bpp、25 bpp 的像素深度。

7）命令数据 RAM（16 × 9 位）用于保存命令数据。

8）集成了 7 通道的 DMA，1 个为基本层、1 个为叠加层 1、3 个为叠加层 2、1 个为硬件光标、1 个为命令数据。

9）提供了一个基本层和两个叠加层的单扫描显示，每个叠加层的最大面积和基本层相同。

10）硬件支持用于视频流的从 YCbCr 到 RGB 的色彩空间转换。

11）在单扫描模式下支持硬件光标。

12）在帧缓存中支持小端模式的像素排序。

13）在每行的开始和结尾具有可编程的等待状态插入。

14）可编程的帧时钟为：25.4 kHz ~ 52 MHz。

15）可编程中断用于输入和输出的 FIFO。

16）可编程极性用于输出使能帧时钟和行时钟。

17）6 个 16×64 位输入 FIFO：1 个用于基部通道，一个用于叠层，3 个用于基层 2，1 个用于硬件光标，还有 1 个 4×52 位的输入 FIFO 用于具有内部帧缓存通道的命令数据。

2. LCD 控制器的信号

PXA270 的 LCD 控制器产生的控制信号见表 11-4。

表 11-4　LCD 控制器产生的控制信号

控制信号名称	控制信号的作用
LDD［17~0］	18 位数据线，一次可以传输 4 位、8 位、16 位或 18 位数据值到 LCD 显示器
L_PCLK_WR	像素时钟信号，用于驱动显示板把像素数据输出到行移位寄存器
L_LCLK_A0	LCD 控制器和 LCD 驱动器之间的行同步脉冲信号，该信号用于 LCD 驱动器将水平线（行）移位寄存器的内容传送给 LCD 屏显示。LCD 控制器在整个水平线（整行）数据移入 LCD 驱动器后，插入一个行时钟信号；在 active（tft）显示屏下，该信号又称为水平同步信号；指示一行数据由移位寄存器到显示驱动芯片传输完毕，并使行指针加 1
L_FCLK_RD	LCD 控制器和 LCD 驱动器之间的帧同步信号。该信号告诉 LCD 屏新的一帧开始了。LCD 控制器在一个完整帧显示完成后插入一个帧时钟信号，开始新一帧的显示；在 active（tft）显示屏下，该信号又称为垂直同步信号；指示一帧图像的开始，同时把行指针置于显示屏的第一行
L_BIAS	LCD 驱动器的 AC 信号。被 LCD 驱动器用于改变行和列的电压极性，从而控制像素点的显示或熄灭。在 active（tft）显示屏下，该信号用作数据输出允许信号，用于指示数据信号在时钟信号的同步下锁存到引脚
L_CS	输出信号，具有内部帧缓冲区的 LCD 面板的片选信号
L_VSYNC	输入信号，具有内部帧缓冲区的 LCD 面板的同步刷新信号

3. LCD 控制器操作

（1）允许 LCD 控制器。在复位后，第 1 次允许 LCD 控制时，必须按如下步骤对所有的 LCD 控制器进行编程：

1）设置通用 I/O（GPIO）脚用于 LCD 控制器的功能。

2）把帧描述符和调色板描述符（根据像素深度决定，如果需要的话）写入存储器。

3）编程配置帧描述寄存器与 LCD 控制设备寄存器。

4）写入 LCCR0 允许 LCD 控制器。

（2）禁止 LCD 控制器。有两种禁止 LCD 控制器的方法，即普通禁止与快速禁止。

1）普通禁止：推荐使用的停止 LCD 控制器的方式。置位 LCCR0 的 DIS 位，将在完成当前帧显示后，禁止 LCD，并置位 LCSR 的 LCD 禁止完成位（LDD），自动清零 LCCR0 的允许位（ENB）。

2）快速禁止：清零 LCCR0 的允许位（ENB），LCD 控制器在完成现行 DMA 传送后立即停止 LCD 驱动，并置位 LCSR 的快速禁止位（QD），它一般用于须立即减小系统总线传输的情况，如电池故障等。

11.2.6 以太网接口

TCP/IP 最初是用来支持计算机和 ARPANET 网络之间通信的。现在广泛使用的 World Wide Web 就是从 ARPANET 中发展来的，并且 World Wide Web 使用的也是 TCP/IP。在 UNIX 系统中，首先带有网络功能的版本是 4.3 BSD。Linux 系统的网络功能就是以 UNIX 4.3 BSD 为模型发展起来的，它支持 BSD 套接口和全部的 TCP/IP 功能。这样 UNIX 系统中的软件就可以十分方便地移植到 Linux 系统中了。

1. BSD 套接口

BSD 是 UNIX 系统中通用的网络接口，它不仅支持各种不同的网络类型，而且也是一种内部进程之间的通信机制。两个通信进程都用一个套接口来描述通信链路的两端。套接口可以认为是一种特殊的管道，但和管道不同的是，套接口对于可以容纳的数据的大小没有限制。Linux 支持多种类型的套接口，也叫做套接口寻址族，这是因为每种类型的套接口都有自己的寻址方法。Linux 支持以下的套接口类型：

UNIX	UNIX 域套接口
INET	Internet 地址族 TCP/IP 支持通信
AX25	Amateur radio X25
IPX	Novell IPX
APPLETALK	Appletalk DDP
X.25	X.25

这些类型的套接口代表各种不同的连接服务。

Linux 的 BSD 套接口支持下面的几种套接口类型：

（1）流式（stream）。这些套接口提供了可靠的双向顺序数据流连接。它们可以保证数据传输中的完整性、正确性和单一性。INET 寻址族中的 TCP 支持这种类型的套接口。

（2）数据报（Datagram）。这种类型的套接口也可以像流式套接口一样提供双向的数据传输，但它们不能保证传输的数据一定能够到达目的节点。即使数据能够到达，也无法保证数据以正确的顺序到达以及数据的单一性、正确性。UDP 支持这种类型的套接口。

（3）原始（Raw）。这种类型的套接口允许进程直接存取下层的协议。

（4）可靠递送消息（Reliable Delivered Messages）。这种套接口和数据报套接口一样，只能保证数据的到达。

（5）顺序数据包（Sequenced Packets）。这种套接口和流式套接口相同，除了数据包的大小是固定的。

（6）数据包（Packet）。这不是标准的BSD套接口类型，而是Linux中的一种扩展。它允许进程直接存取设备层的数据包。

使用BSD套接口的确切含义在于套接口所使用的地址族。Linux从BSD套接口协议层中抽象出了套接口界面，此界面负责和各种不同的应用程序之间进行通信。内核初始化时，内核中的各个不同的地址族将会在BSD套接口界面中登记。稍后当应用程序创建和使用BSD套接口时，就将会在BSD套接口和它支持的地址族之间建立一个连接。此连接是通过交叉关联的数据结构和地址族表建立的。例如，当一个应用程序创建一个新的套接口时，将产生一个可以被BSD套接口使用的与特定的地址族有关的套接口创建子过程。

设置系统内核时，一系列的地址族和协议将会保存在协议向量中，每一个协议都由它的名字代表。当系统启动并初始化套接口界面时，将会调用每一个协议的初始化进程。对于套接口地址族来说，这意味着它们注册的一系列有关协议操作。这是一系列的子程序，每个都执行一个和特定的地址族有关的操作。已经注册的和协议相关的操作保存在Pops向量中，而此向量由一系列指向数据结构Proto_ops的指针组成。

数据结构Proto_ops包括地址族的类型以及指向与特定地址族有关的套接口操作程序的指针。Pops向量用地址族标识符作为索引。

2. INET套接口层

INET套接口层包括支持TCP/IP的Internet地址族。这些协议是分层的，上层使用下层提供的服务。Linux系统中的TCP/IP代码和数据结构也反映了这种分层的思想。它和BSD套接口层的接口是通过一系列与Internet地址族有关的套接口操作来实现的，而这些套接口操作是在网络初始化的过程中由INET套接口层在BSD套接口层中注册的。这些操作和其他地址族的操作一样保存在Pops向量中。BSD套接口层通过INET的Proto_ops数据结构来调用与INET层有关的套接口子程序来实现有关INET层的服务。例如，当BSD套接口创建一个发送给INET地址族的请求时将会使用INET的套接口创建功能。BSD套接口层将会把套接口数据结构传递给每一个操作中的INET层。INET套接口层在它自己的数据结构Sock中而不是在BSD套接口的数据结构中插入有关TCP/IP的信息，但Sock数据结构是和BSD套接口的数据结构有关的。它使用BSD套接口中的数据指针来连接Sock数据结构和BSD套接口数据结构，这意味着以后的INET套接口调用可以十分方便地得到Sock数据结构。数据结构Sock中的协议操作指针也会在创建时设置好，并且此指针是和所需要的协议有关的。如果需要的是TCP，那么数据结构Sock中的协议操作指针将会指向一系列的TCP操作。

（1）创建BSD套接口。创建一个新套接口的系统调用将传递有关地址族、套接口类型和协议的标识符。

首先，系统调用使用需要的地址族来搜索Pops向量以便找到一个匹配的地址族。也许某一个地址族是作为系统内核模块实现的，这时kerneld守护进程将会调入此模块以便继续运行。实际上，套接口数据结构物理上是VFS索引节点数据结构的一部分，所以分配一个套接口就等于分配一个VFS索引节点，这样就可以同使用普通文件一样来操作套接口。因为所有的文件都有一个VFS索引节点，故为了和文件操作之间的相互兼容，BSD套接口也有一个代表它的VFS索引节点。

新创建的BSD套接口数据结构包括一个指向特定地址族的套接口子过程的指针，它被设置为指向数据结构 Proto_ops，该数据结构从 Pops 向量中获取。BSD 套接口数据结构的类型为 SOCK_STREAM、SOCK_DGRAM 或其他的套接口类型。与特定的地址族相关的创建进程通过保存在数据结构 Proto_ops 中的地址来调用。

系统将会从当前进程的 fd 向量中分配一个空闲的文件描述符，同时也将初始化它所指向的文件的数据结构。这包括将文件操作指针设置到 BSD 套接口支持的文件操作中。任何以后的操作都将使用套接口，同时套接口将会通过调用相应的地址族操作子程序把这些操作传递到所支持的地址族中。

（2）给 INETBSD 套接口指定地址。为了能够监听到网络中的连接请求，每一个服务器都必须创建一个 INETBSD 套接口，并且指定一个地址。指定地址的操作一般都在 INET 套接口层中处理，但可能需要 TCP 层和 UDP 层的支持。已经指定了地址的套接口不能用于其他任何的通信，这意味着套接口的状态必须是 TCP_CLOSE。传递给指定地址操作的 Sockaddr 包括指定的 IP 地址和一个可选的端口号。一般情况下，指定的 IP 地址将会和指定给网络设备的 IP 地址相同，并且此网络设备支持 INET 地址族。可以使用 Ifconfig 命令查看系统中当前活动的网络接口。IP 地址也可以是全为 1 或者全为 0 的 IP 广播地址。如果机器是作为一个透明的代理服务器或者防火墙，那么它就可以指定为任意的 IP 地址，但只有具有超级用户优先权的进程可以指定它的 IP 地址。指定的 IP 地址保存在数据结构 Sock 中的 Recv_addr 和 Saddr 字段中，其中一个用于散列表的查找，另一个用于发送 IP 地址。端口号是可选的，并且如果没有指定端口号的话，系统将要求网络选择一个空闲的端口号。按照惯例，没有超级用户权限的进程不能使用小于 1024 的端口号。如果网络确实分配了一个端口号，那么通常是大于 1024 的。

当系统中的网络设备接收到数据包时，这些数据包必须传送到正确的 INET 和 BSD 套接口，以便进行下一步处理。正因为这样，UDP 层和 TCP 层提供一个用于查找接收的 IP 信息的地址的散列表，并且将数据包发送到正确的 Socket/Sock 对中。TCP 是以连接为导向的协议，所以在处理 TCP 数据包时要比处理 UDP 数据包涉及更多的信息。

UDP 层中也有一个保存已分配的 UDP 端口的散列表——UDP 散列表，表中包含指向 Sock 数据结构的指针，并按照端口号作为索引。因为 UDP 散列表要比可以使用的端口数目少很多，所以散列表中的一些入口指向由多个数据结构 Sock 组成的链表。

TCP 层的情况较为复杂，因为它提供了几个散列表。尽管如此，TCP 层在指定地址操作时也并不将数据结构 Sock 添加到它的散列表中，而只是仅仅检查要求的端口号是否已经被占用。数据结构 Sock 仅在监听操作时才被添加到 TCP 的散列表中。

（3）在 INETBSD 套接口上创建连接。系统创建了一个套接口以后，如果此套接口没有用于监听进入的连接请求，那么它就可以用于向外发送连接请求。对于无连接的协议，例如 UDP，这种套接口操作并无太大的作用。但对于已连接为导向的协议，例如 TCP，套接口操作将在两个应用程序之间建立一个虚拟的链路。

INETBSD 套接口只有处于正确的状态时才能用于建立向外的连接，也就是说，此套接口没有用于连接，也没有用于监听进入的连接。这意味着 BSD 套接口数据结构必须处于SS_UNCONNECTED 状态。UDP 不需要在两个应用程序之间建立虚拟连接，在此协议中信息是以数据报的形式传送的。但它同样支持连接的 BSD 套接口操作。UDP INET BSD 套接口上的连接操作仅仅只是设置远程应用程序的地址，即它的 IP 地址和 IP 端口地址。另外，它还建立一个路由表入口缓冲区，这样发送到此 BSD 套接口的 UDP 数据包则无需再次检查路由数据库。INET Sock 数据结构中的 IP_route_cache 指针指向缓冲区的路由信息。如果没有指定地址信息，此缓冲区路由和 IP 地址信息将会自动用于使用此 BSD 套接口发送的信息，同时 UDP 的状态变为 TCP_ESTABLISHED。

对于一个在 TCP BSD 套接口上的连接操作，TCP 必须创建一个包含连接信息的 TCP 信息块，并把它发送到指定的 IP 目的地址。TCP 信息块包含关于连接的信息，包括一个唯一的起始信息序列号、信息的最大长度以及传送和接收的窗口大小等。在 TCP 中，所有的信息都是按顺序排好的，其中的起始序列号用于识别第一个信息块。Linux 系统会选择一个合理的随机值来避免恶意的协议的攻击。从 TCP 连接的一端传送的信息要经过连接的另一端的确认，这样才能保证信息传送的正确性，没有经过确认的信息将重发。发送和接收窗口的大小等于没有发送确认信息之前的信息个数。信息的最大长度是由用于初始化端的网络设备决定的。如果接收端的网络设备支持更小的信息长度，那么它们之间的连接将会使用两者之间较小的数值。创建向外的 TCP 连接请求的应用程序必须等待目标程序接收或者拒绝连接请求的回应。因为 TCP Sock 处于等待信息进入的状态，它将会添加到 TCP_listening_散列表中以便进入的 TCP 信息可以直接发送到此 Sock 数据结构中。TCP 也将启动一个计时器，如果目标程序没有回应连接请求的话，向外的连接请求将会自动失效。

（4）监听 INETBSD 套接口。给套接口指定了地址以后，它将监听此指定地址的进入的连接请求。网络应用程序可以使用某一个套接口而不必首先指定一个地址，在这种情况下，INET 套接口层将会自动为套接口指定一个空闲的端口号。监听功能使得套接口进入到 TCP_LISTEN 状态，同时做一些与特定的网络有关的允许进入连接的工作。

对于 UDP 套接口来说，只需改变它的状态就已经足够了。但 TCP 需要把套接口的 Sock 数据结构添加到 tcp_bound_hash 和 TCP_listening_散列表中。

对于一个处于活动状态的正在监听的套接口来说，每当接收一个进入的 TCP 连接请求，TCP 都将建立一个新的 Sock 数据结构来代表此连接请求。它还将复制进入的包含连接信息的 sk_buff，并将其插入到 receive_queue 队列中。在复制的 sk_buff 中包含一个指向新创建的 Sock 数据结构的指针。

（5）接收连接请求。UDP 并不支持连接的概念，INET 套接口连接请求只适用于 TCP。接收操作将会被传送到所支持的协议层，在这里是 INET 接收任何到来的连接请求。如果 INET 协议层下面的协议不支持连接，例如 UDP，那么 INET 协议层将会放弃接收操作。否则，接收操作将会传送到真正的协议中，在这里为 TCP。接收操作可以是阻塞的和非阻塞的。在非阻塞的情况下，如果没有到来的连接请求，接收操作将会失败，同时新创建的套接口数据结构也会被放弃。在阻塞的情况下，执行接收操作的网络应用程序将会添加到等待队列中，然后挂起直到接收到 TCP 连接请求。一旦接收到连接请求以后，包含请求的 sk_buff 将会被扔掉，同时 Sock 数据结构将返回到 INET 套接口层。新的套接口文件描述符（fd）返回到网络应用程序中，这样应用程序就可以在套接口操作中使用此文件描述符。

11.2.7 JTAG 接口

JTAG（Joint Test Action Group）为联合测试行为组织的缩写。由于集成电路的集成度不断提高，芯片的引脚不断增加，此外为了缩小体积常常采用表面贴装技术。因此，无法用常规的在线仿真的方式。JTAG 为此制定了边界扫描标准，只需 5 根引脚就可以实现在线仿真的功能。该标准已被批准为 IEEE－1149.1 标准。它不但能测试各种集成电路芯片，也能测试芯片内各类宏单元，还能测试相应的印刷电路板。

JTAG 调试接口的结构如图 11-4 所示。它由 TAP（测试访问端口）控制器、旁路（Bypass）寄存器、指令寄存器和数据寄存器组成，与兼容的 ARM 架构处理器相连；处理器的每个引脚都有一个移位寄存单元，称为边界扫描单元（Boundary Scan Cell，BSC），它将 JTAG 电路与处理器核联系起来，并隔离处理器核与芯片引脚；所有的边界扫描单元构成边界扫描寄存器（BSR），该寄存器电路仅在进行 JTAG 测试时有效，在正常的运行状态下，边界扫描寄存器对芯片来说是透明的，所以正常的运行不会受到任何影响。

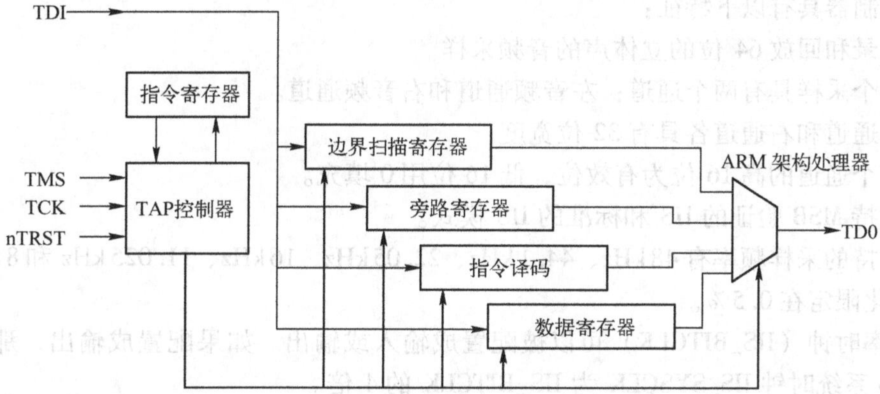

图 11-4　JTAG 调试接口结构图

具有 JTAG 口的芯片都有如下 JTAG 引脚定义。

1）TCK：测试时钟输入。

2）TDI：测试数据输入，数据通过 TDI 输入 JTAG 口。

3）TDO：测试数据输出，数据通过 TDO 从 JTAG 口输出。

4）TMS：测试模式选择，TMS 用来设置 JTAG 口处于某种特定的测试模式。

每个 JTAG 兼容器件都有自己的 TAP 控制器，TAP 控制器实际上是一个有 16 种状态的同步状态机，每一种状态的转换是通过 TMS 和 TCK 的状态来触发，TAP 测试访问状态机的主要工作是选择扫描链和提供的各种控制状态，TAP 控制器选中的扫描链被连接到当前 TDI 和 TD0 之间，通过 TDI 和 TD（）就可以实现数据串行的输入/输出，方便地观察和控制处在调试状态下的芯片状态，实现调试。

11.2.8　其他接口

1. IIS 接口

IIS 接口是一种用于数字音频设备之间的音频数据传输总线标准。PXA270 的 IIS 控制器控制着 IIS 连接（IISLINK），它使用低功耗的 4 线串行接口与立体声设备相连。IIS 与AC′97接口不能同时使用。

IIS 控制器内包含有缓存、状态寄存器、控制寄存器、串行器和计数器，用于在处理器的系统存储器和外部 IIS 编/解码器间传送数字化声音信号。IIS 控制器支持一般的 IIS 和

MSB 调整的 IIS 格式。4～5 根引脚将外部的解码器连接到本控制器。

1）一个比特率时钟引脚，它可以使用内部或外部资源。

2）一个格式化或左/右控制信号引脚。

3）两个串行音频引脚，分别为一个输入和一个输出。

如果波特率时钟由 IIS 控制器提供，那么一个可选的系统时钟也被 IIS 控制器发送到 Codec 中。

IIS 的数据在系统存储器中的存储和读取可以通过 DMA 控制器，也可以通过可编程的I/O。对于 IIS 系统，需要额外的引脚来控制外部 Codec（编/解码器）。有些 Codec 使用 L3 控制总线，它需要 3 个线号：L3_CLK，L3_DATA 和 L3_MODE，以把字节写入 L3 总线寄存器。

IIS 控制器具有以下特征：

1）记录和回放 64 位的立体声的音频采样。

2）每个采样具有两个通道：左音频通道和右音频通道。

3）左通道和右通道各具有 32 位宽度。

4）每个通道的高 16 位为有效位，低 16 位用 0 填充。

5）支持 MSB 验证的 IIS 和标准的 IIS 模式。

6）支持的采样频率有 48 kHz、44.1 kHz、22.05 kHz、16 kHz、11.025 kHz 和 8 kHz，采样频率的变化限定在 0.5%。

波特率时钟（IIS_BITCLK）可以被配置成输入或输出。如果配置成输出，那么处理器提供的 IIS 系统时钟 IIS_SYSCLK 为 IIS_BITCLK 的 4 倍。

2. AC′97 接口

AC′97 是以 Intel 公司为首的 5 家公司共同定制的 Audio Codec′97 标准，意为“音频数字信号编/解码器”。PXA270 的 AC′97 接口控制单元支持 AC97 V2.0。它的特点是双集成结构，分为 Digital Controller（数字信号控制器）和 Audio Codec（音频编/解码器），使 ADC 和 DAC 模块独立出来，尽可能地降低电磁干扰的影响。

Digital Controller 和 Audio Codec 之间通过 AC-Link 点对点串行 I/O 接口进行连接，AC-Link 接口是双向 5 线串行时分多路复用格式，固定时钟频率为 48 kHz，是从串行位时钟 12.288 MHz 经过 256 分频而来的，支持一个 Controller 和最多 4 个 Codec。它只能够传输 48 kHz固定采样频率的 PCM（脉冲编码调制）信号，字长可以从 16 位到 20 位，其他采样频率的 PCM 信号必须先经过 SRC（采样率转换）转换成 48 kHz。

AC′97 Codec 发送音频数字采样给 AC′97 控制器，该控制器将采样保存到存储器中，当需要回放或合成音频时，处理器取回存储的音频采样，并通过 AC-Link 将其送给 Audio Codec。Codec 中的外部 DAC 将音频采样转换成音频波形。

3. MMC/SD 接口

PXA270 处理器中包含 MMC（Multi Media Card）和 SD/SDIO（Secure Digital）控制器，MMC/SD/SDIO 控制器是访问 PXA270 处理器的软件和 MMC 堆栈间的桥梁，并且支持 MMC、SD 和 SDIO 的通信协议。MMC 控制器支持 MMC 系统，它是一个低功耗的数据存储和通信系统。PXA270 处理器的 MMC 控制器遵循“MMC 系统规范 3.2”的标准条款，SD 卡控制器对 SD 或 SDIO 的支持是基于“SD 存储卡规范 1.01”和“SDIO 存储卡规范 1.0”的标准规定的。

MMC/SD/SDIO 控制器支持从标准 MMC 或串行外设总线接口 SPI 到 MMC 堆栈的传输协

议。访问 PXA270 处理器的软件必须指出，是否使用 MMC/SD/SDIO 或 SPI 模式作为 MMC/SD/SDIP 控制器通信的协议。MMC/SD/SDIO 控制器具有如下特征：

1）MMC、1 位 SD/SDIO 和 SPI 模式下，数据传输的最大速率可以达到 19.5 Mbit/s。

2）4 位 SD/SDIO 的数据传输的最大速率可以达到 78 Mbit/s。

3）一个可响应的 FIFO。

4）两个发射 FIFO 和两个接收 FIFO。

5）具有两种操作模式，MMC/SD/SDIO 模式和 SPI 模式。MMC/SD/SDIO 模式支持 MMC、SD 和 SDIO 通信协议，SPI 模式支持 SPI 通信协议。

6）SD 和 SDIO 通信协议支持 1 位和 4 位的数据传输。

7）控制器根据 FIFO 的状态来打开或关闭时钟，以防止溢出和运行错误。

8）支持所有有效的 MMC 和 SD/SDIO 协议的数据传输模式。

9）基于中断的应用程序接口来控制软件的交互。

10）对于数据流的写操作，要求最小为 10 B 的数据。

11）使用 MMC 通信协议，可支持多个 MMC 卡。

12）使用 SD 或 SDIO 通信协议，可支持一个 SD 或 SDIO 卡。

13）使用 SPI 通信协议，最多支持两个 MMC 或 SD/SDIO 卡。只有 SPI 通信协议支持两种卡的混合使用。

MMC/SD/SDIO 控制器具有所有特定卡的功能，能够作为 MMC 系统总线控制器，并能作为卡堆栈的标准接口。该控制器处理卡的初始化、CRC 的产生和确认、发出指令、回应和数据的处理。

MMC/SD/SDIO 控制器受软件控制，包含命令寄存器、控制寄存器、一个可回应的 FIFO 和数据 FIFO。软件访问这些寄存器和 FIFO，并产生命令，发出响应并控制接下来的动作。

11.3 习题

1. ARM 体系结构中有多少种异常中断，它们分别是在什么情况下发生？
2. 简述 GPIO 寄存器的功能。
3. PXA270 内部提供多少个 UART，功能有什么区别？
4. 系统是怎样通过寄存器的进位来计算系统时间的？
5. MMU 是如何实现虚拟地址到物理地址的映射的？

附　录

附录 A　DEBUG 的使用

1. DEBUG 及其使用

（1）DEBUG 调试程序

DEBUG 调试程序是以 DOS 外部命令程序的形式提供的，它的文件名是 DEBUG. COM，它提供一个控制测试的环境，程序员能输入汇编指令层的源程序并立即汇编得到其机器语言程序；这一层次的程序与机器语言程序一一对应，在这一层次的编程中，程序员不使用汇编程序（如 MASM）支持的伪指令及其有关源程序语法规则。

DEBUG 除了可运行汇编语言程序外，还可直接用来检查和修改内存单元，装入、存储及启动运行程序，检查及修改寄存器。

DEBUG 支持下的汇编语言源程序也受到一些限制，如不能使用符号地址、符号值，不能使用绝大多数 MASM 提供的伪指令，不便于形成以 DOS 外部命令形式构成的 EXE 文件，不便于分块程序设计等。

（2）启动 DEBUG

要启动 DEBUG，在 DOS 下输入命令：

```
DEBUG [d:][path][filename[.ext]][parm1][parm2]
```

如果输入文件名，那么 DEBUG 就把指定的文件装入内存，并进行相关的调试操作；如果不输入文件名，那么或者使用当前存储器的内容来被操作，或者使用命名命令 Name 和装入命令 Load 把所需的文件装入存储器中，然后进行相关操作。

参数 parm1 和 parm2 是可选参数，是运行被调试文件时所需要的命令参数。

DEBUG 启动时，把寄存器和标志位置成适合于程序调试而用的下列值：

1）段寄存器（CS、DS、ES、SS）置成空闲存储器底部，即 DEBUG 程序末尾之后的第一个段。

2）指令指针 IP 置成 0100H。

3）堆栈指针 SP 设置在该分段的末尾。

4）其余的寄存器（AX、BX、CX、DX、BP、SI、DI）置成零。但是如果启动 DEBUG 时包括被调试文件，则 CX 寄存器包含有该文件的长度（以字节计）；如果文件长度大于 64 KB，则其长度包含在 BX 和 CX 中（高部分在 BX 中）。

标志位置成它们的清除值。

（3）DEBUG 的命令及其参数

DEBUG 的命令是具有规定格式的特殊字符串；

命令是单个字母，通常后面还有一个或一个以上的参数，可以用大写或小写字母，或两者组合形式输入命令和参数；

命令和参数用分隔符（空格或逗号）把它们分开，然而只有在两个相邻的16进制值之间才必须要求分隔符；按 Ctrl—Break 键可以终止命令的执行。

DEBUG 命令的提示符是连字符"—"。

DEBUG 下的数都是十六进制数，并且不带后缀"H"。

DEBUG 全部18条命令及参数见表 A-1、表 A-2。

表 A-1　DEBUG 的命令

命　令	用　途	格　式
Assemble	装入若干指令	A [address]
Compare	比较存储器的内容	C range address
Dump	显示存储器的内容	D [address] 或者 D [range]
Enter	修改存储器的内容	E address [list]
Fill	修改存储模块	F range list
Go	按可选断点执行	G [= address] [address [address…]]
Hexarithmetic	16进制加减运算	H value value
Input	读/显示输入的字节	I portaddress
Load	装入文件或绝对盘扇区的内容	L [address [drive Sector Sector]]
Move	传送存储模块	M range address
Name	指定文件和参数	N filespec [filespec…]
Output	发送输出字节	O portaddress byte
Quit	结束 DEBUG 程序	Q
Register	显示寄存器/标志位	R [registername]
Search	查找字符	S range list
Trace	单步执行和显示	T [= address] [value]
Unassemble	反汇编	U [address] 或者 U [range]
Write	写文件或写绝对扇区	W [address [drive Sector Sector]]

表 A-2　DEBUG 所用到的参数

参　数	定　义
Address	按下列格式中的一种，输入一个或两个部分： ①段寄存器加上偏移值；②段基值加偏移值；③只有一个偏移值
Byte	输入一个或两个十六进制值的字符
Drive	输入单个数字（0 表示驱动器 A，1 表示驱动器 B），表示从哪个驱动器上读或写数据
Filespec	文件说明（由驱动器标志、文件名、扩展名组成）
List	输入一个或一个以上的字节内容与（或）字符串值
Portaddress	输入1~4个十六进制值字符来指定8 bit 或16 bit 的端口地址
Range	输入下列格式之中的某一种来指定该范围的高、低地址： ①Address address；②address L value

（续）

参　数	定　义
Registername	寄存器名称
Sector sector	输入 1 ~3 个字符的十六进制值来指定： ①起始的相对扇区号；②要读写的扇区数的数目
String	用单引号或双引号封闭的字符串
Value	输入 1 ~4 个字符（十六进制）来指定： ①要加减的数；②跟踪命令应操作的指令数目；③命令操作的字节数目

（4）DEBUG 命令的使用

1）汇编命令（Assemble）。

用途：输入汇编命令，并把它们汇编成机器代码，相继存放在从指定地址开始的存储区中。

格式：A [address]

说明：输入给本命令的所有数字都是十六进制的；如果不指定地址，则把语句装入 CS：0100 确定的区域中，如果已使用过 A 命令，那么就在前一个 A 命令所装入的最后一条指令的后继单元中，接着输入指令。

2）比较命令（Compare）。

用途：比较存储器中两个数据块的内容。

格式：C range address

说明：比较存储器两个数据块的内容，range 给出第一个数据块的首址及长度，address 给出第二个数据块的首址；如果只给出地址的偏移值，则 C 命令认为是 DS 寄存器中的段。

3）显示内存命令（Dump）。

用途：显示存储器的内容。

格式：D [address] 或者 D [range]

说明：用下列两个部分来显示内存内容：

① 十六进制部分：用十六进制显示每个字节。

② ASCII 部分：把字节显示成 ASCII 字符。

4）修改内存命令（Enter）。

用途：该命令有两种工作方式：用清单中包含的值替换从指定地址开始的一个或一个以上的字节内容；显示和允许顺序方式修改字节。

格式：E address [List]

说明：如果只输入偏移值作为地址，那么 E 命令认为是包含在 DS 寄存器内的那个段。修改内存命令有两种格式供选择：

① 形式 1：用于把清单的内容存放在指定地址开始的内存中；命令形式为：E address list。

② 形式 2：用于显示地址和单元的内容，然后系统等待用户输入；命令形式为：E address；执行时，按空格进到下个地址、输入连字符“-”退回到前一个地址、按〈Enter〉键结束命令。

5）填写命令（Fill）。

用途：用清单中的值填写 range 范围内的存储单元。

格式：F range list

说明：如果清单中包含的字节数小于地址范围，则重复地使用该清单，直到把所指定范围内的存储器单元填满为止。如果清单中包含的字节数大于地址范围，就忽略不计超过的部分。

6）执行命令（GO）。

用途：执行正在调试的程序。当达到所指定的断点地址处时，就停止执行，并显示寄存器、标志位以及下一条要执行的指令。

格式：G [=address] [address [address…]]

说明：如果不采用 =address 参数（必须输入 = 号），就从 CS 和 IP 寄存器内容决定的地址开始执行程序。如果指定 =address，则程序从 CS：address 处开始执行。

7）十六进制算术运算命令（Hexarithmetic）。

用途：先把两个十六进制的值相加，然后第一个值减去第二个值。在一行上显示“和”与“差”。

格式：H value value

8）输入命令（Input）。

用途：从指定的端口输入并显示（用十六进制）一个字节。

格式：I portaddress

9）装入命令（Load）。

用途：把文件或绝对盘扇区装入到内存中。

格式：L [address [drive sector sector]]

说明：用单个 Load 命令可装入的最大扇区数是 80H。

10）传送命令（Move）。

用途：把 range 指定的内存单元的内容，传送到以 address 指定开始的一些单元中。

格式：M range address

说明：源区域的数据仍保持不变。

11）命名命令（Name）。

用途：为读写磁盘文件定义文件名。

格式：N filespec [filespec…]

说明：如果在无文件说明时启动 DEBUG，在用 L 命令装入文件之前，必须使用 Name 命令。

12）输出命令（Output）。

用途：把字节发送到指定的端口。

格式：O portaddress byte

13）退出命令（Quit）。

用途：结束 DEBUG 程序。

格式：Q

说明：Q 命令不保存内存中正工作的文件，需要时可用 Write 命令保存文件。

14）寄存器命令（Register）。

用途：寄存器命令有下列3种功能：

① 显示单个寄存器的十六进制内容，并带有修改这些内容的选择。

② 显示全部寄存器、标志位以及将被执行的下条指令。

③ 显示8个标志位状态，并带有修正它们之中任一个或全部的选择。

15）检索命令（Search）。

用途：按照list清单中的字符检索range范围。

格式：S range list

说明：以显示被查到找的匹配字符所在的地址来指明全部的匹配。显示没有地址的提示符“—”，表示未找到任何匹配字符。

16）跟踪命令（Trace）。

用途：从CS：IP或者=address（如果指定的话）单元中的指令开始单步执行一条或多条指令。这里的等号必须输入。可以用value指定跟踪多条指令。每条指令执行后，显示所有寄存器的内容、标志位的状态以及下一条要执行的指令。

格式：T [=address] [value]

17）反汇编命令（Unassemble）。

用途：反汇编命令可把内存中的机器码转换成汇编语句，并显示指令的地址、机器码以及汇编语句。

格式：U [address] 或者 U [range]

说明：反汇编命令有两种选择形式：

① 形式1：用于反汇编不带指定地址的指令（如果原先没有输入U命令，则起始单元是由DEBUG初始化在代码中的段内偏移值0100H），或反汇编从指定地址开始的指令。

② 形式2：用于把指定地址范围内的指令进行反汇编。

18）写命令（Write）。

用途：把调试过的信息写到磁盘上。

格式：W [address [drive sector sector]]

说明：用单条写命令可以写的最大扇区数是80H。写命令有两种选择形式：

① 形式1：用于从指定地址开始把信息写到磁盘上；

② 形式2：允许在没有指定参数或只指定地址参数的情况下使用写命令。

另外，必须把寄存器BX、CX置成被写的字节数目，它们可能已由DEBUG或Load命令设置过，也可能被修改过。必须确保BX、CX寄存器包含正确的值，BX包含字节长度的高位，CX包含字节长度的低位。

2. DEBUG下的编程及程序调试

DEBUG下的汇编语言有下面一些特点和规则：

1）数值都是十六进制数，并且不加尾缀“H”。

2）不能使用符号常量和符号地址。

3）不能使用绝大部分伪指令，但两个最常用的伪指令DB和DW能被使用，用于直接把字节和字数据置入相应存储单元。

4）可以使用属性操作符“PTR”对DEBUG不能明确类型的操作数进行说明。

5）DEBUG的A命令汇编程序能根据转移目标地址的距离自动地汇出短、近或远的转移或调用指令。

6）远返回指令的助记符在 DEBUG 中为 RETF。

7）指令前缀助记符必须在相关的指令之前输入，也可以分别放在不同的行。

8）串操作指令只能用其字节型或字形的助记符形式。

9）可以使用段超越前缀助记符 CS:、DS:、ES: 和 SS:。

附录 B 汇编程序出错信息

编码	出错提示	信息说明
0	Block nesting error	嵌套过程，段、结构、宏指令、IRP、IRPC 或 REPT 不是正确结束。比如嵌套的外层已经终止，而内层还是打开状态
1	Extra characters on line	一语句行有多余字符，可能是语句中给出的参数太多
2	Register already defined	寄存器已经定义
3	Unknown symbol type	不可识别的符号类型
4	Redefinition of symbol	符号重定义。同一标识符在两个位置上定义，在汇编第一遍扫描时，在这个标识符的第二个定义位置上给出这个错误
5	Symbol is multi - defined	重复定义一个符号
6	Phase error between passes	程序中有模棱两可的指令，以至于一个标号在汇编程序的二次扫描时得到不同的地址值
7	Already had ELSE clause	在 ELSE 从句中试图再定义 ELSE 从句
8	Not in conditional block	在没有提供条件汇编指令的情况下，指定了 ENDIF 或 ELSE
9	Symbol not defined	符号没有定义
10	Syntax error	语句的语法与任何可识别的语法不匹配
11	Type illegal in context	指定非法类型。例如对一个过程指定 BYTE 类型，而不是 NEAR 或 FAR
12	Should have been group name	给出的组名已存在
13	Must be declared in pass 1	必须在第一遍扫描期间定义。在第一遍扫描期间，如一个符号在未定义前就引用就会出现这种错误
14	Symbol type usage illegal	PUBLIC 符号的使用不合法
15	Symbol already different kind	重新定义一个符号为不同种类符号。例如一个段名重新被当做变量名定义使用
16	Symbol is reserved word	企图非法使用一个汇编程序的保留字（例如，宣布 MOV 为一个变量）
17	Forward reference is illegal	向前引用必须是在第一遍扫描中定义过的
18	Must be register	希望寄存器作为操作数，但用户提供的不是寄存器
19	Wrong type of register	指定的寄存器类型并不是指令中或伪操作中所需求的。例如 ASSUME AX
20	Must be segment or group	希望给出段或组，而不是其他
21	Symbol has no segment	想使用带有 SEG 的变量，而这个变量不能识别段

（续）

编　　码	出 错 提 示	信 息 说 明
22	Must be symbol type	必须是 BYTE、WORD、DW、DQ 或 DT，但接收的是其他内容
23	Already defined locally	试图定义一个符号作为 EXTERNAL，但这个符号已经在局部定义过了
24	Segment parameters are changed	SEGMENT 的自变量表与第一次使用这个段的情况不一样
25	Not proper align/combine type	SEGMENT 参数不正确
26	Reference to multi defined	指令引用的内容已是多次定义过的
27	Operand was expected	汇编程序需要的是操作数，但得到的却是其他内容
28	Operator was expected	汇编程序需要的是操作符，但得到的却是其他内容
29	Division by 0 or overflow	用 0 作为除数或溢出
30	Shift count is negative	移位表达式产生的移位计数值为负数
31	Operand type must match	操作数类型类型应该一致，汇编程序得到的并不一样
32	Illegal use external	用非法手段进行外部使用
33	Must be record field name	需要的是记录字段名，但得到的是其他东西
34	Must be record or field name	需要的是记录名或字段名，但得到的是其他东西
35	Operand must have size	需要的是操作数的长度，但得到的是其他内容
36	Must be var, label or constant	需要的是变量、标号或常数，但得到的是其他内容
37	Must be structure field name	需要的是结构字段名，但得到的是其他内容
38	Left operand must have segment	操作数的左边应是段的信息
39	One operand must be const	这是加法指令的非法使用
40	Operands must be same or 1 abs	这是减法指令的非法使用
41	Normal type operand expected	当需要变量、标号时，得到的却是 STRUC、FIELDS、NAMES、BYTE、WORD 或 DW
42	Constant was expected	需要的是一个常量，得到的却是另外的内容
43	Operand must have segment	SEG 伪操作使用不合法
44	Must be associated with data	有关项用的是代码，而这里需要的是数据。例如，一个过程的 DS 取代
45	Must be associated with code	有关项用的是数据，而这里需要的是代码
46	Already have base register	试图重复基地址
47	Already have index register	试图重复变址地址
48	Must be index or base register	指令需要基址或变址寄存器，而指定的是其他寄存器
49	Illegal use of register	在指令中使用了 8088 指令中没有的寄存器
50	Value is out of range	数值大于需要使用的。例如，将 DW 传送到寄存器中
51	Operand out in IP segment	由于操作数不在当前 IP 字段中，因此不能存取
52	Improper operand type	使用的操作数不能产生操作码
53	Relative jump out of range	指定的转移超出允许的范围（ -128 ~127 B）
54	Index disp1. must be constant	试图使用脱离变址寄存器的变量位移量，位移量必须是常量
55	Illegal register value	非法的寄存器值。目标代码中表达寄存器的值超过 7

（续）

编　码	出错提示	信息说明
56	No immediate mode	指定的方式或操作码都不能接收立即数。例如，PUSH
57	Illegal size for item	引用的项的长度是非法的。例如，双字移位
58	Byte register is illegal	在上下文中，使用一个字节寄存器是非法的。例如，PUSH AL
59	CS register illegal usage	试图非法使用 CS 寄存器。例如，XCHG CS，AS
60	Must be AX or AL	某些指令只能用 AL 或 AX。例如，IN 指令
61	Improper use of segment reg	段寄存器使用不合法。例如，立即数传送到段寄存器
62	No or unreachable CS	试图跳转去执行一个 CS 达不到的标号。通常是指缺少 ASSUME 语句中 CS 与代码段相关联
63	Operand combination illegal	在双操作数指令中，两个操作数的组合不合法
64	Near JMP/CALL to different CS	企图在不同的代码段内执行 NEAR 转移或调用
65	Label can't have segment override	段前缀使用出错
66	Must have opcode after prefix	使用前缀指令后，没有正确的操作码说明
67	Can't override ES segment	企图非法地在一条指令中取代 ES 寄存器。例如，存储字符串
68	Can't reach with segment reg	没有使变量可达到的 ASSUME 语句
69	Must be in segment block	指令语句没有在段内
70	Can't use EVEN on BYTE segment	被提出的是一个字节段，但试图使用 EVEN
71	Forward needs override or FAR	转移指令的目标没有在源程序中说明为 FAR 属性，可用 PTR 指定
72	Illegal value for DUP count	DUP 计数必须是常数，不能是 0 或负数
73	Symbol already external	企图定义一个局部符号，但此符号已经是外部符号了
74	DUP is too large for linker	DUP 嵌套太长，以至于从连接程序不能得到所要的记录
75	Usage of ?（indeterminate） bad	“?”使用不合适，例如? +5
76	More values than defined with	大于被定义的值
77	Only initialize list legal	只有初始化的表格有效
78	Directive illegal in STRUCT	STRUCT 中的伪指令不合法
79	Override with DUP is illegal	有 DUP 的替代符不合法
80	Field cannot be overridden	字段（或位组）不能被替代
81	Override is of wrong type	替代类型有错
82	Register can't be farward ref	寄存器不能提前引用
83	Circular chain of EQU aliases	EQU 循环链发生混淆
84	Feature not supported by Small Assembler（ASM）	小汇编不支持的汇编功能

参考文献

[1] 叶继华，等．汇编语言与接口技术［M］．北京：机械工业出版社，2005.
[2] 沈美明，等．IBM－PC 汇编语言程序设计［M］．北京：清华大学出版社，1999.
[3] 索梅，等．80386/80286 汇编语言程序设计［M］．北京：清华大学出版社，1995.
[4] 艾德才，等．Pentium/80486 实用汇编语言程序设计［M］．北京：清华大学出版社，1997.
[5] 罗杰．INTEL86 系列汇编语言程序设计［M］．南昌：科学技术出版社，1998.
[6] 张晓林．嵌入式系统技术［M］．北京：高等教育出版社，2008.
[7] 陈渝，等．嵌入式系统原理及应用开发［M］．北京：机械工业出版社，2010.
[8] 易先清，等．微型计算机原理与应用［M］．北京：电子工业出版社，2001.
[9] 李广军，等．实用接口技术［M］．成都：电子科技大学出版社，2004.
[10] 赵景林．微机接口技术［M］．北京：高等教育出版社，2001.
[11] 丁新民．微机原理及其应用［M］．2 版．北京：高等教育出版社，2003.
[12] 戴梅鄂．计算机接口技术［M］．2 版．北京：清华大学出版社，1996.
[13] 冯博琴，等．微型计算机原理及接口技术［M］．北京：清华大学出版社，2002.
[14] 刘乐善，等．微型计算机技术及应用［M］．武汉：华中理工大学出版社，2000.
[15] 郑学坚，等．微型计算机原理及应用［M］．北京：清华大学出版社，2001.
[16] 赵国相，等．微型计算机原理与接口技术［M］．北京：科学出版社，2004.
[17] 裘雪红．微型计算机原理及接口技术［M］．西安：西安电子科技大学出版社，2001.
[18] 魏坚华．微型计算机原理与接口技术教程［M］．北京：北京航空航天大学出版社，2002.
[19] 马忠梅，等．ARM 嵌入式处理器结构与应用基础［M］．北京：北京航空航天大学出版社，2002.